低孔低渗储层测井评价与一体化应用丛书

# 复杂储层测井评价

申本科　刘双莲　李　浩　赵　冀　王立新◎编著

中国石化出版社

·北京·

**图书在版编目（CIP）数据**

复杂储层测井评价 / 申本科等编著 . —北京：中国
石化出版社，2024.6. —ISBN 978-7-5114-7601-2

Ⅰ . P618. 130. 2

中国国家版本馆 CIP 数据核字第 2024NZ0414 号

**中国石化出版社出版发行**

地址:北京市东城区安定门外大街 58 号

邮编:100011 电话:(010)57512446

发行部电话:(010)57512575

http://www.sinopec-press.com

E-mail:press@ sinopec.com

宝蕾元仁浩(天津)印刷有限公司印刷

全国各地新华书店经销

＊

787 毫米×1092 毫米 16 开本 15 印张 322 千字

2024 年 6 月第 1 版 2024 年 6 月第 1 次印刷

定价:118.00 元

近几十年来，测井评价技术受石油勘探开发需求和现代信息技术进步的影响，发展十分迅速。测井作为石油地质学家的"眼睛"，贯穿了油气勘探开发的全过程，是准确发现油气层和精细描述油气藏必不可少的手段，可以为油气储量参数计算、开发方案制定与调整增产措施提供重要的依据。同时，加强地层岩石物理研究，可提高油气勘探效益。对各种复杂油气藏的测井评价，离不开地质学理论的指导。虽然地质学和地球物理测井学作为两门自成体系的学科，都有着各自的基本理论体系和解决问题的方法流程，但随着油气勘探开发进程的加快和勘探目标的日益复杂化，地质学和地球物理测井学学科联合势在必行。由此，两大学科相互交叉、渗透而派生和发展出新的边缘学科——测井地质学。事实上，两大学科的交叉与融合早已在油气勘探实践尤其是对复杂储层的勘探中发挥了重要作用。测井地质学主要是以地质学和测井学(岩石物理学)的基本理论为指导，综合运用各种测井信息解决地层学、构造地质学、沉积学、石油地质学中各种地质问题的一门学科。

测井本身以解决地质问题和工程问题等为导向，近几十年来，测井地质学方法理论在常规油藏评价中发挥了不可替代的作用，解决了很多井旁构造解析、地应力、沉积储层精细描述、储量参数计算等基础地质和石油地质问题。经过数十年的发展，测井地质学已经形成比较完善的技术理论体系，这一技术理论体系为解决复杂油气藏(致密油气藏、页岩油气藏)评价问题提供了强有力的技术支撑。然而，自进入 21 世纪以来，人工智能方法理论的引入对测井地质学提出了更高、更深层次的技术要求，导致对非常规油气的测井评价面临诸多全新的挑战，急需拓展新"四性"(储集性、含油性、流动性和可压性)评价思路。

该书既有复杂油气藏测井评价方法的创新，又有大量的研究实例介绍，突出特点体现在以测井地质学理论指导复杂油气藏测井评价方面。该书的出版进一步丰富了我国陆相油藏测井地质学、测井学研究理论和技术，为推动我国石油勘探开发技术的发展进步助力。

随着全球能源需求的持续增长和常规油气资源的逐步枯竭，油气勘探开发的主战场正加速向复杂储层领域转移。复杂储层因其岩性岩相多样、孔隙结构复杂、流体赋存状态特殊等特征，对传统测井评价技术提出了严峻挑战。中国作为油气消费大国，近年来在致密砂岩、页岩油气、火山岩等复杂储层的勘探开发中取得突破性进展，但测井解释符合率低、产能预测偏差大等问题仍制约着高效开发进程。《复杂储层测井评价》正是在这样的行业背景下应运而生的，本书旨在系统总结中国典型复杂储层测井评价的最新研究成果与实践经验，为破解复杂储层"测不准、评不清"的行业难题提供理论支撑与技术解决方案。

全书以地质学和岩石物理学为核心，构建了涵盖储层成因机制、测井响应机理、创新解释方法的完整技术体系。在复杂岩性测井评价方面，重点解析了致密砂岩、火山岩、页岩油气、碳酸盐岩等特殊岩性的测井响应特征，创新性提出基于低阻油层与地质背景因素的内在联系技术，突破了传统构造应力、沉积背景和沉积韵律在低阻油层中的应用瓶颈。针对低电阻率油气层解释这一世界级难题，系统论述了黏土附加导电、微孔隙束缚水、高矿化度地层水及地质条件等多因素耦合作用机理，优化了低电阻率油气层测井系列，显著提高了低电阻率油气层的解释符合率。

复杂裂缝储层评价部分开创性地将地质事件与岩心和测井响应相结

合，建立了裂缝与溶蚀的识别研究方法，跨越了传统测井对次生孔隙连通性评价的盲区。通过引入储层流体识别图版技术，实现了裂缝产状、开度、充填程度的定量表征，为致密砂岩和页岩油气"甜点"预测和压裂改造方案优化提供了关键参数支撑。测井地质应用研究部分则融入了学科交叉融合的创新思维，将沉积微相分析、成岩演化与动态生产数据深度融合，构建了储层质量综合评价模型，推动测井解释从静态参数计算向动态开发预测的跨越式发展。

本书由申本科统稿，其他著作者各施所长。他们长期在渤海湾、松辽、鄂尔多斯、四川和吐哈等盆地的油田测井评价领域深耕，收录的数个典型实例覆盖了四川盆地深层、鄂尔多斯盆地致密砂岩、松辽盆地碳酸盐岩与火山岩等国内主要复杂储层类型，每个案例均经过多井次、多方法的对比验证，具有重要的地质-工程指导价值。通过系统梳理复杂储层测井评价的理论方法和技术体系，本书不仅为测井解释工程师提供了实用技术手册，更为油气田开发决策者构建了科学认知复杂储层的理论框架，对推动我国复杂油气藏油气资源高效开发具有重要战略意义。

中国石化石油勘探开发研究院测井技术研究所苏俊磊、胡松、刘志远、张军、南泽宇、路菁、金武军、王晓畅、邹友龙等多位博士，以及张爱芹、付维署、胡瑶等多位同事为本书编写提供了诸多参考和有益指导，中国石化出版社对本书出版提供了大力支持，在此对他们表示衷心感谢。由于编者水平有限，书中如有不妥之处，敬请批评指正。

# 目 录
## Contents

第一章

# 复杂储层测井评价面临的问题与对策

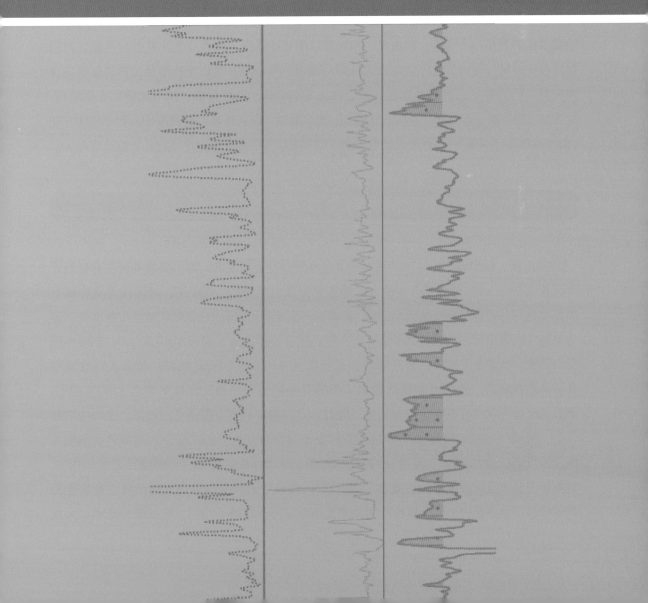

当前，测井行业从业者面临的共同问题是测井解释技术与油气勘探开发目标不适应，这一问题已导致测井解释人员面临前所未有的挑战并陷入研究困境中。造成这一问题的根源在于近年来油气勘探开发目标的日益复杂化和隐蔽化，其储层大多具有复杂的孔渗（孔隙度、渗透率）结构，含油气测井响应不明显，使用已有的测井解释方法难以准确描述储层流体的赋存状态。通过对比国内外测井公司测井解释技术研究的差异，以及深入分析我国测井解释技术的优势与不足，提出我国测井解释技术发展的四个对策：一是在岩石基础物理实验的基础上，完善对阿尔奇公式参数变化规律的研究；二是利用多种测井资料综合识别储层流体；三是开展对海外油气资源的测井解释及对特殊油气层的复查；四是深入开展测井地质学理论及应用研究。

20 世纪 90 年代末至 21 世纪初，科研人员开始在测井解释评价技术应用中面临大量研究目标及对象的复杂化现状，这一变化致使在利用测井解释技术评价油气勘探开发目标时出现不适应的问题。

事实上，导致这一问题的根源是勘探和开发目标的巨变。以勘探为例，2000 年以前，勘探目标多表现为大构造、富油气、相对简单的孔渗结构，其含油气测井响应明显，因而在进行评价时，应用传统阿尔奇公式（解释参数相对稳定），可以比较准确地描述储层的含油气特点；2000 年以后，勘探目标多表现为复杂背景、隐蔽构造、相对复杂的孔渗结构，其含油气测井响应不明显，尤其是对复杂的孔渗结构，目前还难以找到准确的数学描述方法（解释参数具有可变性），因此，已有的测井解释方法难以实现准确地评价其含油气特点。

## 第一节　测井解释技术面临的主要问题

2001 年，欧阳健撰文讨论了我国测井解释评价行业面临的问题，提出我国测井解释评价行业面临"三低"问题（低孔隙度、低渗透率和低电阻率）。2004 年，李国欣等将中国石油面临的测井评价难题概括为"三低、两高、一复杂"。所谓"三低"即储层孔隙度低、渗透率低及电阻率低。低孔、低渗油气藏一般孔隙度小于 12%，渗透率小于 5mD，当时中国石油低孔、低渗油气藏中的油气储量已占新增储量的 65%。所谓"两高"即开发区含水率高、采出程度高。据 2002 年统计数据，中国石油的主力原油开发区平均含水率为 83%，部分油区的含水率甚至高达 88% 以上。同时，这些油区的采出程度也已很高，平均达 72%以上。所谓"一复杂"即储层岩性/储集空间类型与分布复杂。2007 年，白建峰将我国测井评价难点概括为"三低、二复杂"，其"三低"同于前者，所谓"二复杂"即储层岩性/储集空间类型与分布复杂及油水关系复杂。储层岩性/储集空间类型与分布复杂的特点是岩性种类多样且组分变化大，以及储集空间类型复杂而空间分布极不均匀，包括碳酸盐岩、火成岩、砾岩等岩性复杂的储层；油水关系复杂的特点是地层水在纵向和横向上变化范围大，或者油层中的地层水矿化度与水层矿化度不同。

总体而言，近10年来我国测井解释评价行业面临的难题有增多的趋势，已有的方法和手段表现出明显的局限性，形势十分严峻。测井解释技术不适应油气勘探开发目标评价具体表现在三个方面：一是复杂储层的岩石骨架或阿尔奇公式参数常具有可变性，如何准确捕捉可变岩石骨架或可变阿尔奇公式参数成为测井解释理论或解释技术获得突破的关键。二是储层地质背景复杂给地质研究与测井解释提出了新要求。一方面，对地质背景因素理解是否准确，将成为测井解释技术方法选取是否正确的一个关键因素；另一方面，地质学家和地震解释学家对测井技术的依赖日益强烈，他们需要利用测井信息寻找地质推理的证据和对地震解释目标准确追踪的依据。三是经历长期注采的油气田，其油水关系复杂，利用测井解释技术准确评价油气层含水状态是测井解释技术获得发展进步的关键。

要探讨我国测井解释技术发展的应对之道，首先有必要弄清楚国内外测井解释技术研究的差异，只有找准二者的差别，才有可能厘清我国测井解释技术的发展思路，而不致误入歧途。

国外的测井解释技术研究，因受利益驱动，具有两个非常鲜明的特点：一是受追求高额经济效益思路的影响，国外大型测井公司的测井解释技术基本依附于测井新仪器的研制与更新，即仪器的先进性主导了测井解释技术的发展方向，与测井解释技术相比，国外大型测井公司似乎更看重测井仪器解决工程问题的能力及测井仪器指标的先进性，这些因素对于扩大和占领测井市场更具优势；二是国外大型油气公司的测井解释技术应用的主要思路是，在有限的时间内对经济可采储量（实际指具有一定经济效益的油气藏）进行掠夺性开采，这一思路使其测井解释技术具有非常明确的目的性。

实践证明，国外测井解释技术具有非常明显的优点。对于大型测井公司而言，依靠仪器的先进性能够使其快速占领测井市场，以及获得市场主导权和较大份额，这在我国及世界其他测井市场已获得巨大成功；对于大型油气公司而言，利用测井技术进行快速评价，从而快速获得巨额财富也是十分常见的。但是，这样做也会产生很多弊端。首先，在这种思路的影响下，必然要求测井行业长期面临仪器的发展速度快于解释评价的发展速度，导致大量有用的信息被长期掩盖，最终也一定会或多或少地影响测井解释效果；其次，外国大型油气公司由于过度地依赖地质研究，导致测井解释技术几乎成为地质研究的附属品，而常出现只关注目标层研究而忽视表外层研究的状况。例如，美国科麦奇公司和意大利艾尼集团阿吉普公司在南堡油田的钻探失利（其只关注深层而忽视浅层的勘探和测井解释分析）就是一个活生生的例子！

我国测井行业开展测井解释的目的与国外同行相比具有较为明显的区别。第一，我国测井行业以精确解释储层和系统发现油气显示为主要目的；第二，以渤海湾含油气盆地为代表，我国测井人员与地质人员紧密合作，形成了针对目的层和表外层综合分析的研究风格，油气复查多次成为增储上产的有效手段；第三，我国测井行业已开始肩负开拓海外油气市场的重任，扬长避短已成为当前一项紧迫的研究课题。

## 第二节　测井解释技术的优势与不足

### 一、国外测井解释技术的优势

国外测井人员多具有知识面宽的优点和测井解释能力相对不足的缺点。相比而言，我国测井人员多与之相反，我国更加注重对某些具体油区油气解释规律的精细分析和总结。由于测井解释能力相对出众，我国测井人员的老区油气层复查水平相对较高，南堡油田的发现就是其中的一个比较典型的范例。

据 2007 年 5 月 12 日的相关报道，冀东油田的勘探已有 40 多年的历史，多年来产量只有 30 多万吨……转机出现在 2003 年春季，冀东油田组织了 20 多名地质人员一起对以前的陆地资料进行综合研究，对老资料进行重新认识。通过 4 个月的分析获得一个惊人发现：在 300 多口井中发现大批以前漏掉的油层，而这些油层都位于中浅层。简单估算后就吓人一跳：有上亿吨的储量。中国石油获知情况后，迅速批准定下 3 口探井，打完探井后结果和预想的完全一致。冀东油田在滩海打的第一口探井，也就是南堡油田的发现井——老堡南 1 井，就在外国公司部署勘探井的同一位置。

可见，外国公司虽然拥有先进的地质理论和探测仪器，但忽视测录井资料的录取与分析，依然会铸成大错。南堡油田的发现，我国测井人员功不可没！

近年来，我国在碳酸盐岩油气层、火成岩裂缝性油气层、砾岩油气层、复杂岩性油气层、低孔低渗油气层、稠油层、水淹层剩余油饱和度等测井方面积累了丰富的经验。在生产测井方面，形成了具有中国特色的生产测井技术；在常规测井的资料分析和解释方面，处于国际先进水平。

### 二、测井解释技术的不足

我国测井解释技术最大的不足就是所用仪器的水平比外国测井公司低。近年来，我国测井行业基本上以仿制国外先进测井仪器为追赶方向，并已取得长足进步。但是，投入过多精力模仿国外先进测井仪器和与之相关的测井解释方法，是否会在一定程度上限制我国测井解释技术与理论的发展，也很值得我们思考，尤其是如何解决仪器的发展速度快于解释评价的发展速度这一现实问题。

我国测井解释技术的另外一大不足是测井地质学日渐式微。我国测井人员的知识结构与国外同行不同，因偏重于地球物理而知识面较窄，因而各测井公司的测井地质学研究与地质理论相对脱钩，多年来因测井人员与地质人员的交流不充分，使测井地质学一直处于尴尬的境地。近年来，一些测井专业杂志排斥测井地质学研究的倾向日益明显，甚至出现完全否定测井地质学存在的现象。事实上，测井地质学从诞生之日起，其研究思路就是测井信息与地质背景之间的转换分析，一些成功的测井地质学研究方法无不是测井人员与地质人员深度交流的结果。例如，测井相在地质界的广泛应用，就是因为发现了测井信息记录了沉积物质、沉积水动力变化与沉积相之间的内在关系，这种认识的获得单靠地球物理专业是不可能实现的。又如，利用测井技术进行地层压力分析，就是因为发现了高压地层中存在声波、密度测井信息的特殊变化，其计算公式和计算的地层压力剖面的实质也是测井信息与地质背景之间的转换分析。地质演化的"烙印"被刻在测井信息的"密码"中，面对当前低含油气饱和度的复杂勘探开发目标，不深刻地理解地质背景的内涵，就很难实现测井解释准确可靠。

## 第三节 测井解释技术发展的对策

以上分析表明，开展针对低含油气饱和度复杂岩性储层的测井解释理论及测井地质学理论研究，是当前测井行业必须要认真对待的大问题。急需开展与之相关的四个方面的研究：一是在岩石物理实验的基础上，完善对阿尔奇公式参数变化规律的研究；二是利用多种测井资料综合识别储层流体的技术方法研究；三是开展海外油气资源的测井解释规律及特殊油气层复查技术研究；四是开展测井地质学理论及应用研究。现将近年来的尝试作一简介，以求抛砖引玉。

### 一、阿尔奇公式参数变化规律研究和探索

近年来的一系列实验结果已证实，复杂岩性储层的阿尔奇公式参数具有可变性，其中又以胶结指数 $m$(无量纲)的规律最难把握，即使解释同样的岩石，也常因岩石的成岩作用或孔渗结构差异，导致 $m$ 值差别较大，导致测井解释结果与实际测试结果相差甚远。目前，在测井定量解释中，国内外有关较准确把握复杂岩性储层 $m$ 变化规律的研究成果还鲜见报道。

2008—2009 年，中国石化东北油气分公司对松南气田火山岩气藏进行了尝试性地测井评价探索。近年来，该气田在 X1 井和 X101 井先后获得重大突破，展现出火山岩气藏良好的勘探前景，但随即在 X02 井和 XX4 井测试出水，前期测井认识与试气结果出现较大矛盾，导致测井解释技术应用成为松南气田火山岩气藏勘探开发的难点之一。

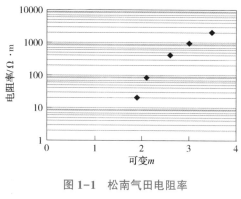

图 1-1 松南气田电阻率
与可变 m 关系图版

由于 $m$ 是岩性和孔隙结构的综合反映。为了准确把握可变 $m$ 的测井解释规律，考虑到电阻率曲线本身也是岩性和孔隙结构的综合反映，由此在研究中提出了推算电阻率与可变 $m$ 函数关系的思路。通过反算不同电阻率与 $m$ 的对应函数关系，得到电阻率与可变 $m$ 关系图版（图 1-1），并将之代入阿尔奇公式中，即可求出含气饱和度的近似解。

2009 年，测井人员利用电阻率与可变 $m$ 关系图版对松南气田主体区 4 口新井进行了测井解释，预测的 5 个层均被后期的试气和试采所证实，中国石化东北油气分公司对该研究成果非常满意。

图 1-2 为 XX7 井测井解释成果图。该井 4 号层以下被多家测井研究机构解释为气层或差气层，根据可变 $m$ 值则认为是气水同层，鉴于该测井解释结果，建议施工方注意底水上窜。该井经测试初期实现高产气，但日产水 9m³，所产水曾被认为是凝析水，但随着试采的深入，化验结果逐步证实此水为地层水，2009 年 8 月该井提产后水量大增，充分证实利用可变 $m$ 值获得解释结果的准确性。

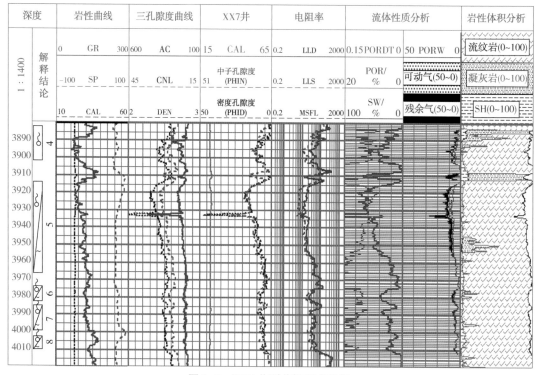

图 1-2 XX7 井测井解释成果图

## 二、流体识别方法与特殊油气层复查技术

低含油气饱和度复杂岩性储层的流体识别主要面临两大难题：一是储层含油气饱和度低导致油气测井响应非常微弱，而岩石骨架的测井响应信息所占比重过大，准确提取储层含油气信息、消除岩石骨架测井响应信息对测井解释的影响成为研究的关键和主要分析思路；二是储层因岩性复杂导致孔隙结构复杂、岩性变化复杂，测井认识表现为多解性，准确解读产生油气层的地质背景因素也成为研究的关键和主要分析思路。

对于第一大难题，测井人员对松南火山岩气田的低饱和度气层识别做了尝试性研究。图 1-3 为该气田的 2 口井的测井识别图，图中第二道为"含气分析曲线"。图 1-3(a) 中储层经测试为高产气层，由该图可知，当储层含气饱和度大于 60% 时，根据三孔隙度曲线的测井原理，由补偿密度、补偿声波和补偿中子计算的孔隙度的大小排列有序；但是，当储层含气饱和度在 30%~60% 时，图 1-3(b) 中的三条孔隙度曲线却基本重合，该井 5 号、6号层合试结果为气水同出。可见，含油气饱和度由量变转为质变，从而引起含油气测井识别方式的根本改变，在具体研究中，对三孔隙度曲线、电阻率曲线与利用可变 $m$ 计算的饱和度曲线综合分析，实现了对不同类型储层的准确识别。

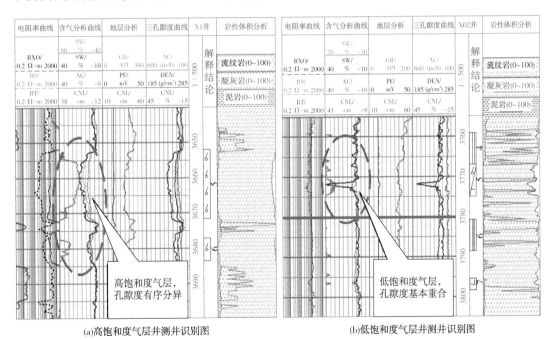

(a)高饱和度气层井测井识别图　　　　　(b)低饱和度气层井测井识别图

图 1-3　测井识别图

对于第二大难题，测井人员在大港油田港东东营组地层做了尝试性研究。港东东营组地层曾是大港油田著名的低阻油层富集区，早期测井解释符合率低于 50%，测井解释的油层、水层与测试结果相反的案例屡见不鲜。通过对其地质背景进行深入研究发现，实际上

该地区的测井解释规律受到沉积水动力条件的控制。

图1-4为根据地质认识制作的油水层识别图版。该图中横坐标为岩性的自然伽马相对值，纵坐标为电阻率。如图1-4（a）所示，为河间沼泽沉积背景，可以看出，由于沉积水动力比较弱且不稳定，储层岩性比较细，岩性控制了油层与水层的测井解释规律，电阻率与油层、水层等的识别基本无关。如图1-4（b）所示，为河间沼泽向分流河道过渡的沉积背景，沉积水动力的增强使测井解释规律出现分化：当自然伽马相对值小于0.3时，储层的形成与分流河道关系密切，岩性比较粗，电阻率控制了对油层、水层等的识别；当自然伽马相对值大于0.3时，储层的形成与河间沼泽关系密切，岩性比较细，岩性控制了油层与水层的测井解释规律。可见，对地质背景的深刻解读，是实现准确认识油气层的一个非常关键的因素。利用这一认识成果，测井人员曾在港东东营组准确复查出多个低阻油层，其中D4-9井2214.0~2215.5m的未解释层和37号水层顶部被复查为油层，经补孔后获得高产。

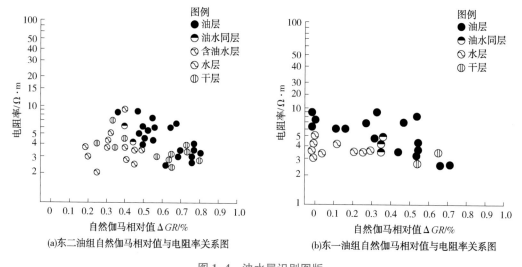

（a）东二油组自然伽马相对值与电阻率关系图　　（b）东一油组自然伽马相对值与电阻率关系图

图1-4　油水层识别图版

开展流体识别方法与特殊油气层复查技术研究具有重要意义，它不仅可以提升测井解释理论和测井解释成果水平，而且在低成本开拓海外油气市场时，也可能收获意想不到的重大成果。

### 三、测井地质学理论及应用

我国测井地质学理论的发展主要面临三个障碍：一是研究人员的知识结构急需调整或优化。调整意味着研究人员必须同时掌握测井解释和地质学理论，优化意味着测井研究人员必须与地质学家开展深度交流。二是从研究方法上，必须建立宏观与微观相统一的认识。只有达到地质宏观认识与测井微观证据的完美统一，才能在测井地质学研究中获得的正确认识。三是理论上应该从显性测井地质认识向隐性测井地质认识发展。长期以来，测井人员开展的测井地质学研究多局限于成像和地层倾角测井技术方面，究其原因，在于上述方法可以提供给研究人员部分地质演化的结构变化认识，姑且称之为显性测井地质认识，但绝大部分地质现象是被测井信息以隐性的方式或以"密码"记录的，只有潜心研究隐性测井地质的识别理论，才能迎来测井地质学发展的真正高峰。在这里，笔者以大港油田白水头主断层的成因研究做举例说明。

对大港油田白水头主断层的成因曾有多种推测，利用测井技术可以证明其主断层为"平错扭动"成因。图1-5为利用测井技术成果绘制的大港油田白水头地区沙一中地层压力系数分布图。该图清晰地反映出该地区断裂体系对地层压力具有控制作用。以白水头主断层为界，可分为多个断块，不同断块的地层压力系数各有一定的差异性，说明压力的分布还受局部断块的影响。

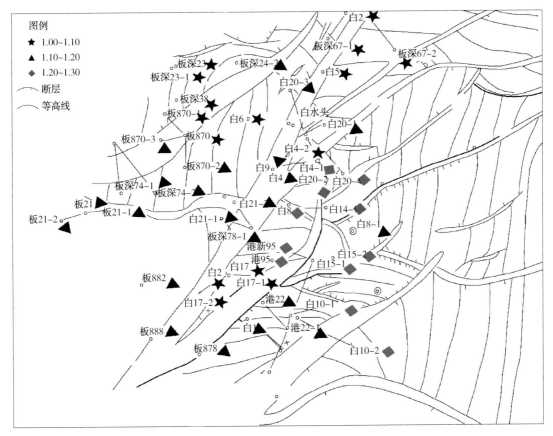

图1-5 大港油田白水头地区沙一中地层压力系数分布图

利用地层压力系数平面分布图研究白水头主断层，可以发现，主断层两侧的地层压力系数不高，基本为正常地层压力，主断层中部地层压力异常增高，这种地层压力的分布特点，揭示出其主断层很可能属于"平错扭动"的成因机制：主断层两翼局部扭动，扭动造成断层两侧地层压力分布各不相同，其受力一侧受扭动影响而地层压力有所增加，另一侧受扭动影响，断层有所开启而具有正常压力；主断层中部由于错动挤压而产生异常高压。利用测井解释技术计算的局部地层压力系数与宏观地质作用表现相吻合。

研究白水头主断层的成因与地层压力系数分布的关系对于该地区的测井解释具有指导意义。根据试油资料分析结果：在主断层中部的高压区，仅在深部测试出油气层；主断层两翼扭动形成的正常压力区，测试结果为油气层稀少；主断层两翼扭动形成的局部增压区，试油效果比较好，有些井钻遇多个油气层。

如前所述，我国测井解释技术应用面临的主要问题是研究手段与油气勘探开发目标不适应。造成这一问题的原因与我国测井人员理论创新相对不足和知识结构不太合理有关。

研究表明，复杂岩性储层的形成必然与地质背景因素的特殊性密不可分。测井信息同时拥有地质属性和地球物理属性，二者不可偏废，只有将对这两种属性的研究紧密结合、相互验证，才有可能实现对复杂岩性储层的准确评价。

21世纪以来，逐步进入针对非常规油气的测井地质学的全新发展和研究阶段，测井技术的发展及日益复杂的地质问题的出现使得测井专业和地质专业结合的工作日益受到重视，地质学家和测井分析学家的交流与协作日益频繁，涌现出一系列优秀成果，测井地质学学科逐渐成形并得以迅速发展，同时在油气勘探开发的各个环节中得到广泛应用（王贵文等，2000；李国欣等，2004；李浩等，2010；赖锦等，2013、2014；李宁等，2020）。针对致密油气藏、页岩油气藏，众多专家学者通过常规测井，并结合新测井技术资料建立了"七性关系"（岩性、物性、电性、含油性、脆性、烃源岩特性和地应力各向异性）和"三品质"（储层品质、烃源岩品质和工程品质）的测井评价体系（赵政璋和杜金虎，2012；闫伟林等，2014；唐振兴等，2019；王小军等，2019）。同时，将岩石物理相、成岩相等相关理论体系引入致密储层测井识别与评价工作中，取得了良好效果（赖锦等，2013；冉冶等，2016）。

近年来，人工智能和大数据的融合为利用测井资料解决非常规油气地质问题提供了新的思路，可以说人工智能伴随了测井地质学发展的全部历程。人工智能技术经过数十年发展已相对成熟（侯亮等，2019），已在测井行业获得广泛应用（侯亮等，2020）。最早，肖义月（1984）将人工智能测井应用到测井相的划分与识别中。周成当（1993）研究了人工神经网络在测井解释领域主要应用在地层参数的预测或估算及模式识别问题，人工智能与大数据的方法重要性凸显。张吉昌等（2005）将人工智能测井应用到裂缝识别研究中，效果显著。李宁等（2021）通过评述人工智能在测井地层评价中的应用现状，指出人工智能在测井曲线重构、岩相分类和物性参数预测方面具有广阔的应用前景。笔者系统总结了基于聚类分析的半监督学习岩相预测方法流程，主要包括6个步骤（图1-6）。应用该方法获得的预测效果不仅取决于训练阶段对样本特征提取的无监督学习方法（如聚类、降维算法等）的应用，也依赖于预测阶段的分类方法，可以是标签传播方法或其他有监督学习方法的应用。

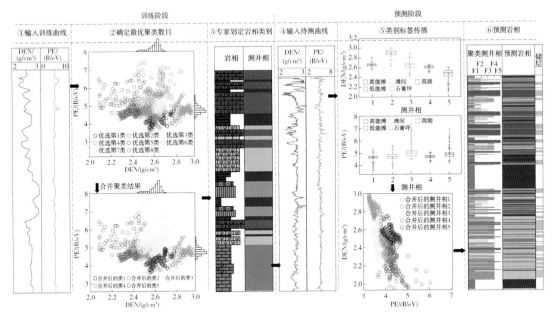

图 1-6　人工智能岩性、岩相预测技术方法流程示例（据李宁）

## 参 考 文 献

[1] 欧阳健. 加强岩石物理研究，提高油气勘探效益[J]. 石油勘探与开发，2001，28(2)：1-5.

[2] 欧阳健. 加强目标区块岩石物理研究，提高测井识别评价油层能力[J]. 中国石油勘探，2001，6(1)：24-30.

[3] 李国欣，刘国强，赵培华. 中国石油天然气股份有限公司测井技术的定位、需求与发展[J]. 测井技术，2004，28(1)：1-6.

[4] 白建峰. 浅谈现代测井技术及其发展趋势[J]. 今日科苑，2007(8)：66-70.

[5] 赵平，张美玲，刘甲辰，等. 2004—2005 年国内外测井技术现状及发展趋势[J]. 测井技术，2006，30(5)：385-389.

[6] 李浩，缪学军，刘传喜，等，松南气田火山岩储层测井识别技术与评价方法[J]. 东北油气勘探与开发，2009，2(3)：57-63.

[7] 李浩，刘双莲，港东东营组低阻油层解释方法研究[J]. 断块油气田，2000，7(1)：27-30.

[8] 李浩，刘双莲，测井信息的地质属性研究[J]. 地球物理学进展，2009，24(3)：994-999.

[9] 王贵文，郭荣坤. 测井地质学[M]. 北京：石油工业出版社，2000.

[10] 张吉昌，邢玉忠，郑丽辉. 利用人工智能技术进行裂缝识别研究[J]. 测井技术，2005，29(1)：52-54+90.

[11] 周成当. 人工神经网络：测井解释新的希望——神经网络系列研究报告之一[J]. 测井技术，1993，

17 (1)：30-35.

［12］肖义越. 测井相的人工智能识别［J］. 地质科学，1984，（16）2：223-233.

［13］赖锦，王贵文，王迪，等，川中地区上三叠统须家河组成岩层序地层学特征［J］. 地质学报，2016，90 (6)：1236-1252.

［14］李宁，闫伟林，武宏亮，等. 松辽盆地古龙页岩油测井评价技术现状、问题及对策［J］. 大庆石油地质与开发，2020，39 (3)：117-128.

第二章

# 复杂岩性与测井评价

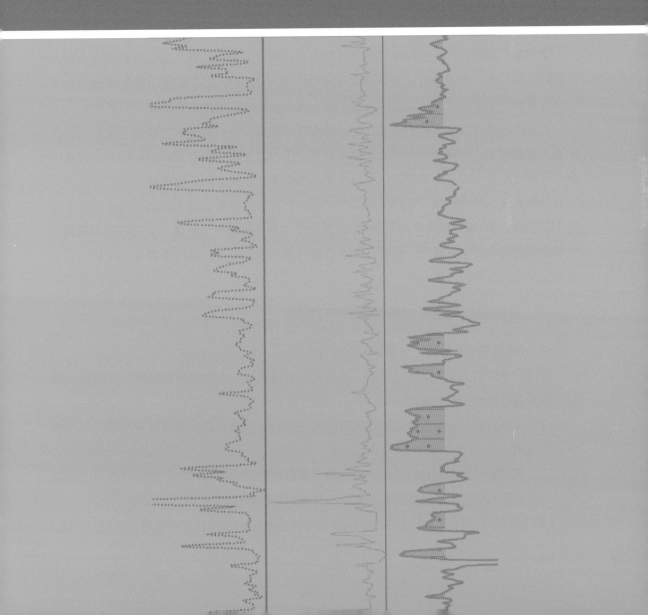

# 第一节 复杂致密砂岩测井评价

岩屑砂岩储层在鄂尔多斯及准噶尔等我国中西部盆地分布比较广泛，国内对于它的测井评价问题探讨很少，但实验数据表明，有些岩屑砂岩与石英砂岩有着不一致的岩石骨架测井值，且其中子测井值普遍偏高。当运用同一测井模型评价岩屑砂岩与石英砂岩时，面临着一些储层孔隙度解释不够精确的问题，导致测井解释的气层被试气证实为干层。这一问题的揭示，对于我国中西部盆地低孔低渗储层的测井评价具有深远意义。科学家们利用对岩屑砂岩储层研究的新认识，实现了一些重要的地质应用。首先，利用岩屑砂岩储层特殊的测井响应合成的产能识别曲线，能有效地识别储层，符合率大于80%；其次，根据岩屑砂岩储层岩石骨架测井研究，其中子响应是划分太原组与山西组地层的重要标志。

多年来，我国测井行业均将岩屑砂岩归入石英砂岩的解释范畴。以石英砂岩作为测井解释的目标对象，其实质可被理解为储层的含气饱和度主要是孔隙度和电阻率的函数关系。这种解释因忽视岩屑砂岩的矿物复杂性，且一直缺少科学的论证，被沿用至今。

岩屑砂岩具有复杂的矿物成分，这已是地质学常识，有关岩屑砂岩矿物复杂性与测井响应关系的讨论，在测井专业领域还屈指可数。迄今为止，关于岩屑砂岩矿物复杂性影响测井孔隙度分析、岩石骨架参数选取以及含气饱和度计算的文章还未见到。

大牛地气田测井解释与生产、测试的大量矛盾表明，岩屑砂岩含量高是造成这些矛盾的主要原因，如"高孔隙度干层"的频繁出现就是这种矛盾的典型表现。岩屑砂岩矿物复杂性所造成的测井响应复杂性，导致许多矛盾被掩盖至今，因此，岩屑砂岩是大牛地气田未来储层挖潜的重要方向之一。

## 一、岩屑砂岩与测井解释的关系研究

### （一）国内关于岩屑砂岩与测井响应的讨论

对国内多篇相关文章调研后可知，国内关于岩屑砂岩与测井响应的讨论，从宏观到微观，主要观点集中在四个方面：

（1）岩屑砂岩与沉积相的关系（刘锐娥等，2005）。该观点认为岩屑砂岩主要分布于弱水动力沉积区。

（2）研究岩屑砂岩测井响应特征后认为，岩屑砂岩储层较石英砂岩储层具有更高的自然伽马、更低的电阻率、更高的补偿中子和更高的补偿密度。

（3）岩屑砂岩与石英砂的孔渗（孔隙度与渗透率）关系差别（周锋德等，2003；尹昕，

2005）。研究认为石英和岩屑的相对含量受物源成分和沉积条件的共同影响，一般情况下，石英含量较高时，岩屑含量相对较低；岩屑含量较高时，石英含量相对较低。

（4）岩屑砂岩与孔渗结构的关系（赵彦超等，2003、2006）。研究证实，大牛地气田存在两类孔隙度数值接近（孔隙度≥8%）但渗透率差别大的储层（一类渗透率≥0.5mD；另一类渗透率≤0.5mD）。镜下观察表明，前者长石、岩屑、杂基等含量较低，砂岩较纯，产能较好。因此，较多地保存了原生粒间孔，有少量的溶蚀孔；后者较前者产能差，且多为岩屑砂岩和长石岩屑砂岩。这类砂岩由于塑性颗粒含量、杂基、假杂基以及碳酸盐胶结物和硅质胶结物含量较高，使得原生粒间孔消失殆尽。

综合上述观点，国内对岩屑砂岩与测井响应的讨论多停留于对表象的统计分析。国内的相关文献也均表明，岩屑砂岩储层质量不高，且它与石英砂岩有时难以区分，干扰了对优质储层的寻找。

国内对于岩屑砂岩的讨论，有两个关键问题急需解决：一是关于岩屑砂岩的测井响应的成因问题；二是关于岩屑砂岩与石英砂岩测井评价是否存在区别的问题。事实上，只要解决了第一个问题，第二个问题也就迎刃而解。

**（二）大牛地气田岩屑砂岩的测井响应特征分析**

仔细研究大牛地气田岩屑砂岩的测井响应特征，可以发现两个鲜明的特点：一个是测井分析孔隙度与岩心分析孔隙度差别比较大；另一个是岩屑砂岩的孔隙度测井数值，常常超越石英砂岩的骨架测井极限值。

图 2-1 为中子孔隙度与岩心分析孔隙度关系图。由于岩屑砂岩的矿物成分复杂多变，图版中大致可见两部分迥异的测井响应特征：一部分岩屑砂岩的中子孔隙度与岩心分析的孔隙度具有类似的一致性；另一部分岩屑砂岩的中子孔隙度则数倍于岩心分析的孔隙度，这种响应可能由岩屑矿物成分的差异所致。

从图 2-2 和图 2-3 可看出，无论是岩心分析颗粒密度还是补偿密度测井数值，均有一部分数据点大于石英的骨架密度（2.65g/cm³），而当测量点的石英砂岩孔隙度为0（骨架密度为 2.65g/cm³）时，岩心分析的孔隙度在 2%~8% 波动。

图 2-4 为印尼某区石英砂岩的中子孔隙度与岩心分析孔隙度交会图，其中子孔隙度与岩心分析孔隙度有着较好的相关性；图 2-2 中的中子孔隙度与岩心分析孔隙度相关性很差，这种响应可能由岩屑矿物成分的差异所致，其中比较多的岩心分析结果为低孔隙度，而中子孔隙度却能达到 20% 左右。因此，以单矿物骨架为依据的测井解释存在评价认识方面的弊端。

图 2-1、图 2-2 与图 2-3 三张图充分表明，岩屑砂岩储层的含气性实质应该是岩性骨架、孔隙度与电阻率的复杂函数关系。大牛地气田的测井评价远远复杂于常规石英砂岩成因储层的测井评价。

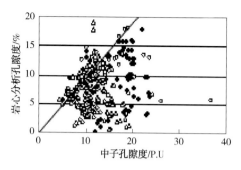

图 2-1 中子孔隙度与岩心分析
孔隙度关系图

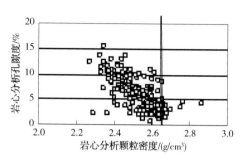

图 2-2 岩心分析颗粒密度与岩心分析
孔隙度关系图

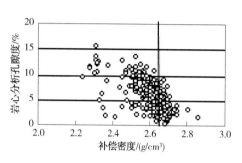

图 2-3 补偿密度与岩心分析
孔隙度关系图

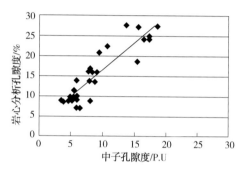

图 2-4 印尼某区石英砂岩的中子孔隙度
与岩心分析孔隙度交会图

### （三）岩屑砂岩面临的测井技术评价问题

**1. 单矿物骨架的测井应用掩盖了多矿物复杂骨架的事实**

目前，测井解释技术主要将岩屑砂岩归入石英砂岩的解释范畴——用单矿物骨架参数参与岩性和孔隙度评价（表 2-1a），即通常中子骨架为-4%，密度骨架为 2.65g/cm³，声波时差骨架为 55.5μs/ft。造成这种测井技术评价孔隙度难的根本原因是，对于岩屑砂岩测井响应的成因基础缺乏研究。

岩心分析表明，大牛地气田岩屑砂岩的岩屑成分主要包括片岩、灰云岩、千枚岩、凝灰岩、中酸性喷发岩、花岗岩、板岩和粉砂岩等。由表 2-1b 可见，岩屑砂岩具有复杂的骨架值。其中，应用相同的测量方法（如中子测井）测量不同的岩屑矿物，如可见千枚岩、云母、板岩、绿泥石等与石英的中子骨架相差数倍甚至十数倍的骨架测量差异，仅仅应用石英砂岩的实验骨架解释岩屑砂岩，很有可能导致与生产实际反差比较大的测井解释结果（容易误导生产）。

表 2-1a 岩屑砂岩的测井解释骨架

| 矿物 | 成分 | 中子骨架/% | 密度骨架/（g/cm³） | 声波时差骨架/（μs/ft） |
| --- | --- | --- | --- | --- |
| 石英砂岩 | 石英 | -4 | 2.65 | 55.5 |

表 2-1b　岩屑砂岩的实验骨架数值

| 矿物 | 成分 | 中子骨架/% | 密度骨架/（g/cm³） | 声波时差骨架/（μs/ft） |
|---|---|---|---|---|
| 岩屑砂岩 | 云母 | 30 | 3.14 | 64 |
| | 片岩 | 6.5 | 2.79 | 60 |
| | 千枚岩 | 8 | 2.79 | 58.5 |
| | 凝灰岩 | — | 1.38 | 213.1 |
| | 板岩 | 44 | 2.38 | 106 |
| | 绿泥石 | 52 | 2.79 | — |

由此可见，岩屑砂岩应属于多矿物复杂砂岩的解释范畴，研究中应考虑将复合骨架参数加入岩性和孔隙度评价中。

2. 解释不准的原因在于未认识到岩屑砂岩的测井成因

当前，对岩屑砂岩储层的测井研究还停留在对现象的描述阶段，如认为与石英砂岩储层相比，岩屑砂岩储层具有"三高一低"的特征：较高自然伽马、高补偿中子、高补偿密度和低电阻率，但从前文可知，含岩屑砂岩的储层可能具有与之不一致的响应特征。

从实验的角度分析，岩屑砂岩储层测井成因的实质是多矿物的复杂测井响应，其测井响应具有一定的可变性和不确定性。前文中也已提及，岩屑砂岩储层的含气性实质应该是岩性骨架、孔隙度与电阻率的复杂函数关系。

3. 物性求取难是岩屑砂岩测井解释的核心问题

有些单位或学者可能注意到岩屑砂岩孔隙度求取的相关问题，改用岩心孔隙度度量测井孔隙度的办法，但仍难以避免复杂的岩屑干扰。

图 2-5 为陕 208 井岩心孔隙度与孔隙度测井对比图。其中，深度段 1 和深度段 4 的岩心孔隙度从 16% 下降到 8%，声波时差变化趋势同于岩心分析孔隙度变化趋势，密度反之；深度段 2 和深度段 3 的孔隙度相差 2%~3%，密度变化趋势同于岩心分析孔隙度变化趋势，但声波时差值反之。

表 2-2a 和表 2-2b 表明，测井解释成果与生产测试结果相差大，有时低产层计算的孔隙度比较高。

表 2-2a　大牛地气田单试低产层孔隙度统计

| 井名 | 地层 | 平均孔隙度/% | 无阻流量/（10⁴m³/d） | 解释结论 | 试气结果 |
|---|---|---|---|---|---|
| 2-31 | 山1 | 8.175 | 0 | 气层 | 干层 |
| 4-11 | 山1 | 5.842 | 0.29 | 气层 | 低产 |
| D35-2 | 山1 | 5.386 | 0 | 气层 | 干层 |
| D66-1 | 山1 | 6.575 | 0.47 | 气层 | 低产 |

表 2-2b　大牛地气田单试高产层孔隙度统计

| 井名 | 地层 | 平均孔隙度/% | 无阻流量/（10⁴m³/d） | 解释结论 | 试气结果 |
|---|---|---|---|---|---|
| 4-111 | 山1 | 7.198 | 7.78 | 气层 | 气层 |
| 4-19 | 山1 | 7.394 | 6.41 | 气层 | 气层 |
| 4-25 | 山1 | 5.21 | 10.5 | 气层 | 气层 |
| 4-27 | 山1 | 6.227 | 7.58 | 气层 | 气层 |

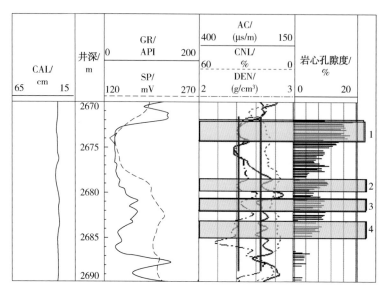

图2-5 陕208井岩心孔隙度与孔隙度测井对比图(据中国石化华北油气分公司)

4. 岩屑砂岩的测井评价问题可能遍及中国前古近系碎屑岩油气勘探

通过对吐哈盆地、松辽盆地及其周边的调研发现,中国前古近系存在比较普遍的岩屑砂岩的测井解释问题。

1)吐哈盆地

表2-3表明,吐哈盆地的岩屑含量普遍比大牛地气田的岩屑含量高,无论是丘陵、红台还是胜北区块,岩屑平均含量均在40%以上,岩屑成分包含沉积岩、变质岩与岩浆岩,骨架参数更难确定。

表2-3 吐哈盆地砂岩成分统计 %

| 区块 | 层位 | | 石英 | | 长石 | | | 岩屑 | | | |
|---|---|---|---|---|---|---|---|---|---|---|---|
| | | | 石英 | 燧石 | 钾长石 | 斜长石 | 总量 | 沉积岩 | 变质岩 | 岩浆岩 | 总量 |
| 丘陵 | J2q | | 33.1 | | 17.3 | 6 | 23.2 | 34.9 | 8.87 | 2.9 | 43.4 |
| | J2s | | 29.57 | 0.67 | 19.68 | 3.9 | 23.94 | 33.6 | 7.24 | 4.5 | 45.34 |
| | J2x | XI | 26.3 | 0.47 | 19.21 | 6.91 | 25.12 | 37.11 | 7.8 | 3.2 | 48.11 |
| | | XII | 28.39 | | 18.86 | 6.88 | 25.74 | 35.51 | 8.86 | 1.6 | 45.87 |
| | | 合计 | 26.46 | 0.43 | 19.18 | 5.98 | 25.16 | 36.98 | 7.88 | 3.09 | 47.95 |
| 红台 | J2q | | 26.95 | 1.0 | 19.75 | 5.4 | 25.15 | 2.07 | 4.96 | 43.66 | 50.69 |
| | J2s | | 26.26 | 1.0 | 17.76 | 4.69 | 22.45 | 5.7 | 6.17 | 45.5 | 58.37 |
| | J2x | | 26.22 | 1.3 | 19.25 | 4.99 | 24.24 | 2.95 | 5.92 | 42.85 | 51.72 |
| 胜北 | J3k | | 27.48 | | 19.17 | 7.77 | 26.94 | 2.36 | 2.65 | 40.43 | 45.44 |

从图2-6可以看出,吐哈盆地的中子孔隙度与岩心分析孔隙度之间的相关关系与大牛地气田相比,更为复杂。

2）松辽盆地

图 2-7 是松辽盆地十屋油田营城组砂岩分类图。从该图可以看出，其矿物成分多为岩屑长石砂岩或长石岩屑砂岩，其中石英含量 15%~30%，平均 26.3%；长石含量 25%~55%，平均 34%；岩屑含量 13%~36%，平均 26.4%。SNXX 井是该油田的一口井，从图 2-8 可以看出，74 号层测井解释的含气饱和度达 90%，但压裂后试气，日产气为 300m³，为典型的差气层。由此说明，岩屑砂岩的存在，导致储层参数计算存在巨大误差，是当前测井评价中的难题。

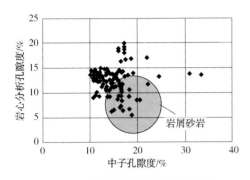

图 2-6 吐哈盆地某区中子孔隙度
与岩心分析孔隙度交会图

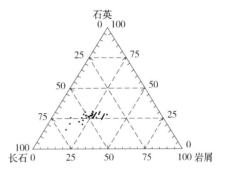

图 2-7 松辽盆地十屋油田
营城组砂岩分类图

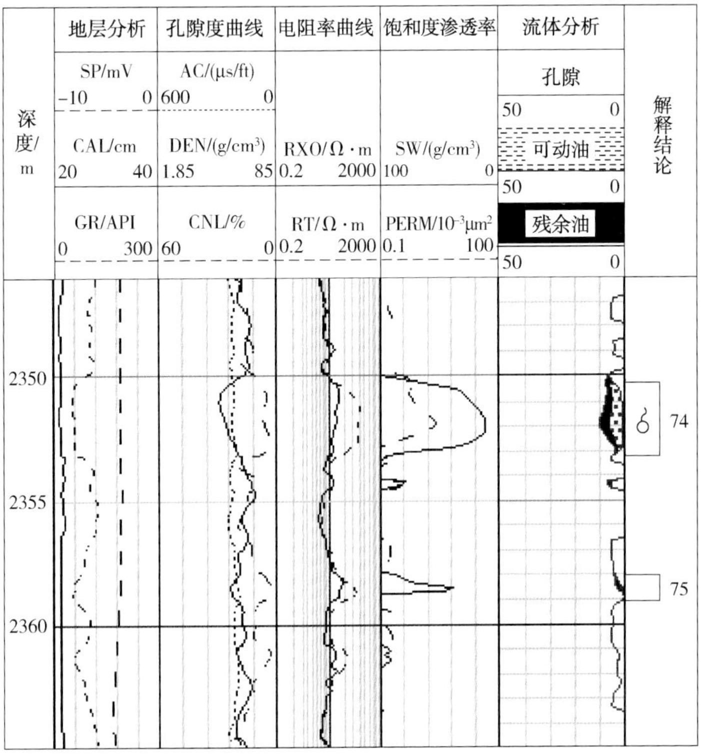

图 2-8 SNXX 井测井解释成果图

综上所述，对岩屑砂岩的测井解释，有可能是中国前古近系碎屑岩含油气地层面临的主要测井评价问题之一。

## 二、岩屑砂岩的成因背景分析

岩屑砂岩的复杂性是鄂尔多斯盆地晚古生代构造、沉积演化的结果。深入分析鄂尔多斯盆地晚古生代构造、沉积演化可知，鄂尔多斯盆地晚古生代的构造、沉积演化深刻影响着岩屑砂岩含量的分布。

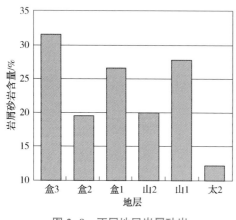

图 2-9 不同地层岩屑砂岩
含量分布直方图

### （一）大牛地气田岩屑砂岩的纵向分布特征

图 2-9 清楚地揭示出，研究区域从海相（太原组）到海陆过渡相（山西组）再到陆相（下石盒子组）沉积环境的每一次变迁，都会引起岩屑砂岩含量的突然变化。太原组的岩屑砂岩含量最低，为石英砂岩储层；到山西组山 1 段时，岩屑砂岩含量由太原组的 12.2%，突然增加到 27.7%，至山 2 段时，由于构造运动相对稳定，岩屑砂岩含量有所下降，主要为岩屑石英砂岩储层与岩屑砂岩储层；随着构造运动的进一步演化，从山西组向下石盒子组时，岩屑砂岩含量又发生一次突变。

以上分析表明，岩屑砂岩含量纵向上的变化受不同时期因素控制，因此，对不同时期的构造、沉积背景进行分析，是解决岩屑砂岩形成的关键所在。

### （二）岩屑砂岩储层的成因分析

综合分析后认为，造成上述不同时期岩屑砂岩含量突然变化的根本原因，应是构造运动发挥了核心作用。

华北早古生代克拉通盆地于晚奥陶世整体抬升后，寒武—奥陶系碳酸盐岩遭受长达 110Ma 的风化剥蚀，至晚石炭世早期近准平原化。即使华北板块南北缘的构造格局使克拉通盆地南北两侧翘升，北缘是阴山隆起，南部为秦岭—伏牛—大别—胶辽隆起，西部为杭锦旗—环县低隆起，向西隔贺兰海湾与阿拉善相望，东为大洋，呈向东敞开、东高西低的箕状盆地。稳定的边界条件、优越的生态环境为盆控型泥炭沼泽的发育创造了极其有利的环境。当时大牛地气田位于华北克拉通盆地西段北部的平原上，海侵时处于陆表海的滨岸地区。

此时对应太原期，根据该构造演化可推测，准平原化的沉积背景使太原组砂岩得到比较充分的搬运、分选，因而岩屑砂岩含量低，为石英砂岩储层。

早二叠世山西期，盆地北缘构造活动强烈，在原石炭世末海岸平原及沼泽环境的基础上发育了陆相河流沉积体系，伊盟北部在晚石炭世就已存在的三角洲沉积作用得到进一步增强，陆缘碎屑供给充分。构造演化形成的物源因素及砂岩物质搬运、分选的有限性，使山西组砂岩的岩屑含量突然增大。

早二叠世晚期下石盒子期，盆地北部地壳明显抬升，物源区侵蚀作用增强，大量碎屑物的形成为本区河流环境的发育提供了充分的条件，早期十分发育的辫状河体系使本区广泛接受了一套以含砾砂岩为主的粗碎屑沉积。下石盒子组时期构造的进一步演化，砂岩中的岩屑含量和成分均有所变化，下石盒子组岩屑砂岩中云母含量比山西组岩屑砂岩中云母含量有所增加。

整个鄂尔多斯盆地晚古生代经历了构造的不断隆升过程，虽然研究区岩屑砂岩的矿物组成具有一定的继承性，但构造的不断隆升促成沉积环境的不断变迁，在时间上还造成岩屑砂岩含量及岩屑砂岩的矿物组成具有一定的变化性。

### 三、岩屑砂岩的测井地质应用

#### （一）岩屑砂岩的测井响应是识别太原组和山西组地层的重要依据

根据研究区构造、沉积演化规律及岩屑砂岩的纵向变化规律可知，在研究区的重要地质界面附近，岩屑砂岩的含量会发生突变，利用岩屑砂岩的这种突变性带来的测井曲线响应特征变化，可以成为地质分层的重要参考依据。从图 2-10 中清晰可见，太原组变化至山西组地层时，砂岩的补偿中子测量数值明显增高，表明受岩屑砂岩含量突变的影响，从太原组变化至山西组地层时，砂岩的补偿中子测量数值明显增高且具有普遍规律，因而是识别太原组与山西组地层的重要依据。

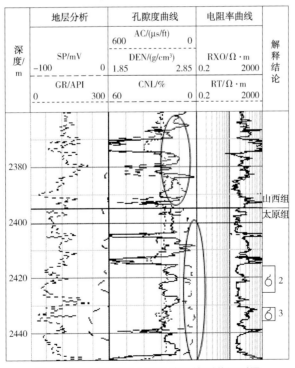

图 2-10 太原组和山西组地层的测井识别图

### （二）利用岩屑的特殊测井响应定性识别高产气层

前期研究初步表明，岩屑砂岩的含量及成分不同，不仅造成测井曲线的响应复杂多变，而且对储层的质量造成很大影响，当岩屑砂岩的含量足够大时，常常造成储层测试低产或测试为干层。

对于高产气层的识别，可以充分利用岩屑砂岩对测井曲线信息的影响，应用"测井信息重构"的思路，突出含气信息，消减无用或重复信息，计算一条含气识别曲线，达到区分储层是否具备产能的目的。

图 2-11 和图 2-12 中的产能指示线为本次计算的一条含气识别曲线。从两幅图可以看出，干层在这条含气识别曲线上表现为数值低平（一般小于 13%），表明储层不含气或含气丰度比较低；而气层在这条含气识别曲线上表现为数值高（一般大于 13%）且齿化明显，这与碎屑岩成层性分布、纵向上含气丰度不均匀有关。

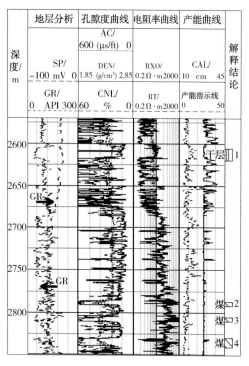

图 2-11　D68 井干层产能定性识别曲线图

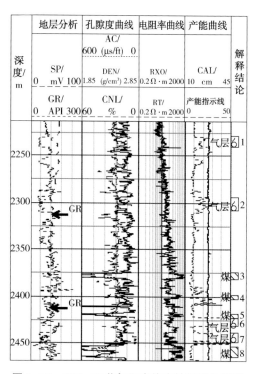

图 2-12　D47-32 井气层产能定性识别曲线图

进一步研究表明，该含气识别曲线不仅有产能的定性识别功能，而且具有指导井震结合研究的良好效果。根据应用，它具有三方面的优势。①去煤优势。完全消除了煤层对储层识别的影响，使新计算的曲线指导地震、追踪储层更有优势。②分层优势。新计算的曲线能消除煤、灰岩及泥岩对储层识别的干扰，区分储层与围岩更清晰。③评价优势。新计算的曲线可比较清楚地区分干层与产层，预测产气层比较准确。应用这条曲线对多个试气储层统计，解释符合率达到 80%。

　　岩屑砂岩声波、密度、中子曲线的测井响应实质，是多种矿物成分、多种骨架测井响应特征的综合表现，这就是岩屑砂岩测井响应的成因基础，这也说明高含岩屑砂岩储层的测井评价将是一个任重而道远的不断探索的过程。

　　岩屑砂岩复杂矿物成分的特点具有两面性。首先，它将长期成为测井评价的难题。以往用石英砂岩骨架参数参与储层评价，易导致计算结果偏高，影响勘探开发效果。实验表明，其岩石骨架参数具有多变性和复杂性的特点，使测井评价面临多解性和复杂性；其次，利用它的测井响应的特殊性，可以开发出多项可指导生产的地质应用。

　　利用岩屑砂岩成因及其特殊测井响应特征，可解决多项地质问题。首先，它是识别太原组和山西组地层的重要依据；其次，利用其特性计算的产能指示曲线，可有效地区分含气储层与泥岩、煤和致密层，该方法解释符合率达80%以上，可在整个气田推广应用。

## 第二节　复杂火山岩测井评价

　　火山岩储层总体属于低孔渗储层评价的范畴，由于测井含气响应远弱于岩石骨架响应，流体识别面临气层、水层区别难的问题；由于岩性和孔隙结构复杂引起阿尔奇参数多变，测井解释面临饱和度定量计算精度不高等问题。针对上述问题，提出"定性解释与定量解释相互独立、相互验证"的火山岩测井解释原则。在气层识别方面，从重构孔隙度气层识别组合曲线、研究电阻率相对值、应用核磁测井技术以及分析储层含气丰度与测井响应差异等4个研究方向探索了不同储层的测井识别依据。根据上述研究成果，确定了5类储层的测井判别依据，实现了火山岩定性解释；在火山岩定量解释方面，由于电阻率曲线本身就是岩性和孔隙结构的综合反映，引入基于电阻率测井响应的可变$m$值阿尔奇计算公式，应用生产测试成果验证，证实该方法定量计算储层含气饱和度精度高。根据上述研究成果，系统建立了火山岩测井解释模型。应用新的火山岩储层测井解释方法，多口新井的测井预测结果被生产测试所验证，应用效果良好

### 一、火山岩测井解释面临的主要问题、难点

　　火山岩测井解释主要面临三方面评价难题：一是基质测井响应强，流体测井响应弱。火山岩测井的含气响应信息微弱，岩石骨架所占测井信息比重常远大于流体，若解释参数选择不当，部分骨架信息会参与含水饱和度计算，使水层、干层计算的含水饱和度接近或低于气层，导致气层与水层、干层难以区分；二是储层电阻率变化大，其绝对值难区分气层和水层。生产测试已证明，一些高产气层电阻率比水层电阻率要低很多，推测与火山岩石成分、结构的变化有关；三是常规砂岩识别气层的"挖掘效应"，在火山岩气层难见效。

常规砂岩气层因密度、中子曲线的"挖掘效应"而比较容易识别。火山岩因岩石骨架的测井响应异于砂岩，气层的"挖掘效应"用一般方法很难识别。

上述原因使气田测井解释与试气结果矛盾频现，流体识别困难。

## 二、测井技术识别松南火山岩气层的思路探索

测井技术识别火山岩气层，主要研究思路来自两个方面：一是重新审视储层含气测井解释原理的本质含义，从原理出发，寻找火山岩气层与非气层的测井信息响应差别；二是系统研究生产测试与测井解释之间的内在关系，从生产测试的现象中探索储层含气的本质问题，为火山岩气层识别提供评价依据。

### （一）近年来国内火山岩测井解释现状分析

由于火山岩岩性变化对测井响应及储层含气性评价的影响，导致用传统阿尔奇公式解释气层精度低。因此，国内早期火山岩测井评价主要集中在两方面：一是岩性识别。主要有范宜仁等（1999）、黄布宙（2001）等和陈钢花等（2001）的研究成果。二是裂缝解释。主要有阎新民等（1994）、刘呈冰等（1999）、李善军（1996）、代诗华（1998）、潘保芝（2002）及邓攀等（2002）的研究成果。

近年来火山岩的测井解释探索已有可喜进展。在定性解释方面，李雄炎（2008）提出利用孔隙度测井重构含气识别曲线的思路；定量解释方面，赵杰（2007）、朱建华（2007）提出综合应用核磁和元素测井定量计算火山岩含气饱和度的思路。扬学峰（2007）提出应用阿尔奇公式的地区经验参数计算含气饱和度的解释方案。

上述研究思路对松南火山岩测井解释有很好的借鉴作用，但要做到全面、准确解释松南火山岩储层仍需深入探索，其原因有三个：一是单一方法的可信度问题。在储层生产测试前单一手段难免存在评价风险，欠缺多手段相互验证。二是误差问题。有些探索是通过理论计算的拟合曲线与实测曲线比较，达到识别气层与其他储层的目的，但对于低孔渗储层，它难以消除2个可能的误差，即仪器测量误差和模型统计误差，因而有效性有待检验。三是电阻率曲线的作用探讨不多，作为识别气层的重要手段，电阻率曲线的作用有待深入挖掘。

综上所述，火山岩的气层识别面临技术创新和研究思路的探索。

### （二）根据测井原理，寻找火山岩气层与非气层的测井信息响应差别

1. 重构孔隙度气层识别组合曲线，适度放大含气识别信息

根据气层的测井解释原理，"挖掘效应"识别气层的核心依据是含气储层的密度孔隙度偏大于中子孔隙度。由于岩石成因机理不同，砂泥岩气层可直接利用密度和中子测井曲线的组合来识别，因而具有相对显性的"挖掘效应"；火山岩气层不能直接利用密度和中子测井曲线的组合来识别，其"挖掘效应"为隐性特征。只有尽量去除岩性信息对孔隙度测井响

应的干扰(消除骨架测量因素),才能挖掘出气层"密度孔隙度偏大于中子孔隙度"的测井原理差异,达到识别气层的目的。

为达到重构松南火山岩含气识别组合曲线的目的,避免测量及统计误差的影响,采用直接计算密度和中子孔隙度的方法,在校准二者不含气储层孔隙测量误差的基础上,将计算的密度和中子孔隙度曲线在干层处重叠组合,突出气层测量差别,该方法可基本消除两个误差对气层识别的影响,也基本能消除岩性对测井响应的影响。

**2. 研究双侧向电阻率相对值,区分气层与非气层**

讨论该方法的文章在国内罕见,究其原因在于双侧向的电阻率差异是气层或裂缝的综合响应,似乎难以区分。然而,X02 井的三次测试表明:双侧向电阻率差异可能优先反映流体测井特征,其次是裂缝特征。图 2-13 表明,该井 3813~3815m 测试为水层,该段虽有一些高角度裂缝发育,但双侧向电阻率无差异,为水层的电阻率测井特征;该井 3773~3792m 测试为气水同层,储层顶部裂缝少,但双侧向电阻率有差异,为含气的电阻率测井特征,储层底部裂缝富集,但双侧向电阻率却无差异,为水干层的电阻率测井特征;该井 3707~3726m 测试产气,裂缝少但双侧向电阻率差异明显,为含气的电阻率测井特征。

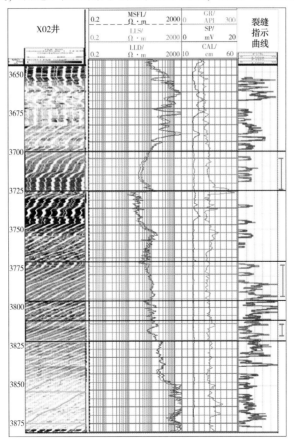

图 2-13 双侧向电阻率差异识别火山岩储层分析图

**3. 引入可变 $m$ 值的阿尔奇公式计算含气饱和度**

本书在第一章中已提及，测井解释理论认为，$m$ 值（无量纲）是岩性和孔隙结构的综合反映，近年的实验日益证明，复杂岩性的 $m$ 值不是固定值。研究具有可变 $m$ 值的阿尔奇公式，对岩性或物质组成多变的火山岩测井解释具有技术合理性，但 $m$ 值求取难又影响该方法的实施。即使用实验分析相同岩性，由于孔隙结构的差异，其 $m$ 值可能差别很大，因此采用标定多个岩心的方法求取 $m$ 值，不仅成本高，方法也未必有效。有些学者采用阿尔奇公式的地区经验参数计算含气饱和度，其经验参数仍为定值，能否解决岩性或物质组成多变的问题，值得思考。

从测井曲线上寻找可变 $m$ 值的求解之道，有可能是一个新的探索渠道。由于电阻率曲线本身就是岩性和孔隙结构的综合反映，因此只要获得电阻率与可变 $m$ 值的函数关系，将之代入阿尔奇公式中，即可求出含气饱和度的近似解。图 2-14 和图 2-15 为引入可变 $m$ 值方法前后计算含气饱和度对比图。图 2-14 为固定 $m$ 值的计算效果，根据含气饱和度分析，干层与气层难区分；图 2-15 为可变 $m$ 值的计算效果，根据含气饱和度分析，可清楚区分干层和气层：W02 井 3 号气层平均含水饱和度为 31.6%，与测试低产气的结果相符，2 号层含水饱和度接近 100%，为干层特征。

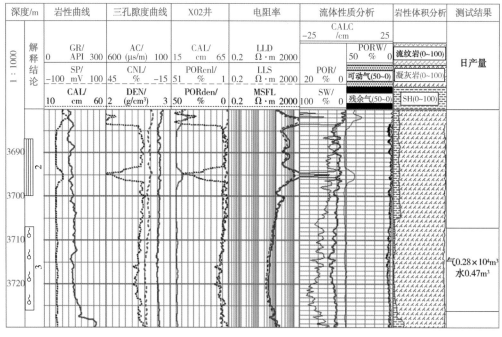

图 2-14 固定 $m$ 值法计算含气饱和度成果图

**4. 应用核磁测井技术定性识别气、水层**

核磁测井有基本不受岩性影响的特点，该特点使核磁共振测井可作为气层识别的辅助手段，参与火山岩气层的定性识别。

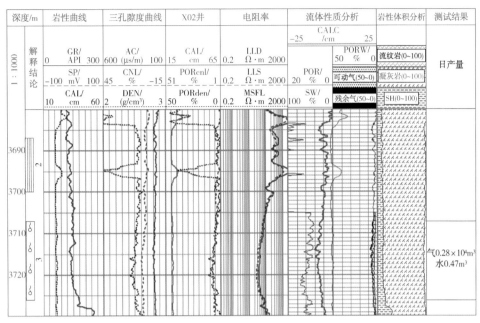

图 2-15 变 $m$ 值法计算含气饱和度成果图

仔细分析已测试气层和水层可发现，已测试气层具有"谱峰紧密相连、频带较宽"的测井特征，如图 2-16 左图红框内的测井响应特征；已测试水层具有"谱峰分离，频带较窄"的测井特征，如图 2-16 右图红框内的测井响应特征。

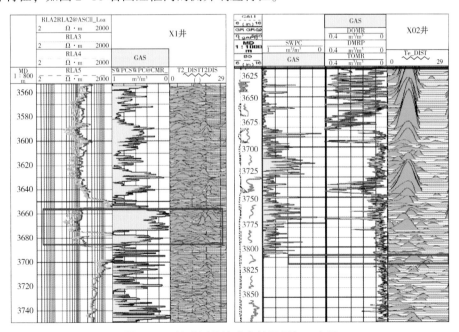

图 2-16 核磁测井技术定性识别气、水层

**（三）根据测试效果，探索储层含气的本质问题**

比较测试结果与测井解释可发现，储层含气的本质因素在于：储层含气丰度不同可造

成各类孔隙度测井信息产生计算差别。对比松南火山岩储层测试与历次测井解释可知，气层解释准确与储层含气丰度高密切相关；储层含气丰度低则解释效果与水层、干层差异小，使测试结果与测井解释矛盾突出。

图 2-17 中左图为 X1 井测井解释图，该井位于研究区构造高部位。该井气层含气丰度高，测试高产。图中第 2 道为含气分析组合曲线，从定量解释看，其 5 号层含气饱和度达到 80%，为高饱和度气层；从定性解释看，计算的 3 条孔隙度曲线具有明显差别：中子孔隙度<声波孔隙度<密度孔隙度。

图 2-17 中右图为 X02 井测井解释图，该井 3773～3792m 测试前历次解释均为气层，测试结果却为低产气水同层，属于含气丰度低的储层。分析第 2 道含气组合曲线，从定量解释看，其 5 号层含气饱和度仅为 33.9%，从定性解释看，计算的 3 条孔隙度曲线基本重合。

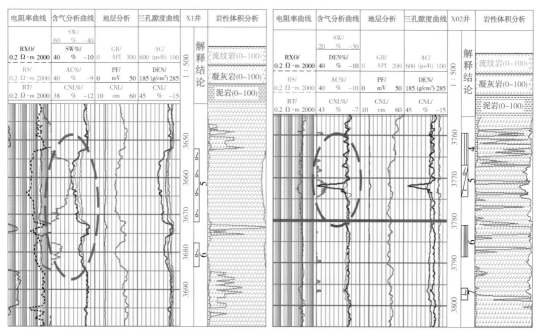

图 2-17　X1 井和 X2 井测井解释图

由图 2-17 可知，储层含气饱和度从量变到质变，会引起孔隙度测井信息的细微变化，这种变化构成储层含气的本质，也是火山岩气层识别的基础依据。

## 三、火山岩测井解释方法研究

基于上述研究，提出"定性解释与定量解释相互独立、相互验证"的火山岩测井解释评价原则。

### （一）松南火山岩定性解释

根据测试结果与测井信息的相关响应特征，划分出 5 种储层类型，开展火山岩储层的测井定性识别研究。

1. 气层

孔隙度大于5%，包括高饱和度气层（$S_g$大于60%）和低饱和度气层（$S_g$在40%～60%）。其中高饱和度气层定性识别依据为：密度孔隙度大于中子孔隙度、深浅测向有明显差异；低饱和度气层定性识别依据为：孔隙度曲线差异小或不明显、深浅侧向有差异。

2. 差气层

孔隙度在4%～5%的气层。其定性识别依据为：一是地层孔隙度测井曲线差异小或不明显；二是深浅侧向有一定差异；三是孔隙度比较低，在4%～5%。

3. 气水同层

测试为气水同出。其定性识别依据为：一是孔隙度测井曲线基本重合或中子孔隙度略大于密度孔隙度；二是深浅侧向有一定差异。

4. 水层

测试为水层。其定性识别依据为：一是中子孔隙度明显大于密度孔隙度；二是深浅侧向重合。

5. 干层

孔隙度小于4%，测试无产能。其定性识别依据为：一是测井解释孔隙度小于4%；二是中子孔隙度与密度孔隙度基本重合。

**（二）松南火山岩定量解释**

1. 孔隙度模型

据分析图版认为，声波曲线与岩心孔隙度关系匹配最好，因此计算孔隙度主要采用声波曲线。应用岩心孔隙度数据检验，取心井处理解释的储层孔隙度与岩心孔隙度吻合好。

2. 含气饱和度模型

应用阿尔奇公式，引入可变$m$值的分析方法计算含气饱和度。

3. 地层水电阻率确定

地层水电阻率的确定采用两种方法。一是地层水资料分析法。研究区X02井测试出营城组火山岩水层，水样分析氯离子含量在1797.8～2696.7mg/L，地层水总矿化度在32693～39367mg/L，为碳酸氢钠型水。换算成地层水电阻率为0.06Ω·m。二是测井计算法。根据腰深X02井水层（3813～3815m）计算地层水电阻率为0.1Ω·m，两者数值接近。考虑到岩性因素的影响，最终采用0.06Ω·m的地层水电阻率参与测井解释。

## 四、火山岩测井解释新方法应用效果分析

应用新的测井解释方法完成松南气田主体8口井及X2井共9口井的测井解释研究。

**（一）X02井测井解释的气水关系明确**

X02井3773～3792m测试为气水同层（图2-18），由定性解释可知，5号层密度和中子

孔隙度重合，深浅侧向有一定差异，为气水同层特征；定量解释的孔隙度为 6.7%，含气饱和度为 33.9%，属于气水同层，定性、定量解释方法互相验证。该井营城组纵向上气层向水层逐渐过渡明显，气水关系清楚，解释认为气水界面在 3780m。

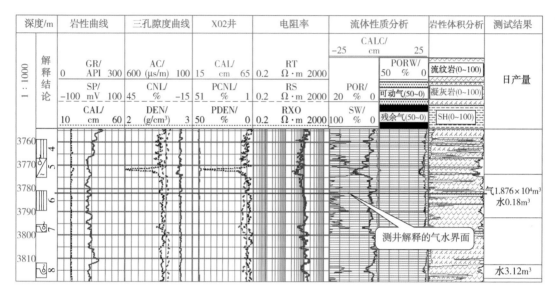

图 2-18　X02 井测井解释成果图

**（二）XX4 井测井解释的气水同层和含气水层被测试证实**

图 2-19 中 XX4 井 40 号层为火山岩主力储层，定性解释其中子孔隙度略高于密度孔隙度，深浅侧向有差异，为气水同层测井特征；定量解释的孔隙度平均 6.2%，含气饱和度 42.5%，属于气水同层，定性、定量解释方法互相验证。2008 年 12 月对 3423.00～4436.88m DST 测试日产气 $6.6\times10^4 \mathrm{m}^3$，日产水 $117\mathrm{m}^3$，测试结果为气水同出，验证了测井认识；该井出水后，为找气继续加深至 4550m，加深的储层被测井解释为含气水层，2009 年上半年对 4150～4550m 进行测试，日产气 $1580\mathrm{m}^3$，日产水 $30\mathrm{m}^3$（据中国石化东北油气分公司），再次验证了测井解释的准确性。

**（三）测井解释效果的综合分析**

用上述测井解释模型及其解释标准，对松南气田 9 口井处理解释，效果明显。与气井测试资料对比，解释结果与测试结果基本一致（表 2-4）。

针对火山岩气层识别的几个难点和国内火山岩测井评价面临的问题，提出"定性解释与定量解释相互独立、相互验证"的火山岩测井解释原则。

在火山岩储层定性解释方面，提出储层分类的测井识别新方案。针对火山岩气层"挖掘效应"不明显，重构孔隙度含气识别组合曲线，增强气层显示特征；针对电阻率绝对值难以区分气层和水层，探寻研究深浅侧向电阻率的差异定性识别气层、水层；针对岩性干扰储层流体识别，利用岩性对核磁测井干扰小的特点，研究其流体响应的差异，识别气层、水层。

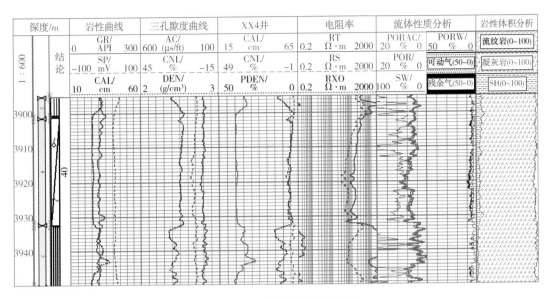

图 2-19 XX4 井测井解释成果图

表 2-4 松南气田测试结果与测井解释成果对比表

| 井号 | 测试井段/m | 测试成果 | | 解释成果 | 符合情况 |
|---|---|---|---|---|---|
| | | 产气/(10⁴m³/d) | 产水/(m³/d) | | |
| X1 | 3540.7~3749 | 5.73~17.69 | | 气层 | 符合 |
| X01 | 3745.5~3764.5 | 5.37~14.4 | | 气层 | 符合 |
| | 3824~3833 | 微量 | 1.259 | 干层 | 符合 |
| X02 | 3680~3700 | 0.28 | 0.47 | 差气层 | 符合 |
| | 3707~3726 | | | 气层 | |
| | 3773.5~3774.7 | 1.876 | 1.18 | 气水同层 | 符合 |
| | 3813~3815 | 含气 | 3.12 | 水层 | 符合 |
| XX1 | 3597.2~4287.7 | 11.9~44.2 | 4.68~8.4 | 气水同层 | 符合 |
| XX7 | 3758.51~4333.9 | 18.713~36.058 | 9.36~18.96 | 气水同层 | 符合 |
| XX4 | 3423.6~4436.88 | 6.6 | 117 | 气水同层 | 符合 |
| | 4150~4550 | 0.158 | 30 | 含气水层 | 符合 |
| X2 | 3736.19~4007.25 | 0.3789 | | 差气层 | 符合 |

　　在火山岩储层定量解释方面，系统建立了火山岩测井解释模型。针对含气饱和度解释，引入可变 $m$ 值计算法。建立饱和度计算模型，使气层、水层计算结果更合理。松南火山岩储层测井解释新方法的应用效果好，多项研究成果已被测试结果证实。应用表明，新采用的测井解释方法，在松南气田具有普遍适用性。

# 第三节　复杂页岩油气测井评价

当前页岩油气作为常规油气资源的接替能源，其勘探开发日益得到各国重视，测井技术是页岩油气勘探开发的关键技术之一。从北美页岩气成功勘探开发实例入手，在储层地质背景研究的基础上，分析了页岩油气与常规油气层测井评价方法的主要差异，根据页岩油气勘探开发需求，探讨了我国页岩油气测井系列的选择依据与测井评价技术，提出页岩矿物成分和储层结构评价、页岩储层标准的建立、裂缝类型识别与岩石力学参数评价等方面的研究，可以考虑作为下一步页岩油气测井技术评价的重点。研究表明，深层页岩油气测井评价技术是我国与国外的最大差别，也是我国页岩气测井评价技术的核心问题。

## 一、页岩油气测井评价技术的特点及评价方法

常规能源供给相对不足的情况下，替代能源研究已是必然之选，页岩油气即为其一。世界页岩气资源的发现与勘探开发成果表明，页岩油气资源丰富，潜力巨大，已引起多国高度重视。

测井技术是页岩油气勘探开发的关键技术之一，页岩油气与常规油气层在多方面有巨大差异，决定了页岩油气与常规油气层测井评价方法的巨大不同。一是储集状态的不同。页岩油气具有低孔、特低渗及自生自储的特点，表明其测井解释评价属于低孔渗储层的解释评价范畴。二是储层流体的赋存状态不同。页岩气常以吸附状态赋存于页岩中，游离气少，表明储层含油气的测井响应特点面临新探索。三是储层岩性复杂且不同于常规油气层。目前已达到商业开采价值的页岩油气储层多为硅质含量大于28%的、微裂缝发育的页岩储层。表明页岩油气测井解释模型将完全不同于常规油气层。凡此种种，加之我国页岩油气储层埋藏深等因素，其测井评价技术必将成为我国页岩气勘探开发的核心问题之一，因而研究意义重大。

### （一）世界页岩油气发展简况分析

1. 页岩油气勘探开发现状

页岩气于 1821 年在美国阿帕拉契亚盆地发现，是国外最早认识的天然气，至今已有 200 年的历史。同年在美国纽约州弗雷多尼亚市钻了第一口商业性页岩气井，用于当地居民照明。1880 年发现 Ohio 页岩气（Sandy 气田）。至 1976 年，美国能源部在美国东部启动页岩气项目，开始页岩气资源的勘探开发，相对应的勘探开发技术也随之发展。其中，水力压裂技术发展于 20 世纪 50—60 年代，水平井技术于 20 世纪 80 年代在 Ohio 页岩进行了

实验，而真正投入生产的第一口有效水平井是 2003 年对 Barnett 页岩的钻探，至 2006 年，该技术开始在全美推广。

目前，各个国家在页岩资源的确定、开采方式的选择等方面，对测井技术的依赖日益深入。页岩气勘探开发方面，常规测井技术在解决页岩储层识别、有效储层厚度的确定等方面发挥了重要作用；一些特殊测井技术方法如元素俘获能谱测井（简称 ECS 元素测井）、成像测井等方法应用，一定程度上解决了页岩矿物成分确定与储层裂缝识别等难题。同时测井技术在确定页岩气资源量、页岩储层产能大小、压裂层位、破裂压力等参数方面，起着越来越重要的作用。

2. 主要产层的地质背景简介

页岩气资源调查表明，全球页岩气资源潜力巨大，美国、中国与加拿大完成大量工作，其中美国开发技术最成功。以美国主要页岩气产气盆地为例（图 2-20），北美地台有 101 个盆地，油气田数量大约 35000 个，从寒武系至新近系均有油气发现，产层及其分布与北美大陆地质背景密切相关。已知页岩油气盆地主要分布在被动大陆边缘演化为前陆盆地的区域和古生界克拉通地台区，页岩气主要产自古生代较老岩层。北美含气页岩富集带具有多种成熟程度，天然气成因和沉积环境复杂。高质量海相烃源岩（腐泥型和混合型）多发育在海进体系域时期/高水位体系域初期。页岩储层上/下发育的致密碳酸盐岩，一方面阻止了油气垂向运移，使之在黑色页岩层系中得以保存，另一方面也有助于大型水力压裂的裂缝控制。

图 2-20　美国主要页岩气产气盆地（据雪佛龙公司，2010）

### 3. 已发现页岩气的主要类型及其控制因素

按天然气成因将页岩气藏分为热成因型、生物成因型和混合成因型三种类型。其中热成因型页岩气藏主要受页岩热成熟度控制，生物成因型页岩气藏的主控因素为地层水盐度和裂缝，与前者不同，目前生物气为主的产区主要分布在盆地边缘。

### 4. 页岩气储层特点

通常页岩储层致密、物性差，孔隙度为4%~6%，基质渗透率小于0.001mD；具有低压、低含气饱和度（一般30%左右）和低产特点；产层厚度几十米至几百米；已开发页岩产层中硅质含量很高（一般大于28%）且脆性大；微裂缝比大型裂缝更重要；实践表明，储层TOC≥2%时页岩气藏才具有商业价值（表2-5）。

**表2-5　美国主要含气页岩储层特征统计**

| 主要特征参数 | Haynesville | Barnett | Fayetteville | Marcellus |
|---|---|---|---|---|
| 埋深/m | 3048~3962.4 | 1645.9~2926.08 | 365.76~2286 | 1524.0~2438.4 |
| 厚度/m | 60.96~91.44 | 60.96~152.4 | 15.24~60.96 | 15.24~91.44 |
| TOC（总有机碳含量）/% | 3.0~4.0 | 2.0~7.0 | 2.0~5.0 | 5.3~7.8 |
| 平均测井孔隙度/% | 10 | ~7 | 4~12 | 5.5~7.5 |
| 含水饱和度/% | 15~20 | 23~35 | 15~50 | 12~35 |
| 单位面积储量/($10^8 m^3$/Mile) | 42.48~63.71 | 21.24~56.63 | 8.5~16.99 | 8.5~42.48 |
| 预测采收率/% | 25~30 | 25~50 | 35~40 | ~30 |
| 平均单井可采储量（水平井）/$10^8 m^3$ | 1.27~2.41 | 0.64 | 0.62 | 1.06 |

## （二）测井技术在我国页岩油气研究中的进展及存在问题

### 1. 我国页岩油气勘探开发面临的主要问题

近几年我国已开展页岩油气资源的普查工作，结果表明我国页岩油气资源非常丰富，页岩油气在我国南方、华北、东北、西北均有大量分布。但与国外相比，我国页岩油气勘探开发正处于起步阶段。从我国页岩油气资源分布和地质背景与国外页岩油气资源相比，我国页岩油气资源的开发还面临以下几方面问题：

第一，形成背景复杂。我国页岩油气储层主要形成于海相与滨海相沉积环境条件下，页岩黏土含量较高，储层有效厚度、有机质成熟度、总有机碳含量等均异于美国，成藏与开采条件差异较大。

第二，储层埋深大。国外已成功勘探开发的页岩储层，埋深浅，我国页岩储层总体埋深大，如四川盆地的页岩气层埋深要比美国的大，美国页岩油气层深度在800~2600m，而四川盆地页岩气层埋深在2000~3500m。我国页岩油气的勘探开发相应配套技术少，页岩气层深度的增加无疑给我们本不成熟的技术增添了难度，因此开发难度大。

第三，缺乏核心技术。页岩储层具有低产、无自然产能、生产周期长的特点，以水平井、压裂方式开采为主,测井判断储层产能难度大。

上述三方面问题表明,我国页岩油气测井技术研究既需要学习国外的成功经验,又面临针对国内特殊问题的独立探索。

2. 测井技术在页岩油气研究中的进展

(1)页岩油气层识别。目前已知,含油气页岩测井响应与普通页岩相比,具有自然伽马强度高、电阻率大、地层体积密度和光电效应低的特点(图 2-21),高自然伽马强度被认为是页岩中干酪根的函数。

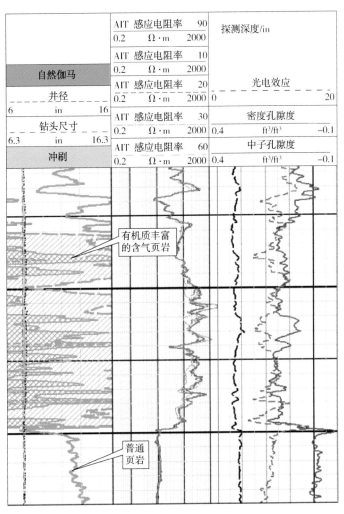

图 2-21　页岩储层的测井曲线图

(2)页岩油气测井评价参数。运用相关测井评价系统,对页岩矿物成分、总孔隙度、有效孔隙度、含气孔隙度、含水孔隙度、含水饱和度、总有机碳含量、干酪根、游离气和吸附气等定量估算。在各有效参数估算基础上,估算单井地质储量和产量。

(3)页岩油气储层潜力评价。页岩油气储层的潜力评价主要体现在岩性(矿物)识别、有效厚度判定、总有机碳含量与成熟度计算、裂缝识别与地层压力预测等方面。

（4）主要测井系列。从当前调研情况来看，目前应用于页岩气储层的测井系列主要为常规测井系列，包括自然伽马、井径、自然电位、声波、密度、中子与电阻率测井，主要目的是进行页岩储层的识别与储层物性评价。在勘探阶段应用了一些特殊测井系列，如元素俘获能谱测井，为了精确分析页岩的矿物成分等。

**（三）页岩气测井系列、解释方法及研究方面探讨**

由前面的分析可知，在页岩气识别与评价方面虽已取得一定进展，但页岩气为非常规能源的一种，其形成的地质背景、成藏条件、保存条件、存储方式等均与常规天然气及致密砂岩气储层等均具有差异（表2-6），在测井系列的选择与解释方法的确定上应具有其特殊性。

表2-6　页岩气藏与其他天然气藏的主要特征对比

| 气藏类型 | | 常规天然气 | 致密砂岩气 | 页岩气 | 煤层气 |
|---|---|---|---|---|---|
| 圈闭类型 | | 构造、岩性或地层 | 岩性、地层或构造 | 岩性 | 岩性 |
| 封闭条件 | | 顶面、底面、侧面 | 顶面、底面、侧面 | 储集层 | 储集层 |
| 储层岩性 | | 砂岩、碳酸盐岩等 | 砂岩、碳酸盐岩等 | 页岩 | 煤层 |
| 储层物性 | 孔隙度/% | 10~30 | <10 | <6 | 1~2 |
| | 渗透率/mD | 50~1000 | <0.1 | <0.001 | 1~50 |
| 气源特征 | | 外部 | 外部 | 内部 | 内部 |
| 运移特征 | | 近距离运移-长距离运移 | 近距离运移-长距离运移 | 不需要 | 不需要 |

**1. 页岩油气与其他储层测井解释的差异性分析**

初步分析国外页岩油气勘探开发可知，页岩油气储层的形成与储存条件与其他常规油气储层相比存在较大差异，体现在以下几个方面：

（1）成藏与存储方式不同。页岩具有自生自储的特点，页岩油气主要以吸附状态存在，游离气较少；而常规油气主要以游离状态存在。

（2）储层性质不同。页岩油气储层属致密储层，其岩性与裂缝是影响页岩气开发的重要因素，与常规油气藏相比，岩石矿物组成与裂缝识别尤为重要。

（3）评价侧重不同。页岩油气储层总有机碳含量、成熟度等相关参数的评价极为关键；常规油气藏主要是评价其含油气性。

（4）开采方式不同。页岩气储层均需经过压裂改造才能开发，因此，对压裂效果的预测至关重要。

**2. 页岩油气测井技术系列探讨**

由上述分析可知，由于页岩油气储层不同于常规油气储层，在测井技术系列的选择上应考虑页岩油气储层的特殊性。但我国在页岩油气勘探方面还处于起步阶段，对页岩油气测井技术系列的选择还处于探索阶段，在这里对测井系列的选择进行初步探讨：

（1）常规测井系列。包括自然伽马、自然电位、井径、深浅侧向电阻率、岩性密度、补偿中子与声波时差测井，能满足页岩储层的识别要求。

其中：自然伽马强度能区分含气页岩与普通页岩；自然电位能划分储层的有效性；深浅电阻率在一定程度上能反映页岩的含油气性；岩性密度测井能定性区分岩性；补偿中子与声波时差在页岩储层表现为高值。通常，密度随着页岩气含量的增加而变小、中子与声波时差随着页岩气含量的增加而变大。因此，利用常规测井系列能有效区分页岩储层。

但该系列对于页岩储层矿物成分含量的计算、裂缝识别与岩石力学参数的计算等方面存在不足，常规测井系列并不能完全满足页岩储层评价的要求。因此，还需开展特殊测井系列的研究应用。

（2）特殊测井系列。应用于页岩储层的特殊测井系列可选择元素俘获能谱（ECS）测井、偶极声波测井、声电成像测井等。

其中，ECS元素测井可求取地层元素含量，由元素含量计算出岩石矿物成分。元素测井所提供的丰富信息，能满足评价地层各种性质、获取地层物性参数、计算黏土矿物含量、区别沉积体系、划分沉积相带和沉积环境、推断成岩演化、判断地层渗透性等的需要。

偶极声波测井能提供纵波时差、横波时差资料，利用相关软件可进行各向异性分析处理，判断水平最大地应力的方向，计算地层水平最大与最小地应力，求取岩石泊松比、杨氏模量、剪切模量、破裂压力等重要岩石力学参数，满足岩石力学参数计算模型建立的要求，指导页岩储层的压裂改造。

声电成像测井具有高分辨率、高井眼覆盖率和可视性特点，在岩性与裂缝识别、构造特征分析方面具有良好的应用效果。识别页岩储层裂缝的类型，对指导页岩气的改造、评定页岩储层的开发效果有重要的意义。

因此，选择特殊测井系列进行页岩矿物成分计算、岩石力学参数计算及裂缝识别等，可满足页岩储层的储层改造与开发的需要。

3. 页岩油气测井评价技术探讨

（1）页岩油气有效储层评价技术。主要依托常规测井系列，可在一定程度上满足页岩气储层的孔隙度、渗透率、含气饱和度的评价需要。

（2）岩石力学参数评价技术。主要依托特殊测井系列与岩石物理实验，如全波列测井、偶极声波测井等，结合岩石物理分析，建立岩石力学计算模型，计算岩石力学参数，进行压裂效果预测与压裂效果检测等。

（3）页岩油气矿物成分和储层结构评价技术。主要依托常规测井、特殊测井组合系列及岩石物理实验，在岩石物理实验的基础上，利用岩心刻度测井技术进行页岩气矿物成分分析和裂缝评价，确定页岩矿物成分、裂缝类型，寻找高产稳产层。

（4）综合测井评价解释方法。综合利用测井、岩心、录井等资料，建立页岩气储层参数的解释模型，评价页岩气储层的总有机碳含量、有机质成熟度、有效厚度，建立页岩储层的评价标准。

因此，页岩矿物成分、储层结构评价、页岩储层标准的建立、裂缝类型识别与岩石力学参数评价等方面的研究，是页岩油气测井技术评价的重点。

4. 页岩油气测井技术研究方向探讨

由前面分析可知，我国页岩油气储层与国外相比，地质条件和分布特点存在重大差异，相较于美国，我国页岩气黏土含量相对较高，硅质含量相对较低，脆性物质较少，埋藏深度深。因此，具有中国特点的地质问题成为制约我国页岩气研究及勘探的因素之一，故美国的页岩气产业发展模式难以复制。针对我国页岩气储层的特点，下面简单探讨我国页岩气测井技术研究方向。

（1）加强页岩油气储层岩石物理实验研究。主要体现为进行流体及储集空间结构实验研究。着手页岩的物性参数、阿尔奇公式参数、饱和度、储层矿物成分、裂缝特征描述、岩石力学参数分析等，为准确计算页岩储层的相关参数评价提供标定依据。

（2）注重页岩矿物成分分析。页岩气储层为低孔特低渗致密储层，页岩气的有效开发都需要经过储层改造，页岩中脆性矿物成分含量的高低决定了储层改造的效果。因此，对页岩矿物成分的有效分析，为提高页岩气的开发效率，有着重要的意义。

（3）侧重岩石力学参数评价。当前普遍认为，页岩储层识别容易而开采难。为什么开采难，其主要原因在于，页岩气在储层中主要以吸附气存在，页岩气的开采主要以水平井开采技术为主。因此，侧重岩石力学参数评价，可为钻井、钻井液及储层改造提供其必需的参数。

（4）建立适合我国深层页岩油气评价技术。针对我国现状，深层页岩油气储层的测井解释技术不能完全借鉴国外的成功经验，需加强成像测井、元素测井在页岩气评价技术中的应用，建立页岩有效储层研究方法，储层产能评价与研究方法，建立适合我国深层页岩特点的测井评价技术。

## 二、页岩油气"双甜点"参数测井评价方法

页岩油气储层的地质与工程"双甜点"评价常困于三点：一是含油气饱和度计算精度低，定量评价还不成熟；二是可压裂性评价方法虽多，但操作困难，局限性大；三是地质与工程评价弱关联，一体化融合不充分。针对上述难点，开展了三方面探索：一是根据含

气原理，基于测井曲线与含气敏感关系的次序重构，研制出表征地质"甜点"的含气丰度曲线；二是根据脆性指数、岩石力学参数及地应力差异系数与压裂的相关性，研制出表征工程"甜点"的综合可压指数；三是根据生产数据，基于测试层产能分级，研制出表征地质-工程一体化的评价图版。该研究提高了页岩气层的定性判别和可压性评价精度，地质-工程一体化评价图版能准确区分高、中、低产气层及干层，并被生产测试及产出剖面所验证。实践表明，该技术在四川盆地及周缘深、浅层具有良好的通用性和可靠性，推广应用前景广阔。

页岩油气储层是一种低孔特低渗储层，需采用水平井技术和大型压裂技术才有可能有效开发。要想实现工业开采，需弄清与之相关的两个关键问题：一是怎样准确判断页岩油气储层具有足够的含气量（即游离气+吸附气饱和度或含气丰度），含气量是页岩的地质"甜点"指标，事实证明，含气量越高，工业开采的能力就越强；二是怎样准确判断页岩气储层的可压性好，即寻找页岩的工程"甜点"，页岩储层即使含油气量很高，但如果可压性很差，也不能工业开采。可见，测井技术在页岩气评价中扮演着重要角色，如何利用测井技术准确评价页岩储层的含油气量与可压性，对于指导压裂层段的选取、提高压裂效果及页岩储层的产能，具有重要意义。

目前，页岩油气"双甜点"评价面临三大难点：一是含油气饱和度计算精度低。由于页岩气具有游离与吸附两种赋存方式，其饱和度评价需分别计算游离气与吸附气含量。目前，业内主要应用阿尔奇公式计算油气饱和度，但公式参数 $a$、$b$、$m$ 和 $n$ 非固定值，其变化规律还难以用实验准确描述和指导应用，这使计算结果的不确定性很大。吸附气计算多采用 Langmuir 等温吸附实验方法，该计算结果受实验条件、储层压力、样品质量及温度等多种因素影响，计算结果的不确定性也很大。因此，有必要探索适合现阶段页岩气储层含气丰度的有效判别方法。二是可压性评价存在较大局限性。研究表明，页岩地层可压性取决于脆性矿物含量、脆性指数、力学特性、地应力特征、破裂压力和裂缝系统等多种因素。目前，可压性评价方法虽多，但实际操作还是多倚重单因素指数，如依据脆性指数指导压裂等（脆性指数仅能反映地层的弹性变形这一方面），对于其他因素如地层应力等对压裂的影响即使考虑到，这些多因素评价可压性方法操作难度大。因此，有必要探索能兼顾好多种因素、操作方便的高精度综合可压指数。三是地质-工程一体化融合研究很不充分。前文分析表明，页岩气的含气量计算和可压性评价还很不成熟，加之地质-工程一体化的融合能力不足等因素，目前的页岩气地质与工程甜点评价，更多是相互独立的两个单元。这经常引发一些矛盾现象，如有些储层评价的地质甜点甚佳，压裂后却几乎不产气，有些页岩气层完全压开了，产气量却很少，导致含气评价与工程评价进退失据。因此，怎样探寻简洁、实用的页岩油气地质-工程一体化应用技术，是页岩油气评价的现实问题。

上述三个难点很大程度限制了测井技术应用。以四川盆地为例，目前各地区的页岩气测井评价通常以个案研究居多，各研究之间难以互相借鉴或具有地区局限性，反映含气性评价不成熟的现状，严重制约了页岩气测井评价技术的权威性。有些页岩气产区甚至大量减少了测井工作量，测井曲线信息的大幅减少，也为页岩气产区后期的调整与挖潜埋下深重隐患。

针对上述三个难点开展探索。其中，针对饱和度定量计算尚不成熟，研制了基于含气测井敏感参数的含气丰度曲线，该曲线在四川盆地及其周缘开展的系统应用表明，新方法解决了一种方法在大范围内的通用性问题，提高了页岩气层的定量判别精度；针对可压指数的单因素评价问题，研制了考虑多种指标综合作用的可压指数评价模型，该模型便捷、实用，提升了页岩储层的可压性系统评价能力；针对地质-工程一体化融合研究不充分问题，研制出基于页岩气含气丰度和综合可压指数的"双甜点"解释图版，在四川盆地及其周边多个地区应用表明，该图版能够科学、合理的分析和预测测试产能与地质、工程的内在关系。

**（一）页岩储层含气丰度评价方法**

文献表明，页岩储层的地质"甜点"评价参数主要与页岩的总有机碳含量、孔隙度、含气饱和度、厚度及含气量等有关。现场应用表明，求准这些参数受到的干扰因素较多。一是页岩生成环境(海相或湖相)提供的煤或钙质等测井信号，对总有机碳含量计算精度影响非常大，在实际应用中，即使尝试了各种计算公式也难以满足计算精度需求；二是页岩储层中有很多种矿物，每种矿物的岩石骨架不同，对孔隙度计算精度影响较大；三是前文中已介绍含气量评价受到诸多因素影响，其准确性有待商榷；四是总有机碳含量更多地反映储层中有机质丰度，但具体评价还需结合氯仿沥青"A"、总烃及热解生烃潜量综合评价。

从含气测井实验或原理出发，只要页岩储层含气，总会找到与含气相关的敏感测井曲线，根据测井曲线与含气敏感关系的密切程度研究，完全可以重构出页岩储层的含气丰度曲线，依据该含气丰度曲线，可确定页岩储层的流体性质判断标准，该标准也完全可以通过测试或试采关系得到检验和验证。因此，可以采用提高页岩气层的定性判别精度，避免僵硬套用尚不成熟的页岩气储层定量评价的思路。

1. 敏感曲线分析

直接寻找测井曲线与含气丰度的精确关系，是现今测井行业很少涉及的领域，由于测井曲线与含气丰度的关系复杂，其研究方法中需要优先寻找含气丰度与测井曲线之间的敏感关系。

测井的气层识别原理表明，当储层含有一定丰度天然气时，会出现中子曲线的"挖掘效应"与密度曲线的降低。同理，这两条曲线也应该是含气敏感曲线，并普适于各地区页岩气储层。本书以这两条曲线为切入点，开展了测井与页岩气储层的敏感关系研究。

具体研究方法如下：一是根据页岩气岩心分析总含气量结果，确定含气量大小的级别。将含气量的数据区间划分为 4 个，即含气量低于 $1m^3/t$、$1 \sim 2m^3/t$、$2 \sim 3m^3/t$ 与大于 $3m^3/t$，为获得含气量大小与测井曲线间的敏感关系提供分析参考。二是含气量与测井曲线的敏感关系研究。根据气层的测井曲线判别机理，分别制作各测井曲线与总含气量的关系图版（图 2-22～图 2-24）。三是页岩储层含气敏感测井曲线的确定。根据图版中测井曲线与页岩储层含气的敏感程度，确定敏感测井曲线的次序，为含气丰度曲线的研制提供计算依据。

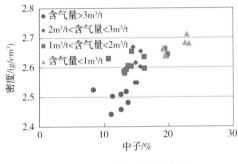

图 2-22　中子-密度交会图

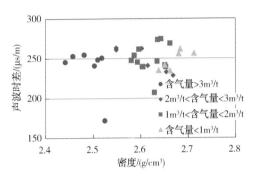

图 2-23　密度-声波时差交会图

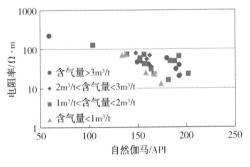

图 2-24　自然伽马-电阻率交会图

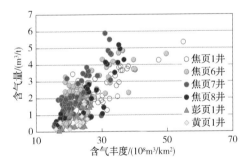

图 2-25　含气丰度曲线与总含气量关系图

由图 2-22～图 2-24 可以看出：①密度曲线与含气量的敏感度最高，中子曲线次之，这是含气丰度曲线的研制基础。②当含气量大于 $3m^3/t$ 时，密度与中子曲线能较清晰地将其区分（图 2-22）。这表明含气丰度越高，密度和中子测井曲线综合判断含气量的能力越强，这是利用测井曲线较高精度定性判别页岩气储层流体性质的图版依据。③当含气量分别在 $1 \sim 2m^3/t$ 与 $2 \sim 3m^3/t$ 时，密度与中子曲线较难将其区分。因此，将其合并，作为该类页岩气储层的综合判别依据（图 2-23、图 2-24）。上述工作为含气丰度曲线的研制提供了科学依据。

2. 含气丰度曲线研制

依据上述研究，获得了对含气丰度敏感的测井曲线，采用优化重组的方法，研制出含气丰度曲线 GS。

$$GS = \frac{1}{A \times DEN \times B \times CNL} \qquad (2-1)$$

式中　　$DEN$——补偿密度，g/cm³；

　　　　$CNL$——补偿中子，%；

　　　　$A$、$B$——地区经验系数。

将新研制的含气丰度曲线统一应用到焦石坝地区（焦页1井、焦页6井、焦页7井、焦页8井）及其周缘的彭水地区（彭页1井）、黄坪地区（黄页1井）。研究表明，计算的含气丰度与总含气量总体成正相关关系（图2-25）。其中，焦页1井总含气量最佳，基本都大于1m³/t，近半数以上的总含气量大于3m³/t，含气丰度大于26×10⁸m³/km²，测试结果天然气15.5×10⁴m³/d，为工业气层；焦页6井、焦页7井、焦页8井次之，总含气量与测井分析的含气丰度分化较大，半数以上的含气量在1~3m³/t，一部分含气量大于3m³/t，约四分之一的含气丰度大于26×10⁸m³/km²，测试结果分别为2.8×10⁴m³/d、6.22×10⁴m³/d和23×10⁴m³/d，介于工业气层与低产气层之间；彭页1井含气量基本都小于2m³/t，测试结果天然气2.5×10⁴m³/d，含气丰度小于26×10⁸m³/km²，为低产气层；黄页1井含气量小于1m³/t，含气丰度小于26×10⁸m³/km²，测试结果天然气0.0417×10⁴m³/d，仅仅是含气储层。

以上分析表明，含气丰度高的地方总体对应着总含气量高。这六口井分属于三个地区，大多数的研究都是三种不同的气层判别方法，且评价效果各异，采用新研制的含气丰度曲线技术，实现了一种方法在不同地区的通用研究，并且精度较高，但由于缺乏岩石可压性依据，仅凭该图版还不足以准确预测出工业气层。

**（二）页岩油气储层工程"甜点"评价方法**

工程"甜点"通常指的是可压性好的地层，为避免单纯应用脆性指数高低来表征可压性好差，本书提出采用综合指数判断岩石可压性的方法。

1. 可压性影响因素分析

研究表明，影响页岩可压性参数通常包括页岩的脆性指数、脆性矿物含量、岩石力学、地应力大小等。

当页岩储层受构造因素影响较小时，页岩的脆性指数受页岩脆性矿物含量的影响最大，通常脆性矿物含量越高，则脆性指数越大。有文献资料表明，页岩的破裂压力与页岩的脆性指数有着重要的关系。脆性指数高的地层，在压裂时，使用小排量压裂，也会出现破裂，该现象说明，脆性指数高的地层，压裂所消耗的能量较少，有利于压裂。

当页岩储层遭受构造或地应力影响时，上述因素会发生很大改变。局部裂缝对储层的可压性影响可能会大于脆性指数，从力学角度看来，地层的破裂是地层受力作用的结果，除了流体压力的作用外，也和地层中存在的地应力大小有很大的关系。

地应力是影响裂缝扩展的关键因素。地应力通常包含最大、最小水平主应力与垂直应力。地应力差异系数是指最大、最小水平主应力差与最小水平主应力的比值，该参数是影响压裂复杂缝网形成的主要因素。地应力差异系数越小，地层就越容易形成复杂缝网，地应力差异系数越大，则易形成单一裂缝。

$$\Delta\sigma = \frac{\sigma_H - \sigma_h}{\sigma_h} \tag{2-2}$$

式中　$\Delta\sigma$——地应力差异系数；

　　　$\sigma_H$——最大水平主应力，MPa；

　　　$\sigma_h$——最小水平主应力，MPa。

2. 综合可压指数评价模型

根据上述分析可知，脆性指数是表征压裂能量的一个参数，力学特性反映物体弹性变形程度，地应力差异系数反映裂缝形成模式。因此，选择脆性指数、杨氏模量与地应力差异系数参与可压指数建模。

页岩地层可压性指数计算模型为：

$$FI = \alpha E_{BI} + \beta E_{YMOD} + \gamma \Delta\sigma \tag{2-3}$$

$$E_{BI} = \frac{BI - BI_{min}}{BI_{max} - BI_{min}} \tag{2-4}$$

$$E_{YMOD} = \frac{YMOD - YMOD_{min}}{YMOD_{max} - YMOD_{min}} \tag{2-5}$$

式中　$FI$——可压指数，小数；

$\alpha$、$\beta$、$\gamma$——经验系数，无量纲；

　　　$BI$——脆性指数，%；

　　$YMOD$——杨氏模量，MPa；

　　　$\Delta\sigma$——地应力差异系数，无量纲；

　　　$E_{BI}$——标准化后的脆性指数，无量纲；

　$E_{YMOD}$——标准化后的杨氏模量，无量纲；

　　$BI_{max}$——脆性指数最大值，%；

　　$BI_{min}$——脆性指数最小值，%；

$YMOD_{max}$——杨氏模量最大值，MPa；

$YMOD_{min}$——杨氏模量最小值，MPa。

3. 综合可压指数的应用效果分析

图 2-26 分别显示了黄页 1 井、彭页 1 井与焦页 1 井的可压指数曲线(图中 FI 曲线)与含气丰度曲线(图中 GS 曲线)。从图 2-27 中可看出,彭页 1 井的可压指数高于焦页 1 井,黄页 1 井的可压指数最低。其中,黄页 1 井测试产量为 $0.0417 \times 10^4 \, \text{m}^3/\text{d}$,测试基本为干层,这反映出黄页 1 井的含气丰度与可压指数均较低,与其测试结果一一对应;彭页 1 井可压指数较高,但其测试产量较差,为 $2.5 \times 10^4 \, \text{m}^3/\text{d}$,这与其含气丰度较低有关;焦页 1 井的可压指数与含气丰度均较高,因而其测试产量较高,该井初产 $15.5 \times 10^4 \, \text{m}^3/\text{d}$,经过 1 年开采,产量仍在 $6 \times 10^4 \, \text{m}^3/\text{d}$ 左右。

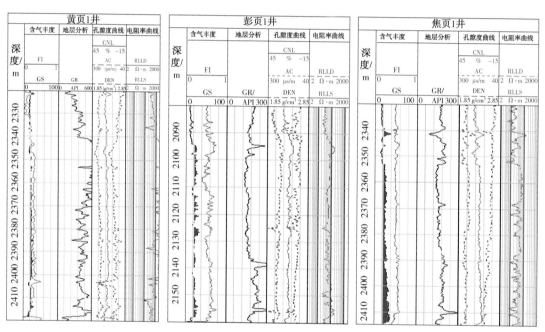

图 2-26　黄页 1 井、彭页 1 井与焦页 1 井可压指数曲线计算结果对比图

该案例表明,仅凭可压指数无法体现它对页岩气储层产能的预测能力。只有将含气丰度与可压指数有机结合,才有可能对页岩气储层做到科学分析和准确预测。因此,有必要开展页岩气地质-工程一体化研究。

**(三)页岩气地质工程一体化应用分析**

1. 地质-工程一体化图版的研制

上述分析表明,页岩气地质-工程一体化研究才是页岩气测井评价的核心技术。本书在页岩储层含气丰度与可压指数评价的基础上,按照焦石坝页岩储层地质-工程参数特征与初期产能特点,统计了五峰组与龙马溪组 5 个优质小层参数,按产能区间进行划分,采用含气丰度指示表征页岩地质"甜点"、可压指数表征工程"甜点"的方法,应用交会图分析技术,建立地质工程一体化评价方法。再结合生产测试数据与产出剖面成果,对建立的一体化评价技术进行检验与反复论证，从而形成页岩地质工程一体化评价技术。

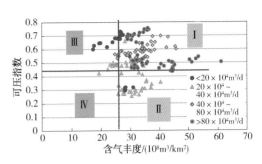

图 2-27　可压指数与含气丰度关系图

按照初始产能高低，划分了 4 个产能级别（无阻流量小于 $20×10^4 m^3/d$、无阻流量介于 $20×10^4 ~ 40×10^4 m^3/d$、无阻流量介于 $40×10^4 ~ 80×10^4 m^3/d$ 和无阻流量大于 $80×10^4 m^3/d$），建立了可压指数与地层含气丰度之间的关系（图 2-27），从图上可明显看到产能分化为四个明显的分布区域。

Ⅰ类区域是含气丰度高、可压指数高的区域，该区绝大多数的测试产量大于 $40×10^4 m^3/d$，经济价值显著；Ⅱ类区域为含气丰度高、可压指数低的区域，该区绝大多数的测试产量介于 $20×10^4 ~ 40×10^4 m^3/d$，具有一定经济价值；Ⅲ类区域为含气丰度低、可压指数高的区域，该区绝大多数的测试产量小于 $20×10^4 m^3/d$，经济价值相对较低；Ⅳ类区域为含气丰度低且可压指数低，该区域基本为低产或干层区。

可见，较之单一应用含气量或可压指数图版预测的局限性，地质-工程一体化图版能做到较高精度的产能预测，为页岩气科学开采提供了有力武器。从图版中也可以看出，该图版对于各区域边界上的产能预测还存在不稳定性。一方面说明，该技术还有待技术进步后的进一步提高；另一方面表明，页岩气储层的复杂性在各区域边界处也面临测井技术描述精度够不着的难题。

2. 地质-工程一体化图版的应用分析

为进一步检验地质与工程一体化研究成果的通用性和可靠性，开展了两方面的应用分析：一是对分布在焦石坝区域外的丁页 2 井展开了应用；二是对结合产出剖面测试结果的井进行检验。

隆胜 2 井是丁页 2 井的先导井，位于贵州省习水县寨坝镇，目的层位是上奥陶统五峰组至下志留统龙马溪组，井深 4409m，是焦石坝区域外围及深层井。图 2-28 为隆盛 2 井可压性综合评价成果图，图 2-29 为隆盛 2 井可压指数与含气丰度对比图。从图中可以看出，隆胜 2 井的含气指示与可压指数分布在第Ⅲ类区域，对应侧钻水平井丁页 2 井试气产能为 $10.5×10^4 m^3$，与图版预测规律完全吻合。

图 2-30 为焦页 6-2HF 井产出剖面测试结果与测井解释结果对应分析图，从该图中可以看出，上部 2900 ~ 3500m 为龙马溪组 3、4 小层，产出剖面测试结果表明，该段产能占全井产能的 40%，下段 3500 ~ 4300m 为五峰组 1 小层与龙马溪组 3 小层，该段产能占全井产能的 60%。

利用上述一体化评价研究成果可知，该井上部地层可压指数与含气丰度均低于下段地层，因而下段地层测试产能好于上段地层，与研究结果一致。

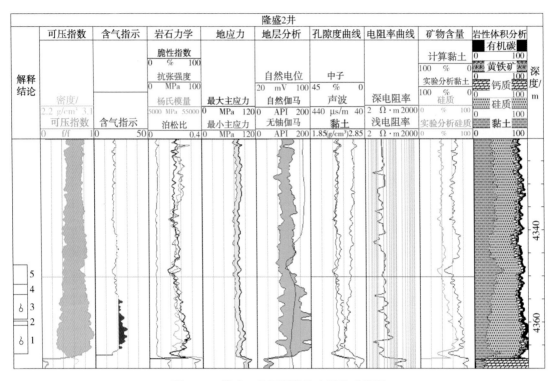

图 2-28　隆盛 2 井可压性综合评价成果图

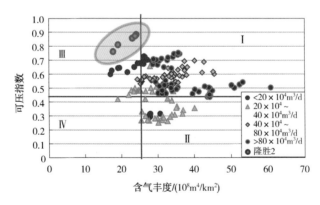

图 2-29　隆胜 2 井可压指数与含气丰度对比图

以四川盆地及其周缘页岩储层为例，开展"双甜点"与地质工程一体化评价，得到如下结论：

（1）基于含气测井实验或原理，是获得大区域页岩气含气通用评价方法的可信途径。本书通过测井曲线与含气敏感关系的密切程度研究，重构出页岩储层的含气丰度曲线，该曲线可指示页岩储层地质"甜点"，已被生产测试检验与验证。

（2）实践表明，研制的综合可压指数便捷、实用，能综合表征脆性指数、杨氏模量与地应力差异系数对储层可压性的指导性，可以有效描述页岩储层的工程"甜点"。

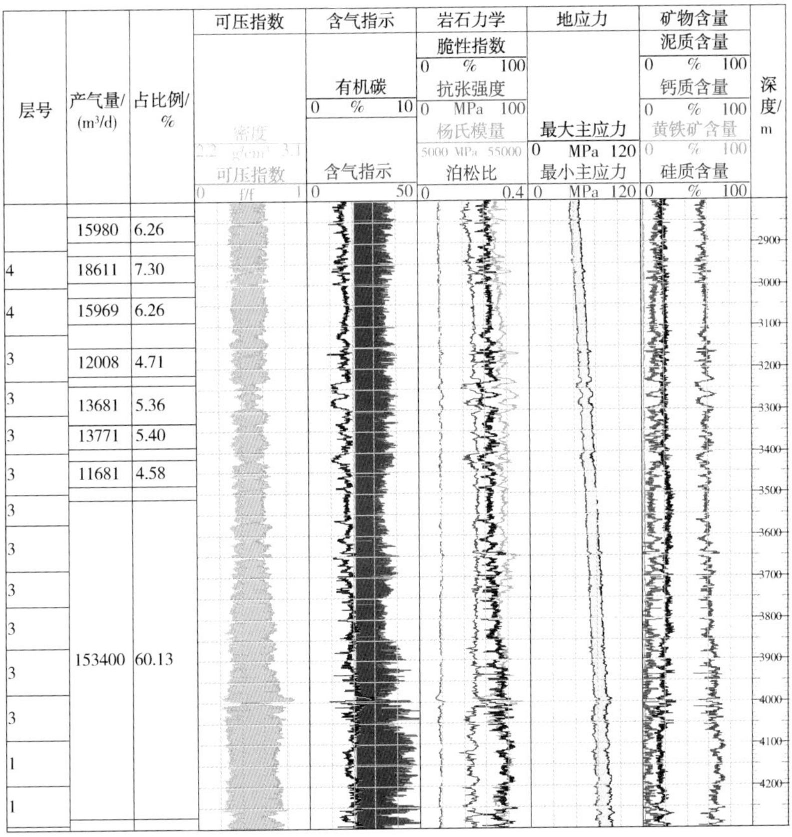

| 层号 | 产气量/<br>(m³/d) | 占比例/<br>% | 可压指数 | 含气指示 | 岩石力学 | 地应力 | 矿物含量 | 深度/<br>m |
|---|---|---|---|---|---|---|---|---|
| | | | 密度<br>2.2　g/cm³　3.1<br>可压指数<br>0　　　f/t　　　1 | 有机碳<br>0　%　10<br>含气指示<br>0　　　%　　50 | 脆性指数<br>0　%　100<br>抗张强度<br>0　MPa　100<br>杨氏模量<br>5000 MPa 55000<br>泊松比<br>0　　0.4 | 最大主应力<br>0　MPa 120<br>最小主应力<br>0　MPa 120 | 泥质含量<br>0　%　100<br>钙质含量<br>0　%　100<br>黄铁矿含量<br>0　%　100<br>硅质含量<br>0　%　100 | |
| | 15980 | 6.26 | | | | | | —2900 |
| 4 | 18611 | 7.30 | | | | | | —3000 |
| 4 | 15969 | 6.26 | | | | | | —3100 |
| 3 | 12008 | 4.71 | | | | | | —3200 |
| 3 | 13681 | 5.36 | | | | | | —3300 |
| 3 | 13771 | 5.40 | | | | | | —3400 |
| 3 | 11681 | 4.58 | | | | | | —3500 |
| 3 | | | | | | | | —3600 |
| 3 | | | | | | | | —3700 |
| 3 | | | | | | | | —3800 |
| 3 | 153400 | 60.13 | | | | | | —3900 |
| 3 | | | | | | | | —4000 |
| 3 | | | | | | | | —4100 |
| 1 | | | | | | | | —4200 |
| 1 | | | | | | | | |

图 2-30　焦页 6-2HF 井综合评价图

（3）实践表明，研制并提出的含气丰度与综合可压指数能够分别指代页岩储层的地质"甜点"与工程"甜点"。但仅凭含气丰度或可压指数还难以准确预测页岩气储层产能，地质-工程一体化研究才是准确预测页岩气储层产能的必由之路。

（4）研制的"双甜点"解释图版，能较准确地预测页岩气储层产能。该图版不仅能够科学、合理地分析测试产能与地质、工程的内在关系，而且多个应用实例均证明，它在四川盆地及周缘深、浅层页岩地层具有通用性，解决了以往一个地区摸索一套测井评价方法的局限性问题。

该方法有助于快速确定储层有利部位，指导压裂选层，提高页岩储层开发效率，具有较好的推广应用前景。

## 第四节　测井评价技术应用中常见地质问题分析

任何油气地质预测的准确与否，取决于对地质模型关键因素的猜测是否与地质背景条件完全吻合，测井评价结果的正确与否同样如此。

测井评价技术出现问题的原因主要分为静态因素和动态因素两类，前者在研究中常出现忽略地质背景因素对测井评价技术有效指导的现象，其结果是对测井评价中的矛盾问题束手无策，如一些低电阻率油气层的测井解释问题等（曾文冲等，2014；黄质昌等，2013；马林，2013）；后者在研究中常出现以不变的技术方案评价已变化的研究对象的现象。如果我们从时空变化的视角看待油气勘探与测井评价的关系，就可发现一个规律：每当油气勘探开发中某一地质或工程参数发生质变而测井评价方法不变时，就会出现测井评价技术的明显不适应现象，诸如水淹问题、低孔渗复杂储层评价问题等（张晋言，2013；李林祥，2013；万金彬等，2012），都充分证明这一规律的存在。

目前我国测井行业已普遍认同，我国现今测井评价技术正处于不适应勘探开发对象的艰难时期（牛栓文等，2013；李国欣等，2004），深入剖析测井解释过程中的常见问题，才有可能找到正确的应对之道。

## 一、测井评价技术的常见问题分析

20 世纪 90 年代以来，我国石油勘探目标变化很大。一方面，低幅度构造-岩性油藏的广泛勘探，每年低孔、低渗油气层（孔隙度小于 12%、渗透率小于 5mD）已占当年新增石油储量的一半以上（欧阳健，2001），其低含油气饱和度特征，增加了测井评价的多解性和不确定性（白建峰，2007）；另一方面，在海外油气市场的开拓中，测井技术常面临信息不完整且需应对风险投资的复杂局面（李浩等，2008）。

国内外油气勘探开发目标的复杂化、隐蔽性，使测井评价技术面临多重挑战和全新探索。而其常常出现的因忽视地质内因对测井评价造成的多方面影响因素也亟待解决，本书一时难以罗列全面，现试举几个常见问题，供专业人士参考分析。

### （一）固有的模式化思维问题

目前测井评价技术研究的主要方式是建立储层评价的数学模型，而不同储层所具有的成因多样性非单一数学模型可以准确描述。

图 2-31 为松南气田 X2 井区的 2 口探井测井解释分析图，其岩性为火山岩。在解释第一口探井 X2 井时发现，该井测井响应特征相对单一，储层电阻率、孔隙度与围岩的差异较小（左图第一道、第二道），测井解释规律相对简单，采用阿尔奇公式即可准确评价储层（王伟锋，2012）；但是在解释随后钻探的 X6 井及 X202 井时发现，这 2 口井测井曲线响应特征多变，储层电阻率、孔隙度与围岩的差异大（右图第一道、第二道），测井解释规律相对复杂，前面的方法难以准确评价储层，改用针对松南气田火山岩研制的可变 $m$ 值的阿尔奇公式，问题才得到解决。

上述问题的出现，究其原因是地质内因对测井信息响应的影响。牢牢把握住这一点，问题才能迎刃而解。图 2-32 是两口井测井信息与地震剖面信息、地质背景信息的比较分析，我们可以发现这两口井处于同一探区，但测井响应和测井解释方法差别大，其原因：①X2井受次火山因素影响明显，物质相对均一（储层电阻率、孔隙度与围岩的差异较小，地震为弱反射），测井解释相对简单；②X202井受喷、溢交叠等火山作用影响明显，物质变化大（储层电阻率、孔隙度与围岩的差异大，地震为层状反射），测井解释相对复杂。

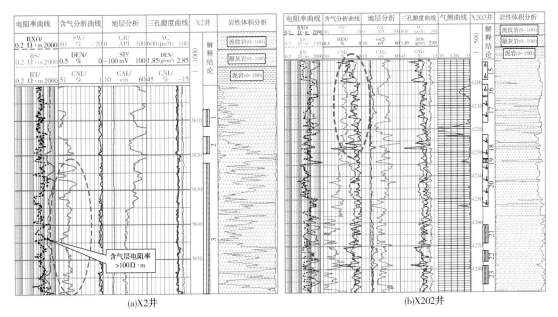

图 2-31　X2 井区 X2 井和 X202 井测井解释分析图

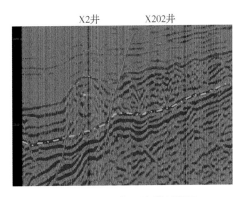

图 2-32　X2 井区地震剖面图

可见，地质内因深刻地影响了地震信息与测井信息的联动响应规律。深入研究三者之间的内在关系，是油气地质研究的重要问题。

**（二）忽视岩性复杂变化的问题**

储层岩性剧变引发孔隙结构的变化，时常导致岩性响应掩盖含油性显示的现象。如粉、细砂岩油层电阻率低于砂、砾岩水层电阻率便是常见的例子。

图 2-33 为大港油田某开发区东营组地层，沉积背景为三角洲平原河流相。地层剖面

的下部为分支河道砂岩，岩性为细砂岩（宋子齐等，2011），录井见油斑显示，电阻率高，测井解释为油水同层，试油却为纯水层，日产水 21.7m³；该层上部相变为河间沼泽微相，岩性为细砂岩与粉砂岩薄互层，录井同样见到油斑显示，电阻率低，测井解释为水层，试油却出纯油，日产油 8.18t。

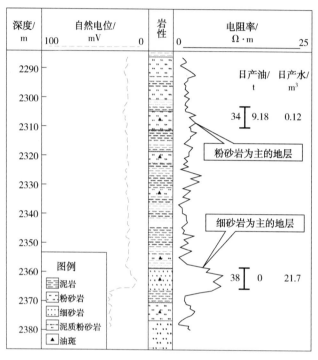

图 2-33　岩性响应掩盖含油性

上述问题在测井评价中屡见不鲜。其原因在于测井专业过于偏重地球物理分析方法的思维习惯，缺乏与地质专业的沟通以及对储层岩性的辨析不充分，造成绝大多数岩性测井响应掩盖含油性测井评价。这也进一步表明，对于复杂地区的测井评价，不能脱离地质研究的指导。

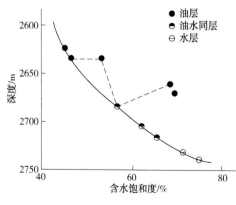

图 2-34　构造因素与测井评价分析图版

### （三）评价技术的自我束缚问题

以地球物理方法为基础的测井评价技术面临自我束缚局面。其过多的倚重微观分析和数学计算，是一种宏观背景概念不甚明朗的测井评价技术，它的许多研究内容常常背离构造样式和沉积模式的指导。

图 2-34 为大港油田南部一个低阻油层发育区的构造因素与测井评价图板。图版的纵坐标为具有单一圈闭含油高度的油藏埋藏深度，横坐标

为含水饱和度，对于自然伽马曲线数值相近的纯岩性，其储层含水饱和度随含油高度的降低，在分析图版上呈现有规律的增高趋势。对于含粉砂及泥质的储层，虽然含油高度较高，但其储层含水饱和度却比较高(图中偏离趋势线的点)，尽管试油为油层，测井解释却常评价为水层，这是由于分析时对构造因素与测井评价的关系理解不够。

图1-4(a)、图1-4(b)为大港油田某开发区东营组地层的油水关系识别图板(李浩等，2000)，根据图板可知，电阻率已很难反映出该区油水层的解释关系，高电阻率水层与低电阻率油层出现在同一油组中。在历年对该地区的研究中，一直用统一的解释模型和解释参数，定量解释东一油组和东二油组，但测井解释的符合率却一直低于50%，油水层解释倒置的现象非常普遍，造成这种因素的根源是在分析时，对沉积因素与测井评价的关系理解不够。

重新研究分析图板时，引入自然伽马相对值 $\Delta GR$(目标层与纯水层自然伽马的比值)，目的是希望在图版中直观地反映出岩性变化对储层解释关系的影响。

图1-4(a)、图1-4(b)非常清楚地反映出沉积水动力变迁对油气解释的深刻影响。首先，东二油组至东一油组的 $\Delta GR$ 值含油界线向左偏移，为水动力条件增强对测井解释图版规律的影响。其次，与东二油组相对应(左图左部)，东一油组纯水段缺失(右图左部)，说明该段岩性不再控制油水解释，而电阻率对油水解释的影响开始加强，进一步表明沉积水动力条件增强，对油气解释造成根本性改变(于英华等，2013；成志刚等，2013)。最后，比较东二油组，东一油组油水过渡带的迅速缩小，说明随沉积环境逐渐改变，水动力增强，岩性变粗、变纯，油水解释关系随之相对清晰。研究区东二油组至东一油组解释关系的转变，是沉积条件在纵向上由河间沼泽向分支河道逐渐变迁的结果。采用新研制的测井解释图版对该区开展测井解释和油气复查见到显著效果，测井解释符合率达到86.9%(李浩等，2005)。其中，D4-9井和G1-54-2井均得到生产验证。

**（四）研究手段的不完整问题**

以地球物理方法为基础的测井评价技术也面临研究不完整的问题。很多具体的分析技术与数学方法相依相存，但毕竟不是一种由表及里、深入浅出，揭示地质本源的分析技术，而油气勘探开发的目标更需要的是对本质因素的探寻，即它更需求测井技术本身蕴涵的高清晰度的预测功能。

以地球物理方法为基础的测井评价技术，其研究对象多以微观或单井的纵向变化关系为主，而对于宏观的、横向上的研究和预测分析则参与不多。事实上，将测井评价分析的成果放在宏观背景上考察，往往可以得到许多对地质研究有益的认识。

以地层压力分析为例，历年来多应用测井资料预测和检测地层压力计算结果，将测井计算的地层压力用于宏观分析则不多见(刘伟等，2014；宋连腾等，2013；余伟健，2013)。图1-5为大港油田白水头地区沙一中地层压力系数分布图，该图清晰地反映出该地区断裂体系对地层压力具有控制作用。以白水头主断层为界，可分为几个断块，不同断块地层压力系数各有一定的差异性，说明压力的分布还受局部断块的影响。

利用地层压力的平面分布研究白水头主断层，可以发现主断层中部地层压力异常增高（图中红色菱形），而断层两侧的地层压力系数不高，基本为正常地层压力（图中黑色五星）。这种地层压力的分布特点，揭示其主断层成因很可能是"平错扭动"的成因机制：主断层两翼局部扭动，造成断层两侧地层压力分布各不相同，其受力一侧受扭动影响，地层压力有所增加（图中黑色三角），其另一侧受扭动影响，断层有所开启而成为正常压力；主断层中部由于错动挤压而产生异常高压。

通过上述分析表明，将单井分析结果联合起来，也可获得对宏观地质推理的佐证。提高测井技术的预测研究能力和石油地质分析能力，才能充分体现测井评价技术的完整性。

### （五）评价方法滞后于仪器研制的问题

各测井专业公司为最大限度地占有市场份额，频繁推出测井新仪器，使测井仪器的发展速度快于测井评价技术的发展速度，导致测井评价技术的应用水平相对不足。一是它暂时制约了人们对丰富测井信息的深层次理解与认识，使测井新技术的应用不充分；二是测井新方法的过于专业化也限制了测井专业与其他专业的有效交流，影响到测井信息的地质应用效果。

测井评价技术还有诸如非常规油气层的测井评价以及一些地区面临非阿尔奇公式评价思路的探索问题等。以上问题对测井评价技术提出了新的挑战，各相关专业需要测井技术提供更具参考价值的研究成果。

## 二、测井评价技术常见问题的背景因素及对策分析

### （一）测井评价技术常见地质问题的背景因素分析

上述问题在 2000 年之前还没有引起人们足够的重视。究其原因在于，我国早期的油气勘探开发主要以大构造、简单孔渗关系的油气藏为主，测井解释关系相对简单，储层含油气饱和度比较高（一般大于 50%），属于"富矿"范畴；现今世界油气勘探开发格局发生了巨大变化。一是大构造、简单孔渗关系的油气藏日益减少，取而代之的是，小构造、复杂孔渗关系的油气藏正逐步成为油气勘探开发的主要目标（徐炳高，2014；薛苗苗等，2014；张蕾等，2013）；二是油气勘探开发对象已由中浅层向深层、深海延伸；三是非常规油气正成为勘探开发的热点等。

地质背景的复杂多样，使测井信息的含油气响应特征与高饱和度、简单孔渗关系的油气藏差别极大，其测井评价的实质因素已发生根本性改变。测井评价技术要想正确应对，面临两方面的调整：一是知识结构的调整。加强研究区地质背景的深入了解，加深与地质家的交流，才有可能找到测井解释症结所在的一个可能途径，前面一些问题的解决，与此相关。二是对复杂地层开展测井解释理论新探索。当前测井解释的"矛盾体"已发生深刻变化，以电阻率的测井信息构成为例，"高饱和度、简单孔渗关系的油气藏"的测井信息中，油气信息所

占比重大，测井响应突出，易于识别和利用阿尔奇公式定量解释；但是"低饱和度、复杂孔渗关系的油气藏"的测井信息中，成岩作用和复杂孔隙结构测井响应信息远大于油气信息，油气信息难以识别，阿尔奇公式面临适用性的重新评估或是测井解释方法的重新探索。

**（二）测井评价技术常见地质问题的分析方法探讨**

地质内因对测井评价的影响难以识别和判断，其原因在于地质内因在测井曲线上的记录具有隐蔽性，因而常常被测井评价人员忽视并导致解释判断失误。

深入的测井地质学研究表明，测井信息内含地质属性（李浩等，2009），不同地质背景以及地质事件的改变，都会造成测井曲线信息的相应变化。在评价分析中紧抓地质内因与测井信息间的内在关系，以成因关系作为基础分析方法值得尝试。根据某些测井响应记录其地质背景的专属关系以及宏观地质作用与微观储层结构对地质事件反映的统一性特点，通过深入剖析地质内因改变对测井评价的深刻影响，弄清测井评价问题的本质原因，就有可能是有效改进上述问题的关键所在。

**（三）解决测井评价常见地质问题的对策讨论**

1. 知识结构的调整。

油气勘探开发对象的复杂化，要求与油气地质研究相关的所有专业必须紧密协作。因此，测井及其相关专业面临知识结构的交流与调整。对于复杂地层的深入研究表明，地质背景的演化决定了测井信息响应的结构特征（包括岩性特征、成岩特征、矿物特征以及含油气特征等），只有深入地了解这些特征，才有可能找到消除非油气因素影响，突出含油气信息识别的应对方案。因此，其测井解释方法和与油气层识别有关的解释图版制作的正确与否，与地质背景演化认识的正确与否密切相关。

2. 测井评价技术新探索

油气勘探开发对象的巨变，导致测井信息记录的含油气响应特征具有多变性。图2-35为中国石化松南气田X1井和Y1井含气识别分析图。其中，X1井位于构造高部位，储层含气饱和度高，按照气层识别理论，测井计算的密度、声波以及中子孔隙度在干层处全部重叠后，气层表现出三者的有序排列，当储层含气饱和度逐渐降低（图中5号层向6号层过渡），则这种有序排列开始变小，界线开始有些模糊；Y1井位于构造低部位，其5号层测试日产气近 $2 \times 10^4 \text{m}^3$，并有一定量的产出水，由于含气饱和度比较低，三条计算的孔隙度曲线几乎完全重合。可见，由高饱和度向低饱和度转化时，测井信息的含气响应特征完全改变，构成量变向质变的转化，其测井评价方法面临创新。

针对复杂低孔渗、低含油气饱和度储层，测井专业需审视油气解释理论，以深入的地质研究为指导，探寻低含油气丰度储层的测井评价新依据。以往的测井油气解释理论中可能存在一些长期被人们忽视或忽略的因素，这些因素也许内含一些油气识别的研究依据，松南气田酸性火山岩气层测井解释的最终解决，就是得益于此。

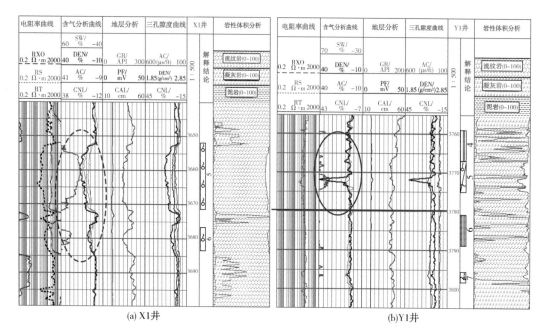

图 2-35　松南气田 X1 井和 Y1 井含气识别分析图

我国现今测井评价技术常出现的一些问题，究其原因与两方面因素密切相关。一是忽略地质背景因素对测井评价技术的有效指导；二是忽视油气勘探开发中某一地质或工程参数发生质变对测井信息变化的影响。正确地应对上述问题，测井评价技术面临两方面的调整：一是知识结构的调整；二是对复杂地层开展测井解释理论新探索。从理论和实践中完成这两方面调整意义重大，前者对于寻找油气地质研究中的关键证据具有重要的举证意义；后者对于测井理论创新以及精确解释具有现实意义。

# 参 考 文 献

[1] 曾文冲. 油气藏储集层测井评价技术[M]. 北京：石油工业出版社，1991.

[2] 吴胜和，熊琦华，等. 油气储层地质学[M]. 北京：石油工业出版社，1998.

[3] 刘锐娥，孙粉锦，卫孝锋，等. 鄂尔多斯盆地中东部山 2 段储集层岩性微观特征差异性的地质意义[J]. 石油勘探与开发，2005，32(5)：56-58.

[4] 周锋德，姚光庆，赵彦超. 鄂尔多斯北部大牛地气田储层特低渗成因分析[J]. 海洋石油，2003，23(2)：27-31.

[5] 尹昕，应文敏. 鄂尔多斯盆地大牛地气田上古生界低孔渗砂岩储层评价[J]. 矿物岩石，2005，25(2)：104-109.

[6] 赵彦超，吴春萍，吴东平. 致密砂岩气层的测井评价——以鄂尔多斯盆地大牛地山西组一段气田为例[J]. 地质科技情报，2003，22(4)：65-70.

[7] 赵彦超，陈淑慧，郭振华. 核磁共振方法在致密砂岩储层孔隙结构中的应用——以鄂尔多斯大牛地

气田上古生界石盒子组 3 段为例[J]. 地质科技情报，2006. 25(1)：109-112.

[8] 赵彦超，郭振华. 大牛地气田致密砂岩气层的异常高孔隙带特征与成因[J]. 天然气工业，2006，26 (11)：62-65.

[9] 美国斯仑贝谢测井公司. 测井解释常用岩石矿物手册[M]. 北京：石油工业出版社，1998.

[10] 刘德来，等. 鄂尔多斯盆地油气地质特征及勘探前景[R]. 研究报告，2005.

[11] 聂武军，刘棣民，袁芳政，等. 鄂北下二叠统含气层段沉积相划分及古地理演化[J]. 天然气工业，2001 年增刊，45-48.

[12] 范宜仁，黄隆基，代诗华. 交会图技术在火山岩岩性和裂缝识别中的应用[J]. 测井技术，1999，23 (1)：53-56.

[13] 黄布宙，潘保芝. 松辽盆地北部深层火成岩测井响应特征及岩性划分[J]. 石油物探，2001，40 (3)：42-47.

[14] 陈钢花，吴文圣，毛克文. 利用地层微电阻率扫描图像识别岩性[J]. 石油勘探与开发，2001，28 (2)：53-55.

[15] 阎新民. 应用计算机进行准噶尔盆地火山岩裂缝识别[J]. 石油地球物理勘探，1994，29(S2)：139-143.

[16] 刘呈冰，史占国，李俊国，等. 全面评价低孔裂缝-孔洞型碳酸盐岩及火山岩储层[J]. 测井技术，1999，23(6)：457-465.

[17] 李军善，肖承文，汪涵明，等. 裂缝的双侧向测井响应得数学模型及裂缝孔隙度的定量计算[J]. 地球物理学报，1996，39(6)：845-852.

[18] 代诗华，罗兴平，王军，等. 火山岩储集层测井响应与解释方法[J]. 新疆石油地质，1998，19 (6)：465-469.

[19] 潘保芝，闻桂京，吴海波. 对应分析确定松辽盆地北部深层火成岩岩性[J]. 大庆石油地质与开发，2003，22(1)：7-9.

[20] 邓攀，陈孟晋，高哲荣，等. 火山岩储层构造裂缝的测井识别及解释[J]. 石油学报，2002，23 (6)：32-34.

[21] 李雄炎. 深层火山岩气层测井识别方法研究[J]. 工程地球物理学报，2008，5(3)：337-341.

[22] 赵杰，雷茂盛，杨兴旺，等. 火山岩地层测井评价新技术[J]. 大庆石油地质与开发，2007，26 (6)：134-137.

[23] 朱建华，王晓艳. 核磁测井识别火山岩气层应用研究[J]. 国外测井技术，2007，22(4)：7-9.

[24] 钱家麟，王剑秋，李术元. 世界油页岩资源利用与发展趋势[J]. 吉林大学学报(地球科学版)，2006，36(6)：876-887.

[25] F K Guidry，ResTech Houston，J W Walsh. Well Log Interpretation of a Devonian Gas Shale：An Example Analysis[J]. SPE 26932，1993，393-394.

[26] Bob Shelley，Bill Grieser，etc. Data analysis of Barnett shale completions[J]. SPE 100674，2008.

[27] 刘洪林，王莉，王红岩，等. 中国页岩气勘探开发适用技术探讨[J]. 油气井测试，2009，18(4)：68-71.

[28] 张言译. 页岩气藏开发的专项技术[J]. 国外油田工程, 2009, 25(1): 24-27.

[29] 潘仁芳, 伍媛, 宋争. 页岩气勘探的地球化学指标及测井分析方法初探[J]. 中国石油勘探, 2009, 14(3): 6-9, 28.

[30] 李新景, 吕宗刚, 董大忠, 等. 北美页岩气资源形成的地质条件[J]. 天然气工业, 2009, 29(5): 27-32.

[31] 李世臻, 乔德武, 冯志刚, 等. 世界页岩气勘探开发现状及对中国的启示[J]. 地质通报, 2010, 29(6): 918-924.

[32] 安晓璇, 黄文辉, 刘思宇, 等. 页岩气资源分布、开发现状及展望[J]. 资源与产业, 2010, 6(2): 103-109.

[33] 杨登维. 裂缝性页岩气系统[J]. 石油地质科技动态, 2003, 9(2): 62-78.

[34] 李新景, 胡素云, 程克明. 北美裂缝性页岩气勘探开发的启示[J]. 石油勘探与开发, 2007, 34(4): 392-400.

[35] 李登华, 李建忠, 王社教, 等. 页岩气藏形成条件分析[J]. 天然气工业, 2009, 29(5): 22-26.

[36] 蒲泊伶, 蒋有录, 王毅, 等. 四川盆地下志留统龙马溪组页岩气成藏条件及有利地区分析[J]. 石油学报, 2010, 31(2): 225-230.

[37] 张金川, 姜生玲, 唐玄, 等. 我国页岩气富集类型及资源特点[J]. 天然气工业, 2009, 8(12): 109-114.

[38] 聂海宽, 张金川, 张培先, 等. 福特沃斯盆地 Barnett 页岩气藏特征及启示[J]. 地质科技情报, 2009, 28(2): 87-93.

[39] 唐嘉贵, 吴月先, 赵金洲, 等. 四川盆地页岩气藏勘探开发与技术探讨[J]. 钻采工艺, 2008, 31(3): 38-42.

[40] 吴月先, 钟水清. 川渝地区页岩气藏勘探新选向研讨[J]. 青海石油, 2008, 26(3): 7-12.

[41] 王世谦, 陈更生, 董大忠, 等. 四川盆地下古生界页岩气藏形成条件与勘探前景[J]. 天然气工业, 2009, 29(5): 51-58.

[42] 刘洪林, 王莉, 王红岩, 等. 中国页岩气勘探开发适用技术探讨[J]. 油气井测试, 2009, 18(4): 68-71.

[43] 蒋志文. 页岩气简介[J]. 云南地质, 2010, 29(1): 109-110.

[44] 朱华, 姜文利, 边瑞康, 等. 页岩气资源评价方法体系及其应用——以川西坳陷为例[J]. 天然气工业, 2009, 7(12): 130-134.

[45] Bill Grieser, Jim Bray. Identification of production potential in unconventional reservoirs[J]. SPE 106623, 2007, 1-6.

[46] 黄玉珍, 黄金亮, 葛春梅, 等. 技术进步是推动美国页岩气快速发展的关键[J]. 天然气工业, 2009, (5): 7-10.

第三章

# 低阻油层评价

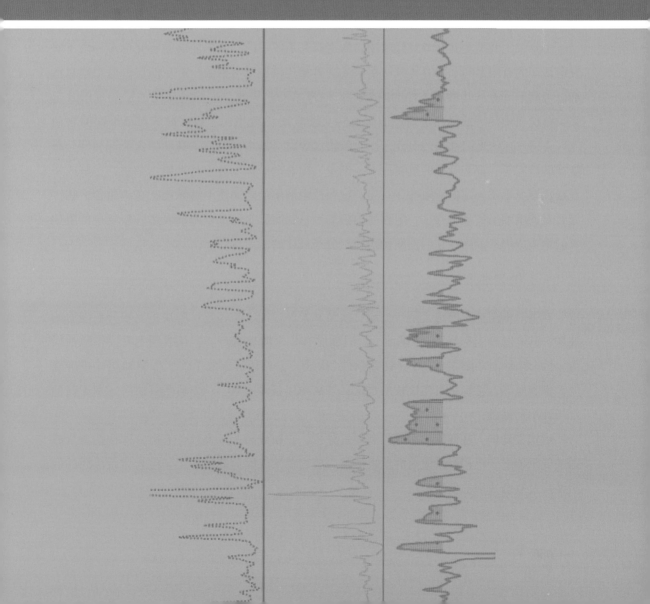

地质问题都是宏观因素与微观因素的统一,低阻油层研究也是如此。目前,低阻油层研究面临的问题是,微观机理分析较深入,但是地质背景因素与低阻油层的内在联系却探讨不多,因此,对低阻油层的研究还不全面,低阻油层的各种定义也难以满足越来越复杂的油田勘探开发要求。本书认为,低阻油层被地质或钻井条件控制,其电阻增大率值 $I<2$,因而是与水层缺乏比较分析能力的油层。由于含油气盆地的类型不同,低阻油层的成因及类型各不相同;而钻井过程中,盐水泥浆浸泡地层的时间不同,油层的低阻程度也不同。从成因上看,低阻油层可大致分为五类,即构造背景成因的低阻油层、沉积背景成因的低阻油层、成岩背景成因的低阻油层、侵入背景成因的低阻油层及复合成因的低阻油层。

# 第一节  低阻油层定义及分类

历年来,我国测井学者对低阻油层的理解是不统一的,低阻油层的研究也多局限于研究者认知的有限范畴。如有将其与水层或围岩相比较加以考察的、有从油层电阻率绝对值加以考察的、有从其形成条件的内外因加以考察的,等等。这些对低阻油层的理解及定义,曾极大地促进低阻油层理论的研究和实践应用。20 世纪,曾文冲等对环渤海湾含油气区束缚水成因低阻油层的研究,以及欧阳健等对塔里木盆地油藏高度与含油饱和度分布规律的研究等,都是其中的重要成果。但是,随着勘探开发对象越来越复杂化,这些成果正在逐渐显示出一定的局限性。首先,这些低阻油层的定义还不够系统,在应用上,往往导致对低阻油层的理解存在一定程度的模糊性;其次,它们难以明确表达一些复杂低阻油层的地质成因;最后,它们预测低阻油层分布规律的能力有限。

## 一、低阻油层的定义与分类

本书对低阻油层的定义是,被地质或钻井条件控制、与邻近水层缺乏比较分析能力的油层,其电阻增大率值 $I<2$。据此,低阻油层有三个明显特点:①从成因上看,低阻油层由内因(地质背景条件)和外因(钻井条件)构成;②从评价方法上看,低阻油层缺少准确的识别参照物,特别是可作比较的水层;③从约束条件上看,$I<2$ 是低阻油层区别于其他常规油层的基础。

由定义延伸,从低阻油层的控制因素分析,它在成因上可大致分五类,即构造背景成因的低阻油层、沉积背景成因的低阻油层、成岩背景成因的低阻油层、侵入背景成因的低阻油层及复合成因的低阻油层。

## 二、对低阻油层分类的认识

### (一)构造背景成因的低阻油层

构造背景之所以能成为低阻油层的一种成因,主要是因为:①构造对含油饱和度分布的控制作用;②构造对沉积节律的控制作用;③层序界面的干扰作用;④构造因素与其他地质因素或钻井因素的复合作用。

构造对含油饱和度分布的控制是显而易见的。构造幅度较大时,在油水界面之上一定的层段内,容易形成低含油饱和度成因的低阻油层,而在低幅度含油构造上,很可能所有的油层均是低含油饱和度成因的低阻油层;构造控制沉积节律,是构造与沉积作用互动的结果,主要形成较强水动力条件掩盖较弱水动力条件成因的低阻油层。如图 2-33 所示,该井东营组一段在构造演化过程中,地层从下向上,由分支河道沉积演变为河间沼泽沉积,水动力的强弱变化,易产生油水层解释倒置的错觉;有时在层序界面上下,沉积水动力条件常发生较大变化,形成不同电阻率的油层。在测井剖面上,出现高阻油层与低阻油层相交互的现象,环渤海湾含油气区这一现象很常见。如图 3-1 所示的井,处在大港南部王官屯油田下第三系孔店组与沙河街组三段的沉积相转换带,其沉积演化经历了孔店组的大陆冲积相、孔店组顶部的膏盐湖和沙河街组三段的浅湖沉积,构造背景下的层序演化,使沙河街组三段形成不易识别的低阻油层,历经 20 多年的勘探与开发才逐渐为人所知。

构造因素与其他地质因素或钻井因素的作用,常在一些局部地区形成不易识别的复合型低阻油层,如在山前强应力区,构造应力对地层电阻率的作用,使部分油层形成"成岩-裂缝-泥浆作用成因的低阻油层",这些低阻油层多见于挤压背景成因的盆地中。另外,构造因素造成的物源变化及其对储层成岩作用的影响,都或多或少地影响低阻油层的形成。因此,构造因素对低阻油层的形成和分布有非常重要的控制作用。

### (二)沉积背景成因的低阻油层

沉积背景对低阻油层的影响主要表现为:①沉积相对低阻油层分布规律的影响;②沉积韵律对低阻油层分布规律的影响;③沉积水的作用因素;④沉积因素与其他地质因素或钻井因素的复合作用。

沉积相对低阻油层分布规律的影响有两类:一类是在水动力条件较弱的相带,易产生细粒或微粒为主的岩性结构,比表面的迅速增大,导致储层束缚水的增加;另一类主要是在沉积水动力变化带上,产生特殊的储层岩性结构,即不同的岩性组分,按一定的比例关系互为薄互层,它使储层产生微孔隙与大孔隙分布不均的双组孔隙系统,这一微观组构特征,也易导致束缚水增加,这两类都可大量形成束缚水成因的低阻油层(图 3-2)。沉积韵律对低阻油层分布规律的影响,主要为水动力的迁移,伴随沉积微相在纵向上发生根本变化,在正、反韵律层序的某些部位中,相对粗岩性与相对细岩性组成达到一定比例时,产生双组孔隙系统,具备形成低阻油层的微观地质条件。

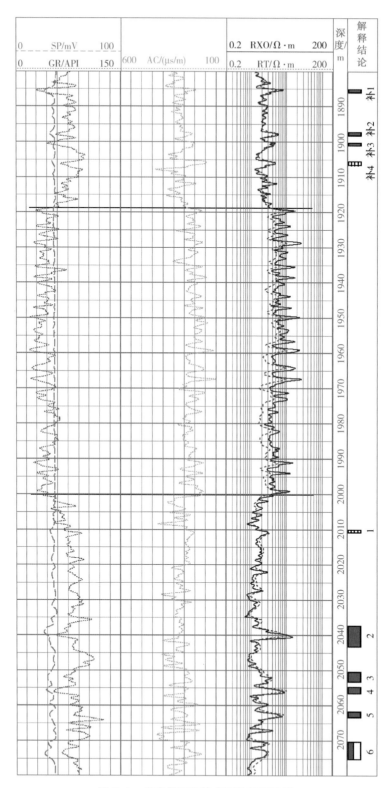

图 3-1 层序界面干扰成因的低阻油层

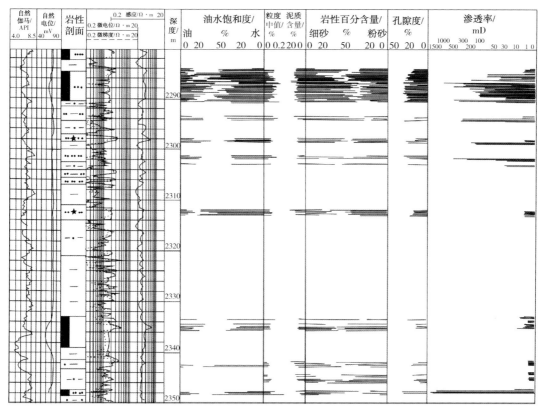

图 3-2 储层岩性结构与双组孔隙系统的关系分析图

沉积水的作用因素主要表现在三方面：其一，极高的地层水矿化度条件下，形成电阻率绝对值很低的低阻油层，当地层水矿化度超过 $1×10^5$ ppm 时，其电阻率值甚至可在 $1~2\Omega \cdot m$ 变化；其二，沉积水提供了成岩作用所必需的物质基础，在成岩作用中，沉积水促成的钙质胶结或形成自生黏土矿物，常产生中孔、低渗的储层，形成特殊的低含油饱和度低阻油层类型，吐哈盆地的雁木西油田低阻油层的成因与此关系甚大；其三，沉积水作为中、低温热液，成为成矿物质的载体，为储层提供导电矿物如黄铁矿等，形成另一类特殊的低阻油层。

沉积作用易形成复合成因的低阻油层，如在沉积水动力变化带上，不仅易形成细粒物质，产生束缚水，而且有可能使呈悬浮搬运的黏土矿物沉积下来，产生附加导电作用；由于沉积水的存在，低含油饱和度低阻油层类型常与电阻率绝对值很低的低阻油层类型相伴相生，等等。

**（三）成岩背景成因的低阻油层**

成岩作用成因的低阻油层主要与地质年代及地层埋深有关，物源因素的影响占次要地位。它对油层低阻的影响，主要表现为：①压实作用；②成岩后生作用；③成岩作用与其他地质作用或钻井因素的复合作用。

压实作用所产生的低阻油层现象，体现在两方面：一是造成储层中孔隙度的减小。使电测井中岩石骨架信息占有的比重增大，油气信息占有的比重减小，在一定程度上，增强了岩性掩盖含油性的概率，缩小了油、水层电阻率测值的差异。二是导致储层孔隙结构的复杂化。微孔隙增加，孔道弯曲程度加大，相对而言，水层电阻率测井值升高幅度大于油层电阻率测井值升高幅度，使油、水层差别不明显。图3-3中，A层岩心分析孔隙度13%，深测向电阻率12.5Ω·m，为油层；B层深测向电阻率14.1Ω·m，为低产油水同层；C层深测向电阻率8.2Ω·m，为水层。

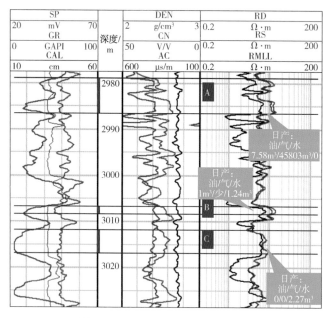

图3-3　压实作用形成的低阻油层

成岩后生作用所产生的低阻油层现象，一是胶结作用，使孔隙结构复杂化，形成低含油饱和度成因的低阻油层；二是溶蚀作用，产生次生孔隙，使部分低孔、低渗的地层具备形成低阻油层的条件。

**（四）侵入背景成因的低阻油层**

侵入背景成因的低阻油层主要表现为：①盐水泥浆浸泡地层产生的低阻油层；②异源地层水干扰产生的低阻油层；③侵入因素与其他地质因素的复合作用。

其中，盐水泥浆浸泡地层产生的低阻油层是外因作用的结果，当泥浆侵入地层较深时，会使测井电阻率急剧下降，造成油、水层不易区分；异源地层水干扰产生的低阻油层是内因作用的结果，其根本原因是构造运动使油、水发生运移，地层水变化规律紊乱，干扰油层识别。图3-4为同一井剖面，异源地层水作用对测井解释产生的干扰，由图中可看出，该井26号层与19号层相距仅10m，由于地层水成因不同，两层自然电位的偏转方向完全相反，忽视这一反应特征，造成判断上的失误。由于断块复式油气藏具有油水多次运移的特点，这类低阻油层多见其中。

### （五）复合成因的低阻油层

复合成因的低阻油层往往表现为几种因素叠加而成的低阻油层。例如，构造-沉积作用、沉积-成岩作用、构造-成岩作用、构造-侵入作用以及油藏背景条件下的复合作用，等等。前文所述的，构造应力对地层电阻率的作用形成的"裂缝-泥浆作用成因的低阻油层"，以及在中孔、低渗储层条件下，形成特殊的低含油饱和度低阻油层类型，都是其中的典型代表。

由于陆相成因油田的复杂性，随着勘探、开发难度的越来越大，成岩作用成因与复合作用成因的低阻油层在低阻油层评价中所占的比例将越来越高。提高这两类油层的预测水平和解释精度具有重要的意义。

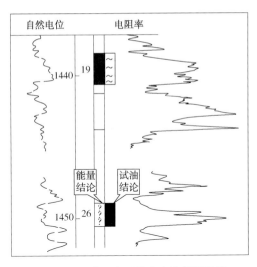

图 3-4　异源地层水干扰产生的低阻油层

### 三、低阻油层定义的应用

根据本书的定义，对低阻油层的研究将具有更强的针对性和可预测性。在研究上，大到可以根据盆地的成因预测其低阻油层存在和分布的类型，小到可以根据具体油区的沉积、构造以及成岩因素分析和识别低阻油层。

比较不同类型的含油气盆地，其低阻油层的成因及类型各不相同。在拉张背景条件下，沉积相分异明显，高含束缚水成因的低阻油层占有的比重很大，此类油层受沉积相展布规律控制明显；而热带、干旱气候条件下的前陆盆地，低阻油层的分布则受构造控制明显，在山前区常形成"成岩-裂缝-泥浆复合作用成因的低阻油层"，在湖心区，由于极高的地层水矿化度，常形成电阻率值极低的低阻油层。在钻井过程中，随着盐水泥浆浸泡地层时间的增加，还会强化这些油层的低阻程度。

对于具体的研究区，可根据其地质背景条件预测低阻油层的形成与分布。图 3-5 为大港油田南大港构造带东部的某富含油断块，其中沙三段发育岩性油藏。利用测井相分析方法，制作了该区沙三段四砂体沉积微相图。由图可知，构成坝主体的 Q50、Q50-1、Q50-2 及 Q50-5 等井测井曲线较光滑，表明沉积水动力较稳定，岩性相对均匀，油层电阻率高；坝体侧翼的 Q50-10、Q50-15 等井则曲线齿化明显，表明该部位沉积水动力变化不稳定，其齿化现象往往是"细砂、粉砂、泥质与钙质"互为薄互层的结构表现，这种互为薄互层的储层结构，为油层低阻的形成提供了地质条件，根据上述沉积特征，预测其沉积相边部发育低阻油层。

研究认为，Q50-10 井的 22 号、23 号、24 号层（图 3-6）虽然泥质含量高且电阻率较低被解释为干层,但仍具备低阻油层的特征。经预测分析后,大港油田作业三区对上述三层试油验证后,三层每日自喷原油超 30t,仅两月时间就生产原油超 2000t,证明了上述低阻油层预测的正确性。

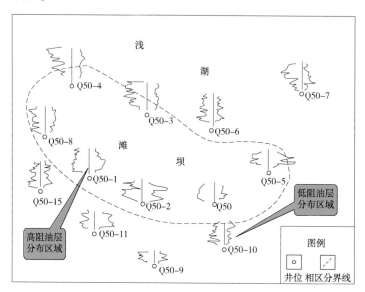

图 3-5 束缚水成因的低阻油层

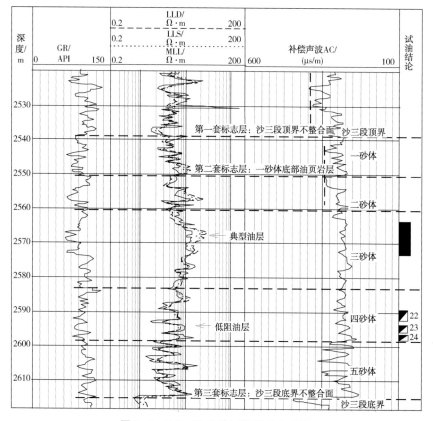

图 3-6 Q50-10 井沙三段测井曲线图

通过对低阻油层定义的理解和分类的认识，可得出如下结论：

（1）低阻油层具有宏观与微观的统一性。

（2）含油气盆地的类型不同，低阻油层的成因及类型会各不相同。

（3）地质研究的成果，可对某些低阻油层做出指导性预测。

## 第二节  低阻油层与地质背景因素的内在联系

低阻油气层因为数量多、增油潜力大而备受关注，但是陆相盆地成因机制不同，其内部低阻油气层在形成机制及类型方面差别很大。在挤压的地质背景条件下，低阻油气层的分布受构造应力场控制明显，在强应力区，其类型常表现为油层电阻率低于围岩电阻率；在拉伸的地质背景条件下，低阻油气层的分布受沉积作用控制明显，其类型常表现为束缚水成因的低阻油气层。成岩压实作用、油气运移以及不同的油藏类型均对低阻油气层产生重要影响，本书尝试对其中的部分问题加以阐述。

### 一、构造应力对低阻油气层的形成及其类型所产生的控制作用

我国西部盆地的含油气地层多处于挤压背景条件下，所以区域应力场与构造的组合关系决定着区域局部应力场性质。研究表明，我国西部沉积盆地内正常压实的第三系泥岩电阻率一般为 $2\sim3\Omega\cdot m$，而山前构造带受挤压泥岩的电阻率高达几十欧姆·米，这一因素往往会形成一些特殊的、受应力作用影响的低阻油气层类型。其特点常表现为油气层电阻率低于围岩电阻率，部分油层甚至属于裂缝成因的泥浆侵入型低阻油气层。

构造应力与低阻油气层的内在关系主要为：①构造应力使围岩电阻率大大高于其正常范畴，导致油气层电阻率相对变低，不易于识别。②构造应力较大时，易使储层产生部分微裂隙，钻井时泥浆侵入程度高，易于形成泥浆侵入型低阻油气层。③当泥浆侵入带小于深探测电阻率的探测范围时，测井信息常表现为较大的深、浅电阻率差异，而这一现象在我国东部拉张的地质背景条件下是不多见的。

图3-7为塔西南山前构造的某油田K30井，其第三系的泥岩电阻率高达 $20\sim60\Omega\cdot m$，油气层电阻率一般为 $5\sim9\Omega\cdot m$，其深、浅电阻率差异较大，属于典型的构造应力作用成因的低阻油气层类型。

### 二、沉积背景对低阻油气层形成的控制作用

渤海湾含油气区的低阻油气层多储集于第三系地层中，其中高含束缚水成因的低阻油气层占有的比重很大，此类油层受沉积相展布规律控制明显。由于众多束缚水成因的低阻

油气层具备特殊的双组孔隙系统，而这种双组孔隙系统往往形成于某些特定的弱水动力变化带上，其原因可以综合为以下几个方面：首先，弱水动力变化带沉积的岩性以粉砂岩、细砂岩为主，不仅粒度中值很小，而且水动力的微弱变化引起细砂岩与粉砂岩的百分含量互为高低，以薄互层形式沉积，决定了其岩性结构与孔渗结构非常复杂，微细孔隙储集了不可流动的束缚水，造成储层电阻率测值较低，大孔道储集了可动油气；其次，弱水动力变化带也使大量呈悬浮搬运的黏土矿物沉积下来，使地层中沉积了大量的水云母，吸附了大量的束缚水，并使储层的黏土矿物具备了产生附加导电性的基本地质条件。

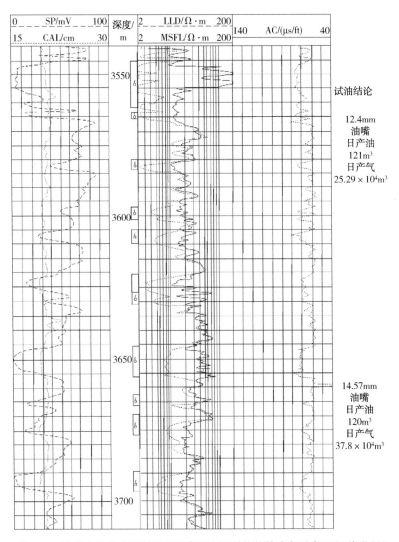

图 3-7　地应力作用成因的低阻油气层（据测井新技术与油气层评价进展）

如第二章图 2-33 所示为三角洲平原河流相地层，地层剖面下部为分支河道砂岩，岩性为细砂岩，电阻率虽高，试油却为纯水层；地层剖面上部渐变为河间沼泽微相，岩性为细砂岩与粉砂岩薄互层，电阻率虽低，试油却为纯油层。

### 三、沉积韵律对低阻油气层产生的影响

沉积韵律是水动力条件变化的直观表现形式，当水动力由强向弱或由弱向强渐变时，宏观上展现出的是正韵律沉积或反韵律沉积。但是在微观上，由于水动力的迁移，使正、反韵律不同位置上的岩性组成发生着变化，在正、反韵律的某些部位的相对粗岩性与相对细岩性组成达到一定比例时，会产生双组孔隙系统，具备形成低阻油气层的微观地质条件。

不同的沉积韵律中，低阻油气层的赋存位置各不相同。陆相地层中，砂体成因的多样性增加了低阻油气层的识别难度，使之与干层、水层相互混淆，难以辨认，反韵律沉积背景条件下形成的低阻油气层更是不易识别。图3-8为大港油田港西开发区某井沉积韵律对低阻油气层产生的影响，由自然伽马曲线可知，该井的沙一下段储层整体为一套反韵律沉积，43号层沉积水动力较强，测井曲线光滑又匀称，岩性较纯且组分较单一，电阻率测值达到12Ω·m，试油为纯油层，日产油8.48t；46号层沉积水动力则较弱，测井曲线齿化明显，表明岩石组分中，粗粒与细粒共存且按一定比例交互叠置，电阻率测值为4~5Ω·m，解释为水层，试油却为纯油层，日产油6.95t。可见，由46号层至43号层，水动力的迁移，造成了岩性组分发生质的变化，在弱水动力变化带上，形成岩性掩盖含油性的假象。

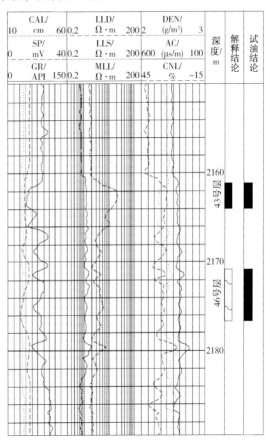

图3-8 沉积韵律对低阻油气层产生的影响

沉积韵律与低阻油气层的内在关系主要表现为：①沉积水动力迁移对储层岩性组分变化的深刻影响。其中，强水动力主要形成正韵律顶部或反韵律底部的纯岩性储层，孔隙结构简单、渗透率较高，测井信息表现出曲线较光滑、自然伽马较低的特点；当水动力迁移、沉积条件变弱时，储层岩性逐步由较单一变为复杂，测井信息表现出的曲线齿化程度高，说明沉积条件的动荡已使储层具备了砂泥薄互的岩性结构，而自然伽马测井数值的变高，则表明储层泥质含量在增高，储层孔隙结构已发生很大变化，束缚水迅速增加，渗透率相对变低，油气运移充分时，必然在此形成低阻油气层。②沉积韵律成因的低阻油气层，其实质是沉积背景控制低阻油气层形成的一种特殊表现形式。

陆相地层在接受了多重地质条件因素及生产上注采系统的多次改造后，低阻油气层已成为越来越复杂的研究对象，其研究方法已非单一数学模型所能描述。深入分析低阻油气层的宏观成因机理，才能有助于全面地了解它，才能做到真正意义上的研究低阻油气层在区域上的分布规律，预测它在油田中可能的储集位置。

## 第三节　低阻油层的尺度研究

低阻油层的研究多局限于微观机理，事实上，宏观背景条件才是微观机制的决定性因素。在拉张的地质背景条件下，沉积因素对中浅层油气层的微观组构影响最大。其中高含束缚水成因的低阻油层多形成于某些沉积相区特定的沉积水动力变化带上，由于沉积水动力的不稳定性，形成特殊的储层岩性叠置结构，即不同的岩性组分，按一定的比例关系互为薄互层。这一储层岩性结构决定了储层具备低电阻却产油气的地质基础，它使储层形成微孔隙与大孔隙分布不均的双组孔隙系统这一微观组构特征，其微孔隙储集束缚水的同时，较大孔隙储集可动油气。低阻油层表现出的这种宏观与微观的一致性，有助于理解它的深层次成因机理。事实证明，研究沉积相、储层岩性结构及储层微观组构这三个尺度之间的成因关系，对于预测低阻油层的分布与富集及油田剩余油挖潜有重要指导意义。

盆地成因机制不同，其内部的低阻油层在成因机理及类型方面差别很大。挤压的地质背景条件下，低阻油层研究所面临的问题，与构造应力的展布方式、沉积因素及成岩作用关系密切；在拉张的地质背景条件下，高含束缚水成因的低阻油层占有的比重很大，此类油层受沉积相展布规律控制明显。由于众多束缚水成因的低阻油层具备特殊的双组孔隙系统，而这种双组孔隙系统往往形成于某些沉积相区特定的沉积水动力变化带上，在此部位往往形成特殊的储层岩性叠置结构，这种特殊的储层岩性叠置结构使储层具备高含束缚水的同时，又储集可动油气的微观组构。因而，深入研究沉积相、储层岩性结构及储层微观组构这三个不同尺度的内在联系，不仅有助于加深对低阻油层成因的认识，而且有助于对低阻油层进行生产预测。

### 一、低阻油层的储层微观组构研究

利用岩心分析成果结合岩电实验的方法研究低阻油层的微观组构，对于认识已知油层在微观条件下的成因机理，建立相应的数学分析模型十分有效。20 世纪，以壳牌公司的 Waxman-Smits 模型和斯伦贝谢公司的双水模型建立的数学分析模型，大大地促进了人们对低阻油层的评价能力。岩心分析成果表明，众多高含束缚水成因的低阻油层具备双组孔隙系统。这些研究成果不仅为测井技术人员提供了最重要的理论基础，使根据已知油层识别未知油层成为可能，而且有助于对受沉积因素控制明显的低阻油层进行分类，例如高含束缚水成因及黏土附加导电成因的低阻油层，只有借助对其微尺度的深入研究，才能准确识别其成因类型。

对于陆相成因的油气田而言，低阻油层的微尺度研究也有明显的不足之处，如它对已知油层能够做到深入分析及解释，但是对于较大区域内低阻油层的分布规律却认识不足，缺乏手段。另外，陆相地层的非均质性和多成因砂体，也使数学模型难以准确描述，因而有必要从宏观地质背景的角度认识低阻油层，深入分析其微观组构与沉积背景之间的内在联系。

### 二、低阻油层的储层岩性结构研究

储集层的层位、类型、发育特征、内部结构、分布范围以及物性变化规律等，是控制地下油气分布状况、油气储量及产能的重要因素。分析储层内部岩性结构与双组孔隙系统之间成因关系的关键在于对于沉积条件的认识。形成双组孔隙系统的沉积条件常见有以下两个：一是不同粒度的物源矿物混杂堆积；二是在沉积水动力变化带上形成储层岩性或岩性组分按一定比例互为薄互层。这两个条件都可能最终形成低阻油层，后者更为常见，构成的储层岩性结构也更有规律性，其类型也较多，如砂岩与泥岩薄互层、粉砂岩与细砂岩按一定比例构成的薄互层、砂岩与泥岩及钙质互层构成的薄互层等。

图3-2为大港油田某低阻油层取心井的岩心参数图版，从该图上可以清楚地看出，储层的岩性结构是形成双组孔隙系统的地质基础。首先，该井东营组储层粒度中值普遍较小，是形成束缚水的主要原因。其次，从储层岩性结构上看，低阻油层段往往表现出细砂岩与粉砂岩按百分含量互为高低，呈明显薄互层特征。最后，从孔渗结构上看，储层岩性结构决定了储层孔渗结构的关系。粉砂岩薄层微小孔隙的增加，导致大量束缚水形成，引起渗透率降低，电阻率降低，而细砂岩占据的薄层孔隙结构相对简单，其大孔道、高渗透是引起储层油气高产的原因。

### 三、低阻油层与沉积相展布规律的关系研究

低阻油层的储层岩性结构只有在沉积相的某些特定部位才会形成。而在这些特定部位最关键的沉积因素是沉积水动力条件处于变迁或变化之中。

纵向上，沉积水动力条件的变迁表现为由单层或多个层组成的韵律层序，水动力的迁移可能伴随沉积微相发生根本变化，使韵律层序不同位置上的岩性组分的构成方式发生着变化，如在正、反韵律层序的某些部位中，相对粗岩性与相对细岩性组成达到一定比例时会产生双组孔隙系统，这就具备了形成低阻油层的微观地质条件。

横向上，沉积水动力条件的变化表现为各种组分的岩性（如细砂岩、粉砂岩、泥岩及钙质层等）在沉积相的不同位置上按组分构成的比例分带分布，其中，弱水动力变化带最

易形成束缚水成因的低阻油层。其原因可以综合为以下几个方面：首先，弱水动力变化带沉积的岩性以粉砂岩、细砂岩为主，不仅粒度中值小，而且水动力的微弱变化引起细砂岩与粉砂岩的百分含量互为高低，以薄互层形式沉积，产生低阻油层所特有的储层岩性结构和微观双组孔隙系统；其次，弱水动力变化带也有可能使大量呈悬浮搬运的黏土矿物沉积下来，使地层中沉积了大量的水云母，吸附了大量的束缚水，并使储层的黏土矿物具备了产生附加导电性的基本地质条件。

在油田生产中，纵向上在正韵律层序的上部或反韵律层序的下部常试出低阻油层，这一规律较易理解和掌握，但是，在沉积相的平面分布中，识别和预测低阻油层却不容易，只有将测井信息与地质规律紧密结合，才有助于研究者做出正确判断。图 3-9 为大港油田港东开发区某断块的两口生产井，这两口井的生产层位均为东营组一段地层，属于三角洲平原河流相沉积环境，图中右方试出的高阻油层为分支河道微相沉积背景，图中左方试出的低阻油层为河间沼泽微相沉积背景，笔者利用这种沉积关系的差异性，曾于 1995 年在该断块找到多个低阻油层，经大港油田第一采油作业区补孔生产后均获得证实。

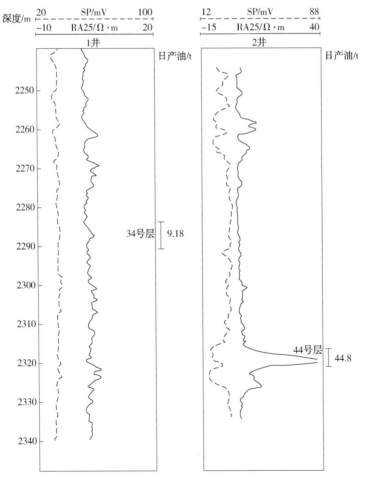

图 3-9　沉积微相影响油层评价示意图

低阻油层已成为精细勘探和老井复查的重要目标之一，是增加经济储量的重要对象。其三个尺度的研究，对于受沉积因素支配、以束缚水成因为主的低阻油层类型有实际的应用价值，其中，储层岩性结构尺度是连接沉积相尺度与储层微观组构尺度的纽带，大尺度的背景决定了小尺度的内容。从理论探索的意义上它有可能做到，根据宏观与微观统一性的角度论证低阻油层，如果论证可靠，可进一步对低阻油层的分布规律作出初步预测，指导生产。

## 第四节　层序与低阻油层研究的关系

对于渤海湾盆地越来越多的研究使人们认识到，在拉张的地质背景条件下，沉积因素对中浅层油气层的微观组构影响最大，其中高含束缚水成因的低阻油层多形成于某些沉积相区特定的沉积水动力变化带上，近年一些油田开始尝试，用沉积相原理分析低阻油层在平面上的分布规律，并取得可喜进展。但是，纵向地质剖面上，沉积界面变化对低阻油层分布的影响则讨论不多，本书试图以大港油田的两个沉积界面变化与低阻油层分布关系为例，加以论证，以求抛砖引玉。

### 一、上第三系不同河流相界面变化对低阻油层分布的影响

大港油田下第三系至上第三系历经断陷向坳陷的构造演化，在坳陷期内油层主要分布于河流相地层中，其河流相又经历了辫状河向曲流河的演化，馆陶组为辫状河沉积，在地质剖面上以"砂包泥"为特征，明化镇组为曲流河沉积，在地质剖面上以"泥包砂"为特征，因而两种河流相的转换是沉积水动力由强向弱的转换。

这种沉积界面的转换对油气分布及其在测井信息的响应特征上产生了三个方面的影响。其一，是在宏观测井地质剖面上形成了高阻油层与低阻油层交互出现的现象，辫状河沉积以高阻油层居多，曲流河沉积则形成了电阻率高低不一的油层。其二，是明化镇组在明三、明四油组中发育大量的低阻油层，其低阻油层的复查历经30余年而不衰，至今仍可预测，在这一沉积段有一定数量的低阻油层散布于各油区中而未被揭示。其三，在沉积界面之上形成以弱水动力沉积为主要地质成因的低阻油层。其机理如下：①"泥包砂"沉积背景形成的岩性以粉砂岩、细砂岩为主，在一些次要的沉积相区形成的岩性，不仅粒度中值很小，而且水动力的微弱变化引起细砂岩与粉砂岩的百分含量互为高低，以薄互层形式沉积，决定了其岩性结构与孔渗结构非常复杂，微细孔隙储集了不可流动的束缚水，大孔道储集了可动油气。②弱水动力条件使大量呈悬浮搬运的黏土矿物沉积下来，使地层中沉积了大量的水云母，吸附了大量的束缚水。并使储层的黏土矿物具备了产生附加导电性的

基本地质条件。

图 3-10 为大港羊二庄油田某井的测井曲线，从测井曲线上可看出，1670m 附近为沉积转换界面，界面之下是以"砂包泥"为特征的馆陶组地层，砂层沉积厚，油层电阻高，电阻率超过 20Ω·m；界面之上为"泥包砂"为特征的明化镇组，砂层处测井曲线齿化明显，油层好孔隙处对应的电阻率为 8Ω·m，测井初期解释为水层，后经试油证实为低组油层。

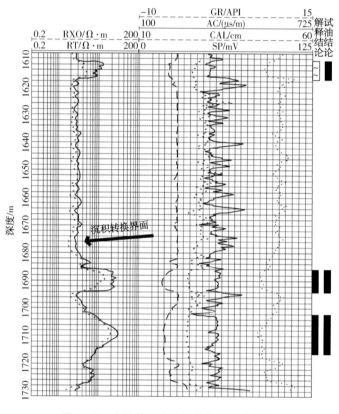

图 3-10　大港羊二庄油田某井测井曲线图

## 二、大陆冲积相与湖相界面变化对低阻油层分布的影响

这一界面的变化多为大港南部一些油田下第三系孔店组与沙河街组三段的沉积相转换，其沉积演化经历了孔店组的大陆冲击相、孔店组顶部的膏盐湖和沙河街组三段的浅湖沉积。这种沉积界面的转换对油气分布及其在测井信息的响应特征上，产生了两个方面的影响。一方面是两个沉积界面的转换不仅表现为沉积水动力由强向弱的转换，而且两者之间的沉积水动力差异很大，使沙河街组三段低阻油层的电阻率与孔店组油层的电阻率差别较大，厚层膏盐沉积将二者分开，增加了沙河街组三段低阻油层的隐蔽性，致使该区在勘探开发二十余年之后，沙河街组三段的低阻油层才逐渐被人们发现。另一方面是孔店组顶部的膏盐湖沉积使该地区下第三系具有较高的地层水矿化度，由于较高的地层水矿化度的

作用对测井信息的响应关系产生了明显的影响，泥质附加导电因素基本不起作用，使该区沙河街组三段的低阻油层主要为束缚水导电成因，与上第三系的低阻油层的成因明显不同。

20 世纪 90 年代，大港油田南部于 1997 年和 1998 年，先后发现了官 1 断块和小集油田沙河街组三段的低阻油层。图 3-1 为官 1 断块某井复查的低阻油层，从图中可以看出，该井孔店组油层厚度一般大于 3m，电阻率一般大于 8Ω·m；而沙河街组三段由于沉积水动力较弱，油层厚度薄，仅为 1m 左右，电阻率不足 5Ω·m，加之缺少明显的水层作为比较分析的依据，极易漏解释，该井 7 号、8 号、9 号层原解释为水层和干层，1997 年复查为油层后与补 1 号层合试，日产油 31.02t，可见其低阻油层的潜力。

### 三、沉积界面转换与低阻油层分布之间的内在关系分析

大港油田近 20 年来先后发现和研究了一些重要的低阻油层分布与富集区，其中有 20 世纪 80 年代的港东开发区明三、明四油组低阻油层、20 世纪 90 年代初期的港东开发区东营组低阻油层、20 世纪 90 年代中后期的大港油田南部沙河街组三段的低阻油层，等等。这些低阻油层的发育与富集均与沉积界面的转换有关，其中两个已介绍的界面为强水动力向弱水动力的转换关系，低阻油层发育于转换界面之上的弱水动力区；而港东开发区东营组低阻油层则为弱水动力向强水动力的转换关系，低阻油层发育于转换界面之下的弱水动力区。

对大港油田的这些低阻油层富集区进行重新认识，可以发现，沉积水动力的强弱变化、油气运移的充分性以及构造的继承性是预测低阻油层分布与富集的三个不可或缺的因素，深入研究三者的空间配置关系，对于预测低阻油层的分布具有重要的意义。

提高低阻油层的预测能力是油气层评价的重要内容，陆相地层沉积与地质条件的多变性，使低阻油层的赋存形式具有多样性。多年来，以测井技术为主的低阻油层研究，多具被动性，即试油意外发现低阻油层后，再组织力量集中攻关，这一模式已延续多年。事实上，低阻油层与复杂地质背景之间有着必然的内在联系。随着我国油气勘探开发面临越来越复杂的形势，深入研究油气层地球物理响应与地质背景之间的成因关系是很有意义的。

## 第五节　雁木西油田低阻油层评价

低阻油层是油气勘探开发重要的研究内容之一，它与地质背景因素关系密切。以宏观地质背景为依据，研究低阻油层的成因机理已成为一个重要的研究方向。本书从形成低阻油层的沉积条件、气候条件以及成岩入手，探索了雁木西油田低阻油层的成因机制，详细

论证了低阻油层与地质背景的内在关系，并最终确定了该油田低阻油层的类型，为下一步的研究工作奠定了基础。

雁木西油田位于吐鲁番坳陷台北凹陷胜南-雁木西构造带西端，其油层主要分布于第三系的鄯善群和白垩系的三十里大墩组，是在被破坏的古油藏之上形成的低幅度次生油藏。

第三系鄯善群中上部为一套冲积平原沉积的紫红色泥岩，厚度为300~350m，下部为一套干盐湖滩砂沉积的粉砂岩、细砂岩、砂砾岩，砂层厚度为40~60m；白垩系三十里大墩组中上部为一套冲积平原沉积的厚约100m左右的黄色或紫红色泥岩，下部为一套河流相沉积的厚约30m左右的厚层砂砾岩，这两套含油层段均以上部冲积平原沉积的泥岩为盖层，以下部的砂岩为储集层，各自独立构成第三系储盖组合和白垩系储盖组合。其中，油层主要分布于砂体上部的粉细砂岩中(图3-11)。

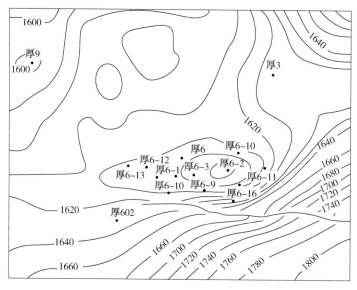

图3-11　雁木西油田构造平面图

油田纵向上共发育五个油藏，分别为第三系Ⅰ油藏、第三系Ⅱ油藏、第三系Ⅲ油藏、白垩系Ⅰ油藏、白垩系Ⅱ油藏，低阻油层广泛分布其中。

### 一、干扰测井解释的两大因素

试油资料表明，该油田油水层评价难，主要在于储层与非储层不易识别(图3-12)，以及油水过渡带多数与复杂岩性带重叠，干扰了测井解释评价。

储层与非储层不易识别主要表现在三方面：一是自然伽马曲线受钾长石及铀矿的影响，难以准确反映岩性和粒度特征；二是高矿化度地层水导致自然电位曲线在砂层段几乎无偏转，无法区分储层与非储层；三是油层、水层和围岩的电阻率差值不大，不易区分。

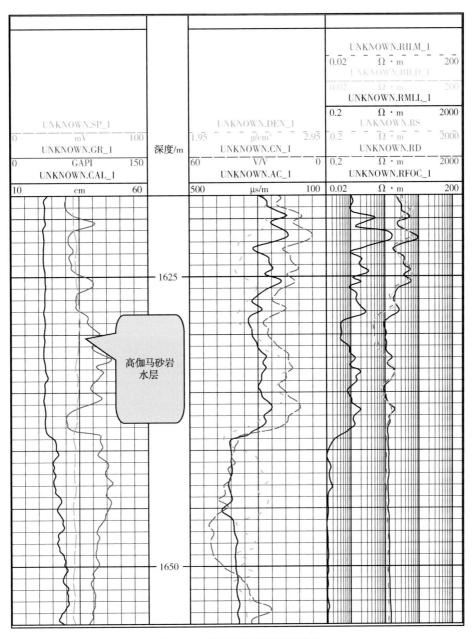

图 3-12　储层与非储层不易识别

油水过渡带多数与复杂岩性带重叠，与沉积因素及油水分布规律有关。推断认为，第三系下部干盐湖的萎缩是其岩性上细下粗分布的原因。而白垩系下部河流相，往往形成正旋回沉积，本区油层主要分布于粉细砂岩中与此有关。复杂岩性带的形成是沉积与胶结作用的结果(图 3-13)，它主要有砂砾岩层、粉细砂岩层和局部胶结作用形成的致密岩层互层构成。由于含油高度控制含油饱和度的分布，油水过渡带正好与砂体下部的复杂岩性带重叠，影响油水层评价。

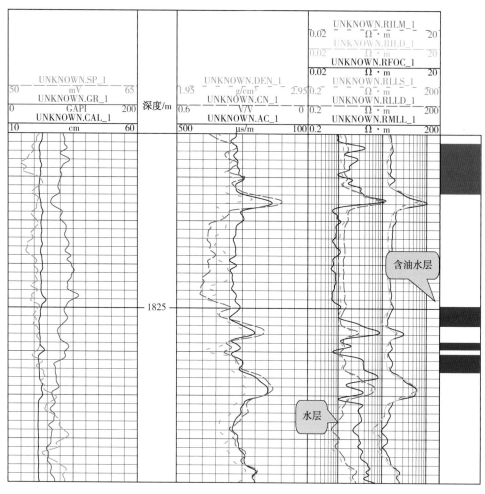

图 3-13 油水过渡带多数与复杂岩性带重叠

## 二、地质背景与测井评价的关系分析

雁木西油田地质背景条件对油水层评价影响很大，尤其对低阻油层的解释与识别，它促成了一些干扰因素，增加了评价难度。第一，雁木西油田是次生的低幅度油藏，很多低阻油层都是低饱和度成因。第二，吐哈盆地在晚白垩系为半干旱、干旱的亚热带气候环境，发育大量的红色沉积和盐类沉积，为高矿化度地层水的形成提供了必要的物质基础。对储层识别和油层评价带来了很多不便因素。第三，沉积作用的结果，使油层大部分存在于粉细砂岩中，不仅储层的孔隙结构较复杂，低阻油层普遍发育，而且由于含油高度控制含油饱和度的分布，以及胶结作用的加入，使油水过渡带与砂体下部的复杂岩性带重叠，影响油水层评价。第四，雁木西地区圈闭具有层位越浅圈闭类型越简单的特点，断层具有深层断距大、浅层断距小的特征，因而造成白垩系的油层受断层控制，而第三系的油层受背斜控制的现象。这说明白垩系与第三系在油、水层的解释研究上应有所区别。

### 三、低阻油层的成因机理分析

**（一）地层水因素是形成低阻油层的根本原因**

首先，该油田的地质背景条件促成其储层具有极高的地层水矿化度，它是储层电阻率绝对值低的原因。其次，高矿化度的地层水为成岩后生作用中形成自生矿物提供了物质基础，是产生中孔、低渗储层以及低含油饱和度低阻油层的主要因素。

**（二）成岩后生作用是干扰低阻油层评价的重要原因**

成岩后生作用对低阻油层及油水层评价的影响主要表现在两方面：一是钙质胶结作用。这种现象在各种类型的储层中均有发生，主要产生以下几种结果：①造成纵横向上孔隙度、渗透率分布不均匀。②形成低渗带，分隔储层。③与沉积作用相交互，形成砂砾岩层、粉细砂岩层和局部胶结作用成因的致密岩层互层的复杂岩性带，该带与油水过渡带重叠时，严重干扰测井解释评价。④当钙质胶结含量大于25%时（图3-14），形成无效储层；当钙质胶结含量在10~25时，形成中孔、低渗储层。

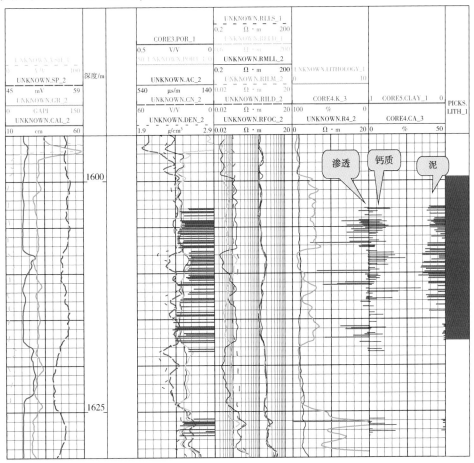

图 3-14 成岩后生作用是干扰低阻油层评价的重要原因

二是成岩后生作用形成自生黏土矿物。这些自生黏土矿物虽然含量不高，却以搭桥式分散状黏土的方式对砂岩孔隙结构加以改造，导致孔隙空间的几何形态更加复杂，使一个完整的孔隙被间隔成众多更小的孔隙。除此之外，由于以伊蒙混层为主的黏土矿物晶格间距较大，分子间引力较小，具有较强的吸水性。

### （三）导致低阻油层的辅助性因素

低阻油层的辅助性因素主要有两个。一是雁木西油田储层具有中-弱的亲水性，砂岩储层岩石颗粒表面被束缚的薄膜水所覆盖，增加了油层的导电性，使得油层电阻率进一步降低；二是雁木西油田的油层主要分布于粉细砂岩中，岩性细、孔隙结构复杂导致低阻油层的形成。

根据以上这些分析认为，该油田低阻油层的形成是沉积-成岩复合作用的结果。沉积背景造成了高矿化度的地层水环境和细岩性的储层条件，沉积水与成岩后生作用的结果，产生的钙质胶结与自生黏土矿物是形成中孔、低渗储层以及低含油饱和度低阻油层的主要原因。

## 第六节　印尼 G 区块低电阻率油气层评价

在构造地质背景研究基础上，运用测井地质研究手段发现印尼 G 区块发育三类低电阻率油气层：构造成因的低电阻率油气层、沉积成因的低电阻率油气层及复合成因的低电阻率油气层。根据测井地质认识，从构造、沉积等角度对低阻油气层的成因机理进行了分析与阐述，并进一步针对各类低电阻率油气层的特点预测了低电阻率油气层在研究区可能的分布规律。试油与生产等实践表明，该预测成果真实可靠。统计表明，低电阻率油气层占整个研究区油气层的23.1%，数量丰富，具有较大的挖潜空间，为研究区下步的产能接替提供了依据，本研究成果扩大了研究区的储量规模。

印尼 G 区块是位于印度尼西亚南苏门答腊盆地的一个开发区，地处太平洋板块、欧亚板块与印度-澳大利亚板块三个巨型岩石圈板块结合处。研究区的构造演化经历了 4 个阶段：始新世中期到渐新世早期为裂谷发育期；渐新世晚期到中新世初期为裂谷-坳陷过渡期；中新世早期到末期为坳陷期；上新世早期至今为盆地反转期。多期的构造演化，形成了研究区由陆相-海陆交互相-海相沉积环境，局部发育湖相和边缘海相沉积，且导致其油水关系复杂，存在油气水倒置现象。该区油气资源丰富，但由于该区已进入开发中期，且为海外的研究资源，对于如何快速地开发利用现有资源并及时找到新的接替产能是该区研究的重点所在。

### 一、研究区地质背景与低电阻率油气层关系分析

研究区目的层段沉积了三角洲相粗砂岩和浅海相页岩，其下段为冲积-河流-三角洲沉积环境，主要为粗砂岩、中-粗粒砂岩组成，夹页岩和褐煤；上段为河流-三角洲过渡的边

缘海沉积环境，由页岩、泥岩、砂岩及薄煤层组成。沉积环境研究表明，研究区沉积相变化快，沉积水动力条件频繁变化，易形成复杂的岩性组合关系，粗砂岩、细砂岩与粉砂岩常呈互层状沉积。

研究中运用测井地质学方法，将测井分析融入研究区构造演化及沉积特征，可以发现地质背景因素是低电阻率油气层成因的主要控制因素。构造背景与沉积相带在宏观上控制了油气的分布形势，而沉积微相与岩性分布在微观上控制了油气层的微观表现形式。针对复杂的构造与沉积背景，预测本研究区发育大量的、成因多样的低电阻率油气层。经分析研究区低电阻率油气层的类型主要有三种，即构造成因、沉积成因和复合成因的低电阻率油气层。

## 二、低电阻率油气层的成因机理研究

### （一）构造成因低电阻率油气层成因机理分析

构造运动不仅控制了地层的展布形式，而且对油气资源的分布影响也较大。在一个含油气盆地中，油气的运移及聚集通常与构造运动息息相关。构造成因的低电阻率油气层，由于构造幅度相对较低，储层在油气充注过程中，大量的束缚水占据了储层空间，使得这类储层的油气饱和度低于正常储层的饱和度，在测井曲线上显示为低电阻。

在静水环境中，若忽略毛细管作用力，对水而言，其重力和负水压力梯度（即铅直向上的阿基米德浮力）均为常数，两个力刚好平衡。关于其理论推断，在低饱和度油层的测井解释分析中有详细的论述。因此，作用于单位质量油、气上的合力并不为零，而是密度的函数（重力和负水压梯度仍为常数），因为油、气的密度小于水的密度，因而在地下力场的作用下，油气排驱水的动力形成一定的差异，在纵向上含油、气饱和度发生规律性变化，一些构造低部位，油气对孔隙中束缚水驱替不充分，常形成低饱和度油层，容易被误判为水层或油水同层。

若考虑毛细管作用力，在油水界面或油气界面之间必产生附加的压力差 $P_c$，即毛细管压力。毛细管压力的大小与岩石的润湿性有关。当岩石为水润湿相时，毛细管中油的压力比水的压力高，$P_c$ 为正值；当岩石为油润湿相时，$P_c$ 为负值。由于本研究区为水润湿相岩石，故毛细管压力可用式（3-1）计算：

$$P_c = \sigma \left( \frac{1}{r_1} + \frac{1}{r_2} \right) \tag{3-1}$$

如果油占据孔隙结构中可进入的最大孔隙，则：

$$P_c = \frac{C\sigma\cos\theta}{d} \tag{3-2}$$

式中 $r_1$、$r_2$——油水界面或气水界面的两个曲率半径；

$\sigma$——界面张力；

$C$——无量纲的比例因子；

$\theta$——接触角(油水边界或气水边界与固体边界所构成的在水中的角度);

$d$——粒径,作为数量级估计。

从式(3-2)中可以看出,$P_c$值的大小与$\sigma$、$\theta$和$d$关系密切,当$\sigma$、$\theta$相同时,$d$越大则$P_c$值越小,因而根据油气在多孔介质中运移的特点,油气总是先向大孔道粗粒径储层运移,而油气进入较小孔隙,所受到的毛细管压力作用大,需要更大的驱动力。

因此,在低幅度构造、油水界面或油气界面附近条件下,油或气受到油气水密度差或毛细管压力作用,油气排驱地层水的驱动力小,常形成低饱和度油藏,储层中的束缚水降低了储层电阻率,形成低电阻率油气层。

**(二)沉积成因的低电阻率油气层形成机理**

沉积条件对低电阻率油气层的控制作用主要体现在:处在强水动力沉积条件下的储层,其岩性以粗-中粒砂岩为主,岩性较均匀,泥岩、粉砂质泥岩及粉砂岩相对含量低,束缚水含量低,油气饱和程度高,因而电阻率较高;而处在弱水动力沉积条件下,由于弱水动力变化带沉积的岩性以粉砂岩、细砂岩为主,不仅粒度中值很小,而且水动力的微弱变化,引起细砂岩与粉砂岩的百分含量互为高低,以薄互层形式沉积,决定了其岩性结构与孔渗结构非常复杂。

在相同的物源条件下,沉积水动力的强弱影响低电阻率油气层的响应关系。储层电阻率是骨架电阻率和流体电阻率的总和。在相同物源条件下,强水动力的储层骨架电阻率高;当孔渗结构简单时,则流体电阻率基本为单一流体的电阻率;当孔渗结构复杂时,则流体电阻率为复合流体电阻率,束缚水大量存在,造成储层电阻率测值较低。

**(三)复合成因的低电阻率油气层形成机理**

分析发现,研究区主要存在构造-沉积和构造-成岩等两种复合成因的低电阻率油气层。

其中,构造-沉积复合成因的低电阻率油气层受到构造与沉积作用的共同控制。有些弱水动力条件下的沉积微相分布于低幅度构造,二者共存构成低阻,加大了油气层识别的难度。

该区晚期受到强烈的挤压作用,表明本地区成岩压实作用比较强。构造与成岩共同作用下所产生的低电阻率油气层现象体现在两方面。一是应力与成岩作用造成储层中孔隙度的减小。使电测井中岩石骨架信息占有的比重增大,油气信息占有的比重降低,在一定程度上,增强了岩性掩盖含油性的概率,缩小了油、水层电阻率测值的差异。二是储层孔隙结构的复杂化。微孔隙增加,孔道弯曲程度加大,相对而言,水层电阻率测值升高幅度大于油层电阻率测值升高幅度,使油、水层差别不明显。

## 三、低电阻率油气层分布的预测研究

**(一)构造成因的低电阻率油气层分布预测**

研究区的油气藏类型主要是构造-岩性圈闭油藏,在纵向上具有复杂的多套油气水系统，油层与气层距离油水界面或气水界面近，且该区构造幅度低，因此易形成低幅度构造下的低饱和度油气层。

低饱和度成因的低电阻率油气层通常存在于油水界面或气水界面的附近。图 3-15 中的 2 号层处在油水界面之上，其电阻率与 3 号水层相差不大，电阻增大率 $I<2$，为一低阻油层。在后来的增储上产中，打开该层，为纯油层，不含水。

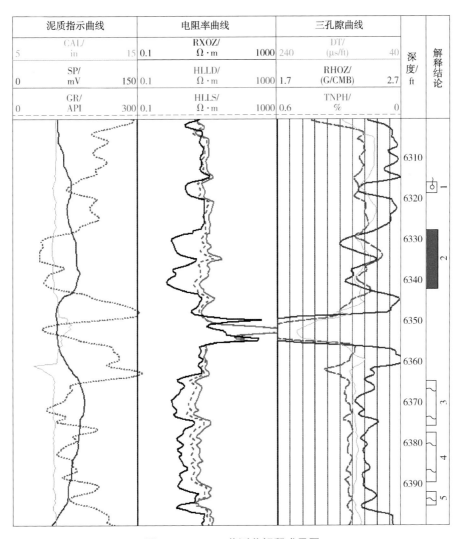

图 3-15　G-21 井测井解释成果图

**（二）沉积成因的低电阻率油气层分布预测**

研究发现，在主沉积相带强水动力条件下，含油饱和度（电阻率）在油水界面附近下降有限。A 井在沉积微相展布图（图 3-16）上可看出，它一直处在辫状河沉积微相区，在测井图（图 3-17）上，处在气水界面附近的 19 号气层与远离气水界面的 18 号气层相比，两层的电阻率相差不大。

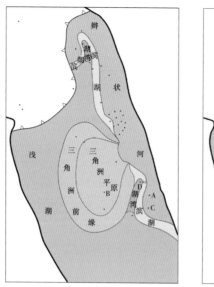
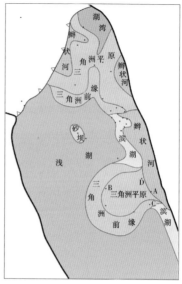

图 3-16　Gemah 沉积微相展布图（A 井一直处在主沉积相带）

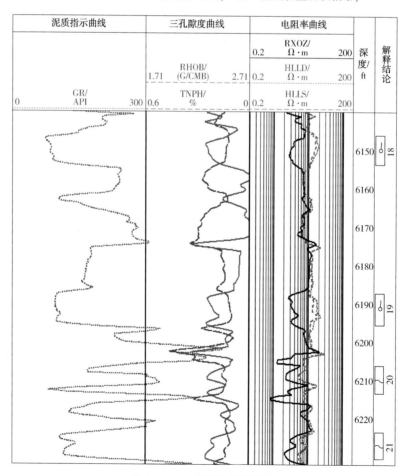

图 3-17　A 井测井解释成果

　　而 B 井 ( 图 3-18 ) 处在三角洲平原相，测井图的 GR 曲线显示其沉积水动力条件频繁变化，伽马曲线齿化明显，处在油水界面附近的 18 号、19 号气层，电阻率与 20 号水层基本相等，试油表明，18 号、19 号气层为纯气层，为典型的沉积成因的低电阻率气层。纵观本研究区，此种类型的低电阻率油气层广泛存在。

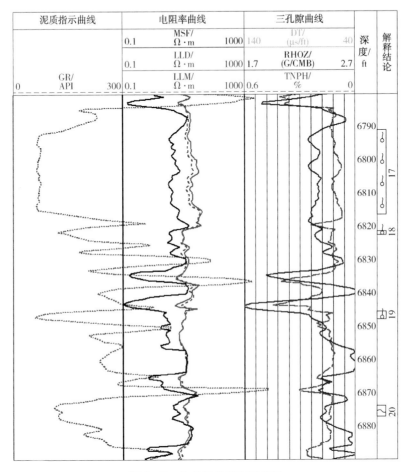

图 3-18　B 井测井解释成果图

### （三）复合成因的低电阻率油气层

　　构造-成岩压实作用的低电阻率油气层主要分布于较强的地应力作用区。图 3-19 为一典型的构造-成岩压实作用成因的低电阻率油气层。构造形成的强烈成岩压实作用表现在测井曲线上的特征为水层、气层与围岩的电阻率基本趋于一致，都在 $10\Omega \cdot m$ 左右。通过测井地质分析预测该井 15 号、16 号层为气层，后经过试油验证，产气量 7.8MMscfd❶，无水。

　　在深入研究构造与地质背景特征的基础上，论述了研究区低电阻率油气层的成因及分类。研究区低电阻率油气层可分为三类：构造成因的低电阻率油气层、沉积成因的低电阻

---

　　❶　MMscfd 为百万标准立方英尺/日。

率油气层及复合成因的低电阻率油气层。研究结果在现场应用中得到证实,研究区发育的各种类型低电阻率油气层占总油气层的 23.1%,研究成果不仅扩大了储层的认识范围,而且扩大了研究区的储量规模,为下一步的增储上产提供了有力的技术支撑。

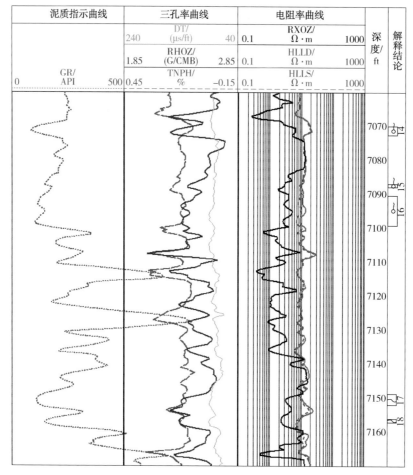

图 3-19　C 井测井解释成果图

# 第七节　低阻油气层的测井系列研究

根据低阻油气层的成因,将低阻油气层分为四种主要不同的类型,这四种类型的低阻油气层除了需要进行常规测井系列外,不同成因的低阻油气层还应采用不同的新技术测井项目。①对于高不动水含量型低阻油气层,将核磁共振测井作为解决这种类型油气层的针对性测井项目,而 MDT 测井作为选择性项目;②对于黏土附加导电型低阻油气层,将极化率测井作为解决该类低阻问题的针对性测井项目,核磁共振、双频介电、MDT 测井作为选择性测井项目;③对于砂泥岩间互型低阻油气层,高分辨率感应测井或者阵列侧向测井是解决此类低阻油气层的关键技术；④对于盐水泥浆侵入型低阻油气层，可以有针对性地进行过套管电阻率测井，同时在储层物性条件较好时还可以选测 C/O 或 PND 测井替代过套管电阻率测井项目，或者根据地面及地下地质情况，选取随钻测井系列。

低电阻率油气层的形成受到多种因素影响，给油气层测井识别和评价带来很多困难，常常造成油气层误解释或漏解释。测井技术是油气勘探开发中发现、识别、评价油气层的重要技术，测井资料的应用贯穿于油气田勘探开发的全过程，随着科学技术的进步，测井新技术的方法越来越多，解决地质、工程问题的能力越来越强。研究表明，合理的选择测井系列，能够有效改善测井效果，提高测井解释精度。

## 一、低电阻率油气层的成因

低电阻率油层一般分为绝对低阻和相对低阻两种。绝对低阻油层，并没有一个统一的电阻率下限标准，对不同地区更多的是赋予了一个经验概念。目前，相对低阻，即油气层和水层电阻率比值小于 2 倍的低电阻率标准在国内外已经基本取得共识。通过国内外研究把低阻油气层成因划分为内因与外因两大类。内因是指油气层本身岩性、物性变化，如岩性细、泥质含量高、骨架导电、岩石强亲水等因素。外因是指作用在油气层的外在因素变化，如油气层和水层地层水矿化度不一样，而且差异很大；又如泥浆侵入与测井探测范围有限这一矛盾引起低阻情况等。

### （一）油气层本身岩性、物性变化引起的低阻油气层（内因）

#### 1. 高不动水含量引起的低阻油气层

这类低阻油气层由于受到沉积作用的控制，一般岩性较细，粉砂和黏土矿物富集，造成地层中微孔隙发育，并且大量微孔隙与渗流孔隙并存。显然，在这类微孔隙十分发育的地层中，储层内不动水饱和度将明显增加。由于储层电阻率是其总含水体积的响应，在高不动水饱和度情况下，"四通八达"的导电网络便导致油气层电阻率大幅度降低。一般情况下，储层不动水含量受到岩石颗粒粒度、孔隙结构特征及黏土分布状况等多因素控制，其数值的增高往往是几种影响因子的组合起主导作用。

#### 2. 黏土附加导电引起的低阻油气层

这类地层的地层水较淡，泥质附加导电性上升为造成低阻的主要因素，其电阻率降低的幅度随着地层水矿化度的减小而增加。当泥质含量足够多且构成产状连续分布时，它会向第一类低电阻率油气层转化，形成复合成因的低阻油气层。其电阻率下降的数值取决于黏土含量、分布和阳离子交换能力。

#### 3. 骨架导电引起的低阻油气层

经重矿物分析证实，部分井黄铁矿含量可占重矿物含量的 95%，有的井黄铁矿局部富集，呈浸染状、层状乃至团块状分布。在感应测井时它产生涡流圈，因而大幅度降低了地层的电阻率。

### 4. 岩石强亲水引起的低阻油气层

一般在油水共存条件下，岩石表现为混合润湿，但部分岩石由于其表面的强吸水性（如蒙脱石附着颗粒表面），而始终表现为强亲水的特点，它为形成发达的导电网络提供了保障，从而造成低阻。这类低阻油气层迫使油气主要居于渗流孔隙空间，因此其产能不亚于常规油气层。

### （二）由于外在因素变化引起的低阻油气层（外因）

#### 1. 泥浆滤液深侵入与测井探测范围有限这一矛盾引起低阻油气层

这类油气层本身不是低阻的，而是由于地层中存在裂缝和（或）低孔渗造成泥浆滤液侵入地层较深，把井眼周围的油气驱赶掉引起的，从测井结果上看是低阻油气层。通常，钻井过程中钻井滤液侵入地层是不可避免的，有时即使是平衡钻进也存在离子迁移造成滤液侵入。在淡地层水环境下，无论是淡水泥浆还是盐水泥浆侵入油气层会使油气层电阻率大幅度降低。一般来讲，钻井液侵入地层对电阻率的影响主要表现在以下两个方面：一是测井过程中电流径向流入地层，而井筒内的高电导率泥浆引起电流在井轴方向上的分流；二是高相对密度盐水泥浆低阻深侵形成了低阻侵入环带，导致测井仪器探测失真，其结果导致电阻率测量值低于地层真实电阻率，在极端情况下有时还有可能造成油气层呈现水层特征，这种情况在低矿化度地层水背景下更加严重。

#### 2. 砂泥岩间互导致的低阻油气层

泥质在储层中通常以分散泥质、结构泥质和层状泥质三种形式存在，三者对储层电阻率的影响机理有所不同。分散泥质、结构泥质的存在不仅影响储层电阻率，还使储层的孔隙结构变得更加复杂，从而降低有效孔隙度。层状泥质由于其以层状形式分布在砂层中，随其厚度增加，可以由层状泥质逐渐演变为泥质夹层，乃至形成砂泥间互型储层。对于这类储层，单砂层电阻率实际上较高，但电阻率实际测量结果由于受测井仪器纵向分辨率的限制而大幅度降低。

#### 3. 油、水层矿化度不同产生的低阻油气层

地层孔隙中的地层水矿化度和地层水含量以及可以与地层水发生作用的岩石性质决定了储层电阻率的高低。①当油气层与水层中地层水矿化度基本一致时，在储层岩性相似的情况下，必然是油气层电阻率高而水层电阻率低，这是常规测井解释最重要的基本概念。但当油气层地层水矿化度小于水层的，这时油气层和水层的电阻率差异会加大，而且矿化度差异越大，电阻率的差异也越大。②油气层地层水矿化度大于水层矿化度时，油气层与水层的电阻率差异就会减小，并且随着矿化度差异的扩大，电阻率差异就会越来越小，甚至会出现水层电阻率大于油层电阻率的情况。就油水层定性解释而言，第一种情况是有利的，但定量计算时若以水层为标准，则会夸大储层含油饱和度，影响其准确性。第二种情况对于测井解释有百害而无一利，因此必须认真加以对待。

### （三）复合成因的低阻油气层

以上几种典型的情况可能会在某一具体油藏中同时遇到数种因素交织在一起，其中既有油气层内因的作用，又有外引的作用，这样形成的低阻油气层被认为是复合成因的低阻油气层。

## 二、低阻油气层的测井系列

### （一）测井系列的定义

测井系列是指在给定的地区地质条件下，为完成预定的地质开发或工程任务而选用的一套经济实用的综合测井方法。合理有效而完善的测井系列是保证应用测井资料解决地质问题、工程问题的前提。正确选择测井系列是一项重要的基础工作，一个地区的最佳测井系列应该能比较深刻地揭示地层特性、准确求解地质参数和划分油气水层以及有效地解决地质和工程问题。

### （二）低阻油气层的测井系列

由于低阻油气储层的电性较为特殊，因此不便用通常的电性标准判断油气层。通过常规测井的岩性、物性资料更是较难判断有效的含油气层，而借助于测井新技术，判断有效的含油气层的精度大大提高。通过合理选择测井系列，更好地完成储层的测井评价任务，使测井技术在勘探开发中发挥积极的作用，一般将低阻油气层测井项目设置为基本测井项目和特殊测项目。

1. 基本测井项目

低阻油气藏地质状况比较复杂，不论在油田的勘探阶段，还是区块的评价开发阶段，测井油水层识别的难度都很大。因此，根据一般测井解释与评价的需要，必须取全基本的8条测井曲线，即双侧向电阻率、微球形聚焦电阻率、补偿密度、补偿声波、补偿中子、井径、自然伽马、自然电位。

2. 特殊测井项目

随着科技时代的日新月异，旨在解决特殊地质问题的测井新技术相继问世，并逐步趋于成熟与完善，如核磁共振、MDT、CHFR、阵列感应、C/O、PND 等先进、有效的测井技术为低阻油气层难题的解决提供了丰富的技术手段，可以根据不同成因低阻油气层识别与评价的需要进行合理的选择和设计。在开发阶段，测井施工作业较为困难，条件成熟也可优先考虑随钻测井。

测井新技术的发展与完善往往以解决各种各样的特殊地质问题为目的，一般具有很强的适用性，了解和研究这些新技术的适用条件以及所能解决的地质问题是保障低阻油气层测井项目设计的重要前提。

1）核磁共振测井

核磁共振测井利用原子核自身磁性及其在外加磁场作用下产生的弛豫现象描述储层岩

石物理特性和孔隙流体特性，具有测量精度高、信息量丰富、资料解释直观等特点。核磁共振测井通过对反映岩石物理性质和孔隙流体流动特性 T2 谱的测量，获取与岩性基本无关的地层有效孔隙度、可动和不可动流体体积，并估算渗透率；同时可通过特殊测量方式，如差谱、移谱的测量进行储层烃检测。和常规测井技术相比，核磁共振是目前最能够客观反映储层不动水体积的测井项目。

核磁共振测井能消除岩石骨架的影响，观测信号只来自孔隙中的流体，可以区分孔隙中各种水的状态，以及赋存水的孔隙空间的孔径尺寸，并且孔隙中不同流体具有不同的核磁性质，因此通过差谱法和移谱法可以有效地识别油、气、水三相流体，并对地层的孔隙度、渗透率进行定量解释。

图 3-20 是中国东部某油田 DZH-5 井核磁测井谱处理成果图，第 27 号、28 号、30 号层底 1.5m、32 号层，电阻率分别为 15.0Ω·m、7.0Ω·m、6.0Ω·m、16.0Ω·m，核磁测井长 T2 谱峰分布集中在 100~200ms，且长 T2 谱峰向右拖得较长，核磁测井计算有效孔隙度分别为 13.81%、14.79%、18.04%、16.34%，反映上述层物性偏好；标准 T2 谱呈单峰分布且拖曳很长，可达到 2000ms 以上，在差谱测井上，有明显的差谱信号；长、短回波间隔 T2 谱移谱处理成果图中，长回波间隔 T2 谱前移明显；核磁的 TDA 分析和 MRAX 分析有烃存在，核磁测井计算的含油饱和度分别为 25.71%、20.66%、30.11%、36.62%，经综合分析，将上述四层解释为油层。地层测试 30 号、32 号层，日产油 65.57t，日产气 29591m³。

2）高分辨率阵列感应测井

高分辨率阵列感应测井技术能够提供 1ft、2ft、4ft 三种纵向分辨率以及 10in、20in、30in、60in、90in、120in 六种探测深度的电导率曲线，其纵横向分辨率远高于一般侧向测井，适合于砂泥岩薄互层测井评价。

高分辨率阵列感应(HDIL)测井与常规感应测井相比，不仅克服了常规电阻率测井纵向分辨率低、探测深度较浅和不能解释复杂侵入剖面及划分渗透层能力较差等缺点，同时，其采用多频率阵列测量、软件数字聚焦和趋肤影响、井眼、井斜影响等环境校正、储层各向异性聚焦等处理技术，极大地改善了复杂砂岩储层的电阻率测量精度。HDIL 以其 1ft 的最高纵向分辨率和 120in 的最大探测深度，为复杂砂岩储层的电阻率评价提供了更可靠、更精细、更丰富的资料，即能满足纵向分辨率要求，又能满足探测深度要求，在测井解释中可很好的发现薄层。

中国东部某油田 DZH-501 井测井解释成果(图 3-21)沙二段 16 号及 17 号自然电位曲线具有一定的幅度异常，自然伽马曲线反映该层为明显的砂泥岩薄互层，单砂体厚度较薄(<1m)，受周围围岩的影响，深侧向电阻率值为 4.5~5.5Ω·m，而 1ft 120in 高分辨率阵列感应电阻率值大于 10Ω·m，达到了该区油层解释标准，因此综合分析将该层解释为油层。

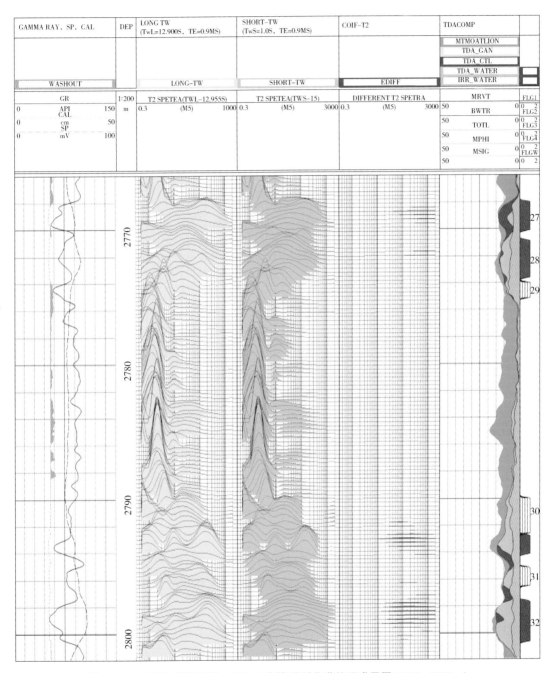

图 3-20　中国东部某油田 DZH-5 井核磁测井谱处理成果图(2760~2806m)

3）CHFR 测井技术

CHFR 是斯伦贝谢公司新推出的过套管电阻率测井技术，是一种有效的侧向测井方法，打破了在套管井中不能测量地层电阻率的禁区，拓展了电阻率时间推移测井技术的应用空间，为解决咸水泥浆储层电性污染、发掘遗漏油气层、准确评价储层含油性提供了有效手段。

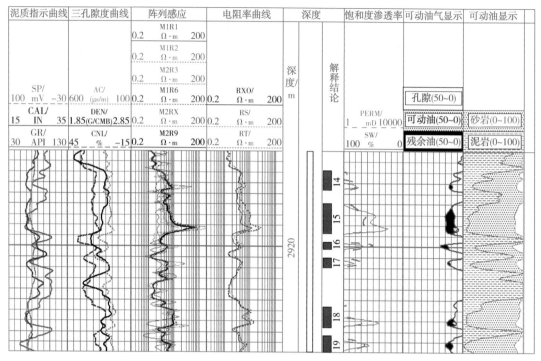

图 3-21 中国东部某油田 DZH-501 井测井解释成果图(2910~2930m)

4) MDT 测井技术

MDT 是斯伦贝谢公司在 RFT 基础上开发的模块式地层动态测试器,它提高了压力测量精度,增加了流体泵出和流体实时分析模块。该技术最大优势是对储层含油性评价具有直观、快捷、准确的特点,但该技术费用昂贵,对井眼轨迹、质量、泥浆性能等测井环境有较高的要求,作业风险大。MDT 测井与以往的测井方法相比具有独特的优势,具体表现在:

(1)提供更精确的地层压力。MDT 可以单探针模块、双探针模块或多探针模块进行地层压力测试,用双探针模块可监测邻近连通地层的压力变化情况,并且可以改善压力梯度测量结果的精度。

(2)确定地层纵横向渗透率,提供的储层渗流参数更丰富。MDT 测试器通过监测流入定量"预测试采样室"液体所产生的压降、速度评价地层渗透能力,计算渗透率,其多探针模块可以通过局部干扰测试确定出纵向和径向上的流度,从而确定地层纵向和横向渗透率,了解整个地层渗透率分布特点。

(3)更直接地确定储层流体性质。MDT 测试器使用光学分析技术识别地层流体性质,用接近红外线范围的光谱吸收测定法区分油和水,通过反射测量探测天然气的相对含量。为进一步更直接地了解储层液性及流体物理化学性质,MDT 提供取样筒模块,可同时采集多个地层流体样品或高质量 PVT 样品。

（4）确定油水界面。在块状地层或具有统一水动力系统的层状地层中，用这些精确的地层压力测试值，以地层压力剖面形式确定气-油或油-水界面。

图3-22为中国东部某油田DZH-15井沙三段MDT压力剖面图，从图中可以看出，84号~88号层为气层，89号层为气油同层和油层，气-油界面在3363m。通过压力梯度计算气层的密度为0.15g/cm³，油层的密度为0.66g/cm³。

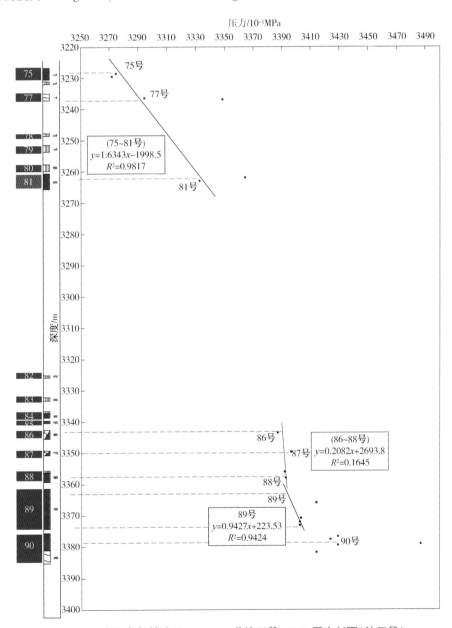

图3-22 中国东部某油田DZH-15井沙三段MDT压力剖面(沙三段)

（5）MDT测试技术的应用，解决了泥浆浸泡对油层的污染问题，能够及时评价油气层，提高对地下油层的认识率，缩短了认识周期，节省了勘探与评价投资，为试油方案的优化奠定了地质基础。

5）极化率测井

极化率测井是一种电化学测井技术，它通过对地层通电极化，测量极化电位随时间的衰减关系。由自然电位和极化电位的形成过程可知，自然电位和极化率与地层水离子浓度及地层阳离子交换量有着密切的关系。通过对极化率和自然电位的优化处理能够确定出储层阳离子交换量和地层水电阻率。

6）双频介电测井

双频介电测井测量高频电磁波在井眼附近地层传播幅度衰减及相位移的变化。由于油水的介电常数相差非常大（水的介电常数为80左右，而原油的介电常数为2~3），且介电常数基本不受地层水矿化度的影响。从介电测井的地质基础来看，利用储层介电常数的大小，可以识别低矿化度地层水条件下的油气层及低阻油气层。

7）C/O、PND测井技术

C/O、PND测井是以核物理理论为基础，在套管井中进行施工的测井技术。C/O测井分别选择碳元素（C）和氧元素（O）为储层中油和水的特征元素，选择硅元素（Si）和钙元素（Ca）为岩性指示元素，撇开了油水层电性的高低，减小了泥浆侵入的影响，是识别低阻油气层较有效的测井技术，也是在老井中挖掘由于高矿化度泥浆导致低阻油气层的最有效手段。PND测井技术对C/O技术进行了大幅度改进，提高了计数率和信息丰度，改善了测量精度，拓宽了储层物性条件的适用范围，但C/O、PND测井技术仍受储层物性的限制，在较差储层条件下应用存在很大局限性。

## 三、特殊测井系列的优化设计

这一环节需要重点分析低阻油气层识别过程的关键问题，研究特殊测井技术与评价对象、测量环境、储层条件的适配性以及项目实施所带来的综合效益情况。因此，将特殊测井项目分为针对性测井项目和选择性测井项目。

针对性测井项目设置主要是针对不同低阻油气层成因类型及特点，解决某一类低阻油气层识别与评价问题，具有较强的针对性；选择性测井项目设置主要考虑设计的预见性和项目的优势互补，在保障综合效益的情况下，尽量为后续的解释工作提供更丰富、准确的基础资料。

### （一）高不动水含量型

这类低阻油气层的一个显著特点是低含油饱和度，油气层中含有大量的不动水。获取准确的储层孔隙结构、流体特征等参数，尤其是获取不动水饱和度参数是这一类低阻油气层识别与评价的关键。因此，将核磁共振测井作为解决高不动水含量型低阻油气层的针对性测井项目，而MDT作为选择性项目。

**（二）黏土附加导电型**

这类低阻油气层富含伊蒙混层、伊利石等有效黏土。一方面，有效黏土具有较强的附加导电性；另一方面，黏土矿物的存在使储层孔隙结构相对复杂化，增大了不动水含量。两方面的因素均会导致油气层电阻率降低，但一般以第一方面因素为主导，储层阳离子交换量越高，油气层电阻率降低的幅度越大，这类低阻油气层尽管电阻率绝对值较低，但往往具有高含油饱和度的特点。

解决这类低阻油气层的关键是构建合理的储层电阻率解释模型，通过黏土附加电导的校正，从而突出含油性对储层电阻率的贡献。Waxman-Smits 模型是具有典型意义的阳离子交换量型电导率解释模型，自 1968 年发表以来，之所以未得到广泛应用，其中主要原因之一是无法从测井资料中较准确地提取地层阳离子交换量参数。因此，根据其成因特点，将极化率作为解决该类低阻问题的针对性测井项目，核磁共振、双频介电、MDT 作为选择性测井项目。

**（三）砂泥岩间互型**

由于测井仪器纵向分辨率的限制，油气层中的层状泥质或砂泥岩薄互层叠加的油气层电阻率会有不同程度的降低。根据其成因机制认为，采用高分辨率感应测井或者阵列感应测井是解决此类低阻油气层测井的关键技术。

**（四）盐水泥浆侵入型**

这类低阻油气层主要出现在一些早期完钻的老井中，油气层电阻率绝对值随着泥浆电阻率及浸泡时间的变化而变化，泥浆电阻率越低，浸泡时间越长，油气层电阻率越低。因此，根据储层含油性重新评价需要，在盐水泥浆老井，可以有针对性地进行过套管电阻率测井，以获取原状地层电阻率，从而准确识别盐水泥浆老井中遗漏的低阻油气层。同时，在储层物性条件较好时还可以选测 C/O 或 PND 替代过套管电阻率测井项目，从而减少成本投入；或者根据地面及地下地质情况，选取随钻测井系列。

随着测井技术的迅猛发展，先进的成像测井技术、直观快速评价储层含油性测井技术将逐渐完善和成熟。但至今，对储层声、电、核等物理特性的综合研究仍然是测井油水层解释与评价的主要手段。因此，对低阻油气层的测井系列设计仍坚持常规与特殊相结合的设计思路。前文较详细地阐述了不同成因类型低阻油气层的测井设计观点，汇总在表 3-1 中。

表 3-1　低阻油气层测井项目设计一览表

| 成因类型 | 特殊测井项目 | | 基本测井项目 |
|---|---|---|---|
| | 针对性项目 | 选择性项目 | |
| 高不动水含量型 | 核磁共振 | 极化率、MDT | 双侧向、微球形聚焦、补偿密度、补偿声波、井径、补偿中子、自然伽马、自然电位 |
| 黏土附加导电型 | 极化率 | 双频介电、核磁共振、MDT | |
| 砂泥间互型 | 阵列感应 | | |
| 盐水泥浆侵入型 | 过套管电阻率 | C/O、PND | |

由于对低阻油气层的认识是一个不断深化的过程，低阻油气层的形成往往也是多因素综合作用的结果，因此低阻油气层测井设计不应该是一成不变的固定模式，而是一个随着研究成果深化而不断修正和完善的过程。

研究和实践表明，低阻油气层的最佳测井系列为：基本常规测井+高分辨率阵列感应（可选）+核磁共振测井（可选）+极化率（可选）+MDT 测井（可选）+CHFR 测井+C/O、PND 测井（可选）+随钻测井（可选），该测井系列对低阻油气层识别及测井解释评价具有重要意义。

（1）对于高不动水含量型低阻油气层，油气层中含有大量的不动水，为了求准不动水饱和度这一参数，将核磁共振测井作为解决高不动水含量型低阻油气层的针对性测井项目，而 MDT 作为选择性项目。

（2）对于黏土附加导电型低阻油气层，根据其成因特点，将极化率作为解决该类低阻问题的针对性测井项目，核磁共振、双频介电、MDT 作为选择性测井项目。

（3）对于砂泥岩间互型低阻油气层，根据其成因机制，采用高分辨率感应测井或者阵列侧向测井是解决此类低阻油气层测井的关键技术。

（4）对于盐水泥浆侵入型低阻油气层，根据储层含油性重新评价需要，在盐水泥浆老井，可以有针对性地进行过套管电阻率测井，以获取原状地层电阻率，从而准确识别盐水泥浆老井中遗漏的低阻油气层。同时在储层物性条件较好时还可以选测 C/O 或 PND 替代过套管电阻率测井项目；或者根据地面及地下地质情况，选取随钻测井系列。

## 参 考 文 献

[1] 欧阳健. 石油测井解释与储层描述[M]. 北京：石油工业出版社，1994.

[2] 穆龙新，田中元，赵丽敏，等. A 油田低电阻率油层的机理研究[J]. 石油学报，2004，25（2）：69-73.

[3] 李庆忠，石砥石，宋广达，等. 沾化凹陷低电阻率油层成因分析及综合判识[J]. 海洋石油，2003，23（4）：22-26.

[4] 曾文冲. 油气藏储集层测井评价技术[M]. 北京：石油工业出版社，1991.

[5] 回雪峰，吴锡令，谢庆宾，等. 大港油田原始低电阻率油层地质成因分析[J]. 勘探地球物理进展，2003，26（4）：329-332.

[6] 李浩，刘双莲，吴伯服，等. 低阻率油层研究的 3 个尺度及其意义[J]. 石油勘探与开发，2005，32（2）12-3125.

[7] 欧阳健，王贵文. 电测井地应力分析及评价[J]. 石油勘探与开发，2001，28（3）：92-94.

[8] 李浩，刘双莲，郑宽兵，等. 分析测井相预测歧 50 断块沙三段低电阻率油层[J]. 石油勘探与开发，2004，31（5）：57-59.

[9] 李浩，刘双莲.港东东营组低阻油层解释方法研究[J].断块油气田，2000，7(1)：27-30.

[10] 欧阳健.加强岩石物理研究提高油气勘探效益[J].石油勘探与开发，2001，28(2)1-5.

[11] 冯春珍，林伟川.SU 气田低电阻率气层的成因及测井解释技术[J].测井技术，2004，28(6)：526-530.

[12] 李玉宏，魏仙样，张化安，等.Z 油田低阻油层影响因素分析[J].西北地质，2003，36(4)：65-67.

[13] 中国石油天然气总公司勘探局.测井新技术与油气层评价进展[M].北京：石油工业出版社，1997.

[14] 张厚福，方朝亮，等.石油地质学[M].北京：石油工业出版社，2001.

[15] 甘克文.漫谈前陆逆掩断层带油气勘探的经验教训[J].石油与天然气地质，2004，25(2)：149-155.

[16] 王劲松，张宗和.吐哈盆地雁木西油田油藏描述[J].新疆石油地质，2000，21(4)：286-289.

[17] 刘双莲，刘俊来，李浩.Definition and Classification of Low-Resistivity Oil Zones[J].中国矿业大学学报，2006，16(2)，228-232.

[18] 李庆忠，石砥石，宋广达，等.沾化凹陷低电阻率油层成因分析及综合判识[J].海洋石油，2003，23(4)：22-26.

[19] 欧阳健，王贵文，吴继余，等.测井地质分析与油气定量评价[M].北京：石油工业出版社，1991.

[20] 何雨丹，肖立志，毛志强，等.测井评价"三低"油气藏面临的挑战和发展方向[J].地球物理学进展，2005.20(2)：282-288.

[21] 张小莉，王恺.王集油田相对低电阻率油层成因及识别[J].石油勘探与开发，2004，31(3)：60-62.

[22] 宋延杰，王秀明，卢双舫.骨架导电的混合泥质砂岩通用孔隙结合电阻率模型研究[J].地球物理学进展，2005.20(3)：747-756.

[23] 孙建孟，王克文，朱家俊.济阳坳陷低电阻率储层电性微观影响因素研究[J].石油学报，2006，27(5)：61-65.

[24] 毛志强，谭廷栋，林纯增，等.完全含水多孔岩石电学性质及孔隙结构实验研究[J].石油学报，1998，19(3)：83-88.

[25] Waxman M H，Thomas E C. Electrical conductivities in shaly sands-Ⅰ The relation between hydrocarbon saturation and resistivity；Ⅱ The temperature coefficient ofelectrical conductivity[J]. JPT, 257. Februry, 1974：213-225.

[26] Sondena E，et al. The effect of reservoir conditions and wettability on the electrical resistivity[J]. SPE-22991, 1991.

[27] 中国石油天然气集团公司油气勘探部.渤海湾地区低电阻油气层测井技术与解释方法[M].北京：石油工业出版社，2000.

[28] 杨春文，赵汉，吴昊，等.油气勘探开发系列选择[J].河南石油，2005，19(6)：35-37.

[29] 孙娜.辽河滩海地区低阻油气层测井系列选择[J].海洋石油，2005，27(3)：116-120.

[30] 中国石油勘探与生产公司.低阻油藏测井识别评价方法与技术[M].北京：石油工业出版

社. 2006.

[31] 原宏状, 陆大卫, 张辛耘, 等. 测井技术新进展综述[J]. 地球物理学进展, 2005, 20 (3): 786-795.

[32] 赵文杰, 谭茂金. 胜利油田核磁共振测井技术应用回顾与展望[J]. 地球物理学进展, 2008, 23 (3): 814-821.

[33] 范晓敏. 双侧向测井曲线形状与地层侵入关系研究[J]. 地球物理学进展, 2007, 22 (1): 142-146.

[34] 尤建军, 张超莫, 陈祥, 等. CHFR 测井原理及影响因素研究[J]. 地球物理学进展, 2005, 20 (3): 780-785.

[35] 申本科, 王贺林, 宋相辉, 等. 低电阻率油气层的测井系列研究[J]. 地球物理学进展, 2009, 24 (4): 1437-1445.

第四章

# 复杂裂缝测井评价

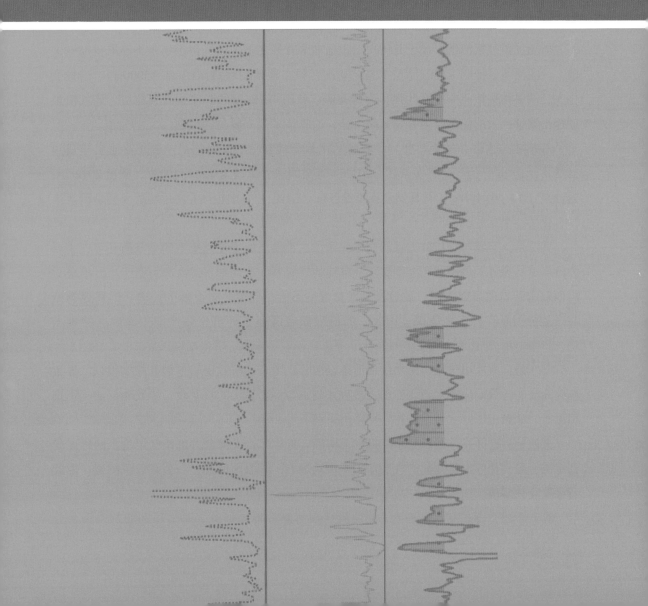

裂缝的发育能形成良好的次生孔隙储层和重要的渗流通道。在致密砂岩、碳酸盐岩或其他岩性地层中寻找到裂缝是找到储集层的关键，但裂缝的识别却比较困难。

致密砂岩储层探明储量大，但开发效果不佳，弄清其成因，可为下一步储层产能识别及气田有效开发提供依据。岩心刻度分析和地应力分析技术是测井地质研究的有效方法。利用岩心刻度分析发现，裂缝发育是储层是否具备工业价值的关键因素；裂缝类型是影响储层产能大小的关键因素。统计表明，低角度裂缝和网状缝储层不仅产量高，而且与产水关系密切；高角度裂缝产量有限，但产水不多。利用地应力分析发现，高产层与弱应力关系密切，干层主要分布在强应力区域。研究表明，地应力与储层产能测试吻合好，可以应用地应力方法预测有效储层的发育和分布。

## 第一节　致密砂岩裂缝储层测井评价

新场气田须家河组形成于龙门山造山运动大背景之下，该气田近年来不断取得勘探突破，须家河组已探明天然气储量 $1250\times10^8\text{m}^3$。须二段地层埋藏深（3000~5000m）、岩性变化大、储层物性差、非均质性强，为低孔渗、致密–超致密的碎屑岩含气储层。该气田虽勘探出数量巨大的储量，但开发效果不佳，面临诸多尚未解决的难题。

其一是，已动用储量太小。目前已动用地质储量 $77.39\times10^8\text{m}^3$，未开发地质储量达 $1131.81\times10^8\text{m}^3$，历经7多开发，2012年气田的采气量仅为 $1.84\times10^8\text{m}^3$，截至2012年，累计采气 $17.46\times10^8\text{m}^3$，与其储量规模难匹配。因此，气田能否高效开发至今仍是困扰中国石化的一个难题。

其二是，裂缝与产能的关系研究不深入。这类储层的主要储集空间是基质孔隙，主要渗流通道是裂缝，单纯的孔隙型储层或单纯的裂缝型储层均难获得高产、稳产。历年来对川西致密砂岩的研究表明，裂缝及其发育程度可能是储层获得产能的关键，但裂缝类型与产能的关系存有多种争议。因此，如何根据裂缝类型评价气藏产能是该地区的焦点之一。

其三是，有些出气层与出水层目前难以区分。由于储层致密、地层孔隙度很低，导致测井曲线的含气响应非常微弱，加之多数井测试为多套储层的长井段，导致储层油气识别很困难，如新101井、新150井出气层仍识别不清。

其四是，已开发井储层的水淹机理不明确。近年来，大部分井的产气层均不同程度受到水淹，与其相邻少量井的产气层却未受水淹影响，其原因何在，一直难以说清楚，因此有必要攻关解决。

综上所述，有必要开展基于气藏地质认识的测井地质研究，对上述问题加以深入分析。通过裂缝及储层相关因素与测井解释的关系研究、裂缝类型的测井识别研究以及裂缝与应力作用的关系研究，弄清楚裂缝与测井评价及产层识别的深层次内在关系，为产能识别及气田有效开发提供依据。

## 一、研究区地质背景简介

新场气田处于四川盆地川西坳陷中段的大型隆起带上，该隆起带位于龙门山逆冲推覆带与川中隆起区之间，受构造应力的强挤压作用形成了众多断裂（图4-1）。新场气田位于该隆起带西段，须家河组须二段构造总体上为东西向展布的宽缓复式背斜，背斜西高东低，北缓南陡，受断层及小幅度鞍部分隔，形成5个局部高点。

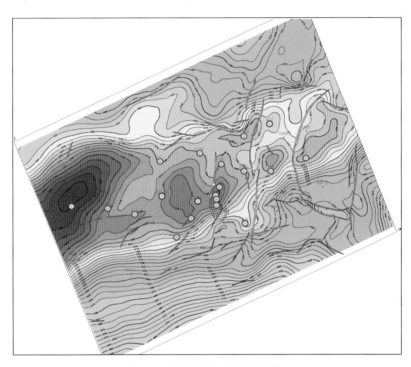

图4-1　须家河组二段顶面构造图

本区须二段是一套埋深4500～5300m、厚560～660m的三角洲相的砂、泥岩交替沉积。从须二段砂体对比（图4-2）可以看出，砂体呈层状、块状分布，厚度相对稳定。新场气田须二段各砂体有利储层的沉积微相主要为水下分流河道、河口砂坝中-细粒砂岩沉积。

须二段储层物性普遍较差，平均孔隙度为3.38%，平均渗透率为0.07mD（基质），单井平均孔隙度介于2.41%～4.35%。储层属于低孔-特低孔、致密-超致密储层，非均质性强。对川西地区致密砂岩多年的勘探实践表明，裂缝的存在与否及其发育程度是储层获得产能的关键。

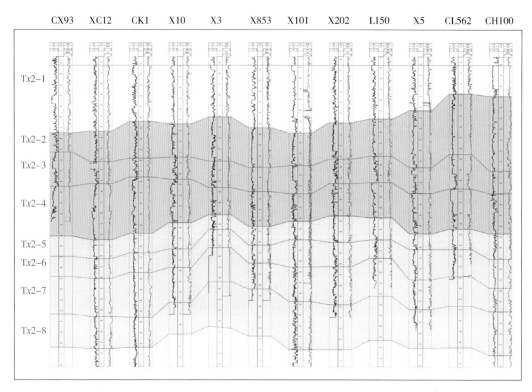

图4-2　新场气田须家河组二段 CX93~CH100 井砂组对比剖面图(据中国石化西南油气分公司)

薄片观察和统计结果表明,须家河组岩石类型较为复杂,既有石英含量很高的石英砂岩,也有岩屑含量高的富岩屑砂岩、岩屑砂岩等;另外一个显著特征是长石含量较高的砂岩较为发育,组成岩屑长石石英砂岩、岩屑长石砂岩、长石石英砂岩等。较好的岩石结构和部分层段的高含量长石及可溶的基性岩岩屑,可以溶蚀形成大量的溶蚀孔隙,对储层储集性进行有效改善。由于须家河组各段中均发育较多的烃源岩,这些烃源岩在生排烃的多个时期也生成了较为充分的酸性流体,因此只要砂岩中有可溶矿物,就可能被溶蚀形成发育的溶蚀孔隙。须二段中高长石含量砂岩主要分布在须二段中部。

溶蚀作用是改善须家河组储层孔隙最有效的成岩作用,区内分布广泛,溶蚀矿物主要有长石、中基性喷发岩以及黏土岩、碳酸盐岩等。从溶孔充填物包裹体均一温度特征可知,溶蚀期次多,如须二段中发生的溶蚀作用主要有三期,即晚三叠世末期、中侏罗世末和晚侏罗世中晚期,早侏罗世末期也有溶蚀作用发生。在须二段砂岩中,有时见到石英颗粒内部发生微弱溶解,充填于粒间孔中的自生石英常见溶蚀现象,常见石英边缘溶蚀或石英溶蚀残余。

前人研究表明,裂缝在控制孝新合地区须家河组储层砂岩物性上具有十分重要的作用,裂缝密度一般在 6~7 条/m 以上,最高可达 24.5 条/m,而在裂缝不发育的层段,则多为差储层或致密层。

对地质背景的认识表明，新场须二段储层物性差，非均值强，为低孔渗、低饱和度储层。储层的有效性与裂缝和溶蚀作用密切相关，裂缝在储层中起到了扩大储集空间及连通孔隙，提高渗、储能力，促使油气运移的作用；溶蚀孔隙有利于气的储集。

另外，储层好坏及气井产能与裂缝发育程度密切相关，裂缝是气井获得产能的关键因素。有的研究者进一步提出了"无缝不成藏"的认识。研究区内天然气能否成藏及产出规模主要依赖于裂缝系统的发育程度。因此，有必要开展测井地质研究。

## 二、储层产能的影响因素分析

### （一）高产井的主要特点

生产测试表明，高产气井主要分布在断裂构造边部，表现在测井响应上，可见裂缝发育，尤其低角度裂缝特征明显；另外产气井具有异常高压。由于研究区地层压力测试数据很少，因此怎样利用测井信息识别地层裂缝类型及地层压力，进而间接判断有利产层，是测井地质研究的关键。

### （二）形成产能的基本地质条件与测井特征分析

由于裂缝类型对于新场气田的产能及流体识别均造成重大影响，因此，裂缝类型及其与产能、流体识别的内在关系研究尤为重要。

#### 1. 裂缝是决定储层具有产能的核心因素

有效厚度的划分下限是孔隙度>3%，如川孝 560 井 4800~4814m 段，岩心分析孔隙度为 2.61%~4.3%，平均孔隙度>3%，高于有效储层下限，但裂缝不发育，该层测试为干层（图 4-3）。新 10 井 4880~4887m 段虽然孔隙度不高（5.75%），但高角度裂缝发育，却获得日产大于 $3×10^4m^3$ 气的生产测试效果（图 4-4）。

#### 2. 泥质含量高不利于储层产气

虽然有些取心层段发育裂缝，但其泥质含量高不利于储层产气。测井曲线齿化、高伽马含泥砂岩往往是边界储层。新 11 井在 5066.3m 深度点左右，密度孔隙度有明显增大的响应，深浅侧向电阻率有差异，结合岩心照片可以发现，该深度点附近发育裂缝。但经射孔后发现，测试层为干层。这是由于 GR 值偏高，也就是泥质含量高，不利于储层产气引起的（图 4-4）。

#### 3. 开启的低角度缝可能是储层高产的重要因素之一

在图 4-5 中，发育的裂缝类型为低角度裂缝，但其泥质含量高、开启程度差，测试效果不佳（图 4-5）。而新 201 井取心段发育开启程度高的低角度缝，不发育高角度缝。GR曲线平滑，GR 值小于 60API，砂岩岩性比较纯，声波孔隙度增加，测试日产水 648m³，可以推断开启低角度缝的发育能使储层高产（图 4-6）。

| 深度/m | 岩性曲线 | 三孔隙度曲线 | 川孝560井 | 含气指示 | 电阻率 | 测试结果 |
|---|---|---|---|---|---|---|

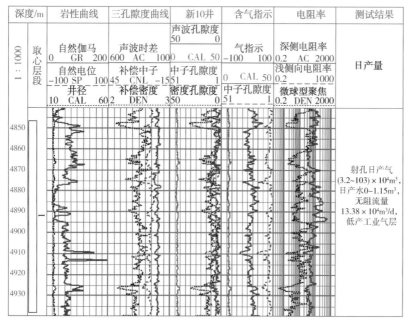

图 4-3　川孝 560 井测井响应与岩心对照图

深度：4807.8m
致密砂岩，不发育裂缝

| 深度/m | 岩性曲线 | 三孔隙度曲线 | 新10井 | 含气指示 | 电阻率 | 测试结果 |
|---|---|---|---|---|---|---|

图 4-4　新 10 井测井响应与岩心对照图

深度：4882.6m
发育水平缝、高角度缝

深度：5066.3m
发育网状裂缝

图 4-5　新 11 井测井响应与岩心对照图

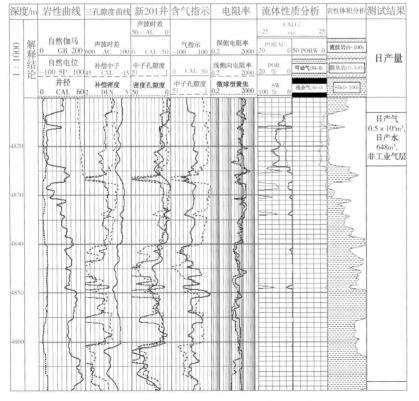

深度：4821m
低角度缝非常发育

图 4-6　新 201 井测井响应与岩心对照图

**4. 网状缝是获得较高产的重要条件**

在取新3井岩心样品中，发现4885.5~4886.5m的深度段中岩心往往取不全，裂缝比较发育。从岩心照片上可以看出，既有高角度裂缝发育，又有低角度裂缝发育，且各种类型的裂缝相互交错连通，形成具有网状结构的裂缝。正是这种网状裂缝的发育为天然气的运移提供了通道(图4-7)。

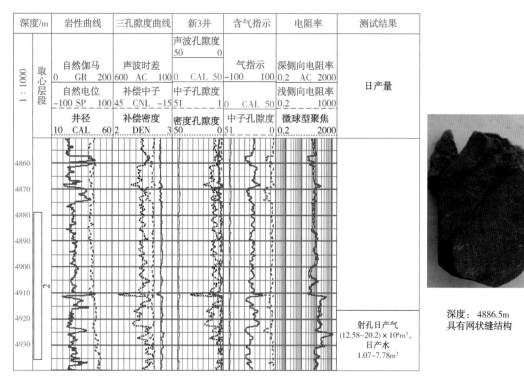

| 深度/m | 岩性曲线 | 三孔隙度曲线 | 新3井 | 含气指示 | 电阻率 | 测试结果 |

图4-7　新3井测井响应响应与岩心对照图

深度：4886.5m
具有网状缝结构

**5. 裂缝类型与产能关系统计**

对研究区内测试井有产能的层段进行统计，其裂缝发育类型以岩心资料和收集到的测井解释报告中的成像资料为依据。测试有产能的层位有的只发育低角度缝，有的只发育高角度缝，有的发育混合缝(高角度缝和低角度缝共存)三种类型的裂缝，统计结果见表4-1。

表4-1　裂缝类型与产能关系分析表

| 井　名 | 井段/m | 裂缝类型 | 测试产量 | 测试范围/m |
|---|---|---|---|---|
| 川孝560 | 4985.1~4986.9 | 开启低角度缝 | 替喷求产，日产气(0.3~0.4)×$10^4 m^3$，日产水360$m^3$ | 4698.85~5238 |
| | 4987.3~4990 | | | |
| 新202 | 4838.7~4844.5 | 开启低角度缝 | 日产气49.0335×$10^4 m^3$ | 4838.90~4879.90、4964.87~4967.87、4974.87~5005.87、5032.88~5036.88、5048.91~5053.91、5081.89~5086.89 |
| | 4861.6~4874 | 开启低角度缝 | | |
| | 4965~4968 | 开启低角度缝 | | |
| | 5049.2~5054 | 开启低角度缝 | | |

续表

| 井　名 | 井段/m | 裂缝类型 | 测试产量 | 测试范围/m |
|---|---|---|---|---|
| 新 203 | 4860～4879.6 | 开启低角度缝 | 射孔后日产气 0.25×10⁴m³，估算日产水 45m³ | 4740～4756、4813～4842、4860～4909、5136～5154 |
| | 4903～4909 | 开启低角度缝 | | |
| | 5146.6～5154 | 开启低角度缝 | | |
| 新 301 | 5013.7～5074.5 | 开启低角度缝 | 日产气（0.6～1）×10⁴m³ | 5000～5144.4 |
| | 5084.6～5155 | 开启低角度缝 | 日产气 5.36×10⁴m³，日产水 20.3m³，无阻流量 24.15×10⁴m³/d | 5414.89～5441.89 |
| | 5380.2～5400.7 | 开启低角度缝 | | |
| | 5415.1～5425.8 | 开启低角度缝 | | |
| | 5432.6～5444.4 | 开启低角度缝 | | |
| 新 856 | 4839.3～4858.6 | 混合缝 | 日产气 56.91m³，日产水 8.5m³ | 4812.4～4862.4 |
| | 4821.3～4830.5 | 混合缝 | | |
| | 4839.3～4858.6 | 混合缝 | | |
| 新 201 | 4713.3～4761 | 混合缝 | 日产气 0.5×10⁴m³，日产水 648m³ | 4717.41～4780.02、4813.43～4824.38、4868.43～5011.21、5011.21～5033.5、5044.31～5065.49、5075.96～5086.51、5128.76～5140.11、5173.35～5184.77、5195.92～5207.02 |
| | 4813～4824 | 混合缝 | | |
| | 4938～4943 | 混合缝 | | |
| | 5016～5036 | 混合缝 | | |
| | 5075.3～5085.2 | 混合缝 | | |
| | 5126～5134.5 | 混合缝 | | |
| 新 8 | 4865～4879 | 混合缝 | 日产气 25.056×10⁴m³；无阻流量 32.38×10⁴m³/d | 4824～4966.4 |
| | 4879.9～4894.6 | 混合缝 | | |
| | 4960.9～4996.6 | 混合缝 | | |
| 新 851 | 4823.2～4846 | 混合缝 | 替喷日产气（30.2～38）×10⁴m³，日产水 3～3.5m³，无阻流量 151.4×10⁴m³/d | 4823.2～4846 |
| 新 3 | 4937.7～4943.3 | 混合缝 | 射孔日产气（12.58～20.2）×10⁴m³，日产水 1.07～7.78m³，无阻流量 41.75×10⁴m³/d | 4916.03～4943.03、4950.03～4986.03 |
| | 4952.8～4963.4 | | | |
| 新 5 | 4874.9～4879.9 | 混合缝 | 压裂日产气 6.56×10⁴m³ | 4874.9～4879.9 |
| | 5138.5～5143 | 高角度缝 | 射孔日产气（3.3～8.58）×10⁴m³，无阻流量 13.92×10⁴m³/d | 5138.5～5143 |
| | 5147～5178 | | | 5147～5178.6 |
| 联 150 | 4720.4～4722.8 | 高角度缝 | 压裂日产气 5.7559×10⁴m³，日产水 0.5m³，无阻流量 20×10⁴m³/d | 4713.79～4743.79、4782.79～4790.79、4910.79～4933.79 |
| | 4730.3～4752.3 | | | |
| 新 10 | 4878～4887 | 高角度缝 | 射孔日产气（3.2～10.3）×10⁴m³，日产水 0～1.15m³，无阻流量 13.38×10⁴m³/d | 4820～4942 |
| 新 101 | 4833～4839 | 高角度缝 | 压裂后替喷，日产气（0.67～1.45）×10⁴m³，无水，无阻流量 5.47×10⁴m³/d | 4778.13～5496 |

由表4-1的统计结果可知，多数井发育开启低角度缝和混合缝，少数井仅发育高角度缝。高产井川孝560井、新202井、新856井、新851井、新8井、新3井发育开启低角度缝或混合缝，仅发育高角度缝的层位未见高产储层。因此可以认为新场气田须二段气藏以发育低角度缝和混合缝为主，开启低角度缝与混合缝发育的储层能够高产，而只发育高角度缝的储层暂时未见高产。

通过对裂缝类型对产能的影响研究，可以分析得出裂缝是储层获得产能的关键，开启低角度缝与混合缝的发育是高产的重要条件。另外，统计表明，储层产水与低角度裂缝关系密切。因此，评价储层要从裂缝发育情况及其发育类型入手。

基于上述研究认为，有必要针对新场气田须二段开展以裂缝为主要研究线索的测井地质研究。

研究表明，裂缝类型多变影响气层识别及定量解释模型的选取，其中开启低角度缝和混合缝的发育可形成高产，而仅发育高角度缝则储层产能不高，研究区的主要产气层和有效裂缝主要发育在地应力的弱应力区。上述研究提供重要启示——在弱应力区开展有效裂缝识别和储层含气评价是下一步测井解释和气层复查的重要手段和依据。

### 三、研究区地应力的信息识别及其与高产层的关系研究

新场气田处于川西坳陷中段一个大型的北东东向隆起带上，该隆起带经历了多起构造运动，是一个古今复合大型隆起带。新场须家河组形成于龙门山造山运动大背景之下，其形成应力环境与龙门山的强挤压应力环境大背景相似。

#### （一）新场气田须二段地应力的定性分析

近年来，研究发现强挤压应力作用区（带）造成了显著的地球物理响应特征，电测井信息能较灵敏地反映受强挤压地区地应力的大小及分布，尤其是电阻率对地应力大小的反应非常灵敏。电测井曲线可以说每口井都有，利用这个原理可以很方便地定性评价研究区内的应力分布及相对大小。用电测井资料评价现今的地应力，纵向上分辨率高，只要曲线质量没有问题，就可以获得纵向上连续的地应力信息，使复杂的地应力定性分析变得相对简单。

由于泥岩对地应力的响应最为灵敏，因此一般用分析泥岩段的地应力来分析应力的分布及大小。在正常压实条件下，泥岩的电阻率随深度呈指数变化，反映在单对数坐标图上是一条直线，这就是通常的正常趋势线（图4-8）。当岩石额外地受到强挤压应力作用时，促使电阻率偏离正常趋势线，电阻率往高阻方向偏移（与欠压实响应相反），且偏移正常趋势线幅度越大，应力作用越强烈。

从图4-8中可以看出，在研究区内，通过纯泥岩段电阻率的相对大小，可以定性分析出应力作用的相对强弱区。

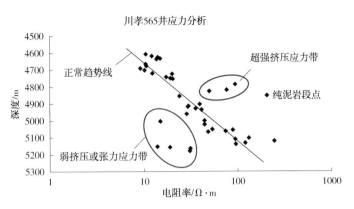

图 4-8　新场须二段地应力响应图(川孝 565 井)

**(二) 新场气田须二段地应力与天然气分布的关系**

在正常应力沉积地区,作为该层的泥岩的电阻率特征与邻近砂岩的孔隙度和渗透性能没有必然联系。在挤压型的构造区,储层(砂岩)和紧密相邻的盖层(泥岩)作为承受同一应力场的载体,以地应力为纽带,它们之间存在着内在的联系。而泥岩电阻率能灵敏地反映地应力的集中状态,能较好地反映地应力的大小。因此,泥岩电阻率与相邻砂岩储层物性之间必然存在内在联系,因此可以借助泥岩电阻率分析邻近砂岩的储集性能。

研究发现,在山前超强挤压环境中,并不是所有地区都受到相同强度的挤压应力作用。在局部小的构造背景和地质环境影响下,会有局部挤压应力相对较弱甚至出现张性应力的区域。在这些区域的地层的孔隙度及渗透率相对较高,与其他油气分布条件结合,可形成具有一定储量的油气藏。因此,新场气田须二段利用纯泥岩段的电阻率可以分析出地应力相对较弱的区域,即孔隙度、渗透率相对高的区域,这些区域有利于形成具有一定规模的高产气藏。

在研究区内不同的构造部位分析了 10 口井的测井数据,明显看出好的储层均发育在弱地应力区。结合试油结论以新 856 井和川孝 560 井为例分析地应力与高产层的关系。

由图 4-9(a)可以看出,新 856 井在须二段对应三个层段处在弱应力区,其泥岩深度分别为 4778.9~4796.9m、4827.2~4859.4m、4881.6~4992.6m,其上下砂岩段发育裂缝类型如图 4-9(b)、图 4-9(c)所示。由于成像资料质量不好,特在其右侧附上解释出的相应裂缝参数,显然在这三个弱应力区带发育混合缝。新 856 井在 4812.4~4862.4m 段射孔测试,获得日产气 $56.91 \times 10^4 m^3$,日产水 $8.5 m^3$ 的高产储量。

由图 4-10(a)分析可得川孝 560 井在须二段分布四个弱应力区,其泥岩点深度分别为 4897.4m、4991.2m、5019.7~5044.7m、5173.3m,其裂缝发育类型如图 4-10(b)所示。从图 4-10(b)上可以清楚地看到弱应力区段对应的裂缝类型为混合缝。川孝 560 井为大段测试井,其测试段为 4698.85~5238.0m,测试结果为日产水 $360m^3$,其中在 4698.85~4839.11m 射孔测试为干层。在图 4-10(a)中 4876.2m 以上深度没有出现弱应力区的点,从另一个角度论证了这种地应力分析方法的可靠性。

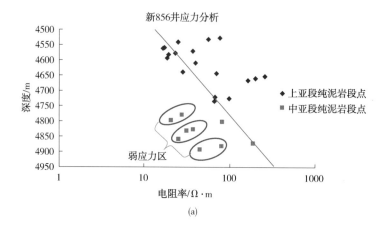

(a)

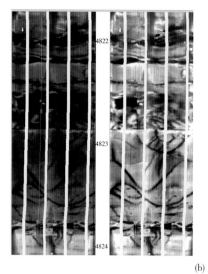

| 深度/m | 倾角/(°) | 倾向 |
|---|---|---|
| 4823.5006 | 41.25196 | 189.55389 |
| 4823.3101 | 64.26015 | 161.03809 |
| 4823.1857 | 66.17551 | 154.88081 |
| 4822.5100 | 8.01172 | 167.27550 |
| 4822.3018 | 5.22162 | 50.64012 |
| 4820.6635 | 63.82126 | 170.79424 |
| 4820.5441 | 68.15149 | 175.74275 |

(b)

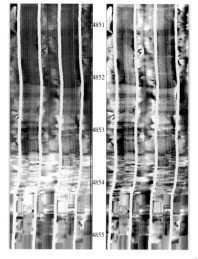

| 深度/m | 倾角/(°) | 倾向 |
|---|---|---|
| 4863.5361 | 48.51170 | 79.94502 |
| 4847.9024 | 32.10090 | 198.33913 |
| 4847.4503 | 10.42193 | 143.43909 |
| 4845.6926 | 2.25214 | 124.72841 |
| 4844.1356 | 23.35374 | 158.76511 |
| 4842.0223 | 6.88142 | 206.36143 |
| 4840.1707 | 45.59606 | 73.57328 |
| 4839.9522 | 43.95860 | 100.41138 |
| 4839.5788 | 36.33853 | 69.57016 |
| 4839.3274 | 46.86223 | 51.48293 |
| 4839.2207 | 49.37082 | 43.08495 |

(c)

图 4-9　新 856 井应力分析及其弱应力区对应的裂缝类型图

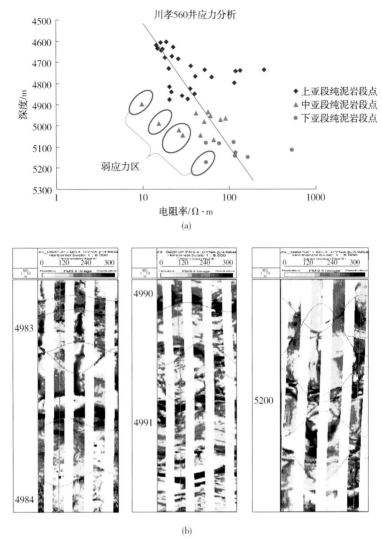

图 4-10 川孝 560 井应力分析及其弱应力区对应的裂缝类型图

由以上分析可知，利用新场须二段纯泥岩段电阻率值可以定性分析出该区相对弱应力发育段，处在弱应力区带的储层裂缝发育。当弱应力区发育开启低角度缝或者混合缝时，往往形成高产储层。

通过分析裂缝类型对产能的影响和地应力与高产层关系，在研究区内，可以总结出一套储层评价的思路方法。首先，应用纯泥岩段电阻率的大小预测出相对弱应力区的发育位置，在弱应力区内的砂层有裂缝发育时，即找到了储层。其次，研究储层发育的裂缝类型，当储层发育开启低角度缝和混合缝时易形成高产储层，当仅发育高角度缝时，一般为低产储层。这个思路方法也可以用以佐证测井储层评价结论的正确性。

裂缝发育是储层是否具备工业价值的关键因素。测试已证实，储层孔隙度达到产能下限却无裂缝发育时，还未测出具工业产能的储层，这预示裂缝可能决定储层产能的经济性程度；泥质含量偏高储层也测出具工业产能的储层，表明经济储层多为较纯砂岩。

研究表明，裂缝及其类型影响储层产能。低角度裂缝和网状缝常常促成储层高产；统计表明，低角度裂缝与生产、测试出水关系密切；高角度裂缝具稳定产气、含水少的特征。

研究区处在龙门山前强挤压应力区，泥岩电阻率能很好地反映地层地应力的大小及分布。利用目的层纯泥岩段的电阻率偏离其随深度变化的正常线性关系的大小，定性找到受挤压应力薄弱带。

弱应力带识别是预测高产气层的有效方法。当砂层发育裂缝时，往往与弱应力发育密切相关，测试已证明，储层高产与否，其地应力测井信息非常敏感。

因而总结出一套储层测井评价的思路方法：首先利用地应力分析出相对弱应力区，在弱应力区内找到储层，然后按裂缝发育类型评价储层质量。

## 第二节 致密砂岩裂缝储层的测井地质研究

测井技术识别储层流体主要基于地球物理方法，该方法适用于较高孔隙度、渗透率储层，难以合理解释元坝区块须家河组二段、三段的矛盾：前者气层孔隙度高测试低产，后者反之。本书以地质事件与测井曲线的关系研究为思路，根据测井曲线地质解析技术的基本原理，以地质事件与测井响应关系的解析为分析线索，应用岩心刻度测井曲线和测井曲线的地质归因方法，针对元坝区块须家河组开展研究，确定了岩石类型、裂缝及溶蚀的测井识别方法。新技术应用厘清了地质事件差别对须家河组两段地层流体识别的巨大影响。其中须家河组三段受隆升和推覆事件共同影响，隆升事件为储层提供了可形成溶蚀孔隙的钙屑物质，推覆事件产生的低角度裂缝为储层提供了潜在渗流通道，两个事件的耦合，构成局部高渗通道；须家河组二段主要受推覆事件影响，其气层产气量主要与裂缝密度关系密切。新认识合理解释了须家河组两段地层的矛盾问题，也为测井流体识别和下一步气层开发提供依据。

### 一、元坝陆相测井评价的问题与对策

#### (一)元坝陆相地区地质背景简介

元坝地区构造上位于四川盆地东北部，通过构造及断裂解释结果分析，该地区可划分为4个区带，即九龙山南鼻状构造、南部低缓带、向斜带和中部断褶带(图4-11)。2012年2月，中国石化南方勘探分公司在该区钻探YL7井，在上三叠统须家河组三段(以下简称须三段，T3x3)测试获得高产工业气流，揭开了元坝陆相气藏的研究，须家河组三段和

二段(以下简称须二段，$T_3x2$)地层是研究重点。随测试井储层增多发现，须三段和须二段气层平均孔隙度前者低于5%、后者达10%，前者测试平均无阻流量大于$10×10^4m^3/d$、后者则小于$5×10^4m^3/d$，孔隙度与测试产量的矛盾成为元坝须家河组测井评价的难点与焦点。

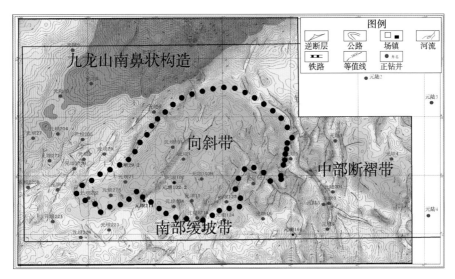

图4-11 元坝三维工区须二下亚段顶构造图(据中国石化西南油气分公司)

研究区须二段沉积环境为三角洲前缘-前三角洲沉积，储层以长石岩屑砂岩为主，次为岩屑石英砂岩；须三段沉积环境为辫状河三角洲-湖泊相过渡沉积体系，储层主要为岩屑砂岩，其中须三段1~3砂组岩石颗粒粗，多见钙屑砂岩(即砂岩中的岩屑成分主要为碳酸盐岩，且该岩屑含量大于50%)。

研究区的重大事件对岩性和储层影响巨大。根据区域应力场特征，元坝构造地处龙门山前、米仓山前和大巴山前推覆褶皱带交合处，具有三重构造应力挤压背景。裂缝演化分析认为，受膏盐岩"上拱"影响，工区西部构造变形处砂岩常见高角度构造纵张缝；受龙门山南东向应力挤压，使砂岩间的薄层泥岩发生层间错动，形成近水平层间滑脱缝。这种裂缝在须二段和须三段测试气层的测井曲线中识别最多，可见，挤压推覆成因的低角度裂缝与测试产能可能更密切。

另外，须三段4~5砂组岩石颗粒、钙屑含量远低于上部的1~3砂组，由4砂组到3砂组岩石颗粒突然变粗(图4-12中粗横线之上见电阻率突然变高)、岩屑含量剧增，表明二者之间有一次明显的隆升事件，该事件造成岩石的物质组成与储层的孔隙结构双重巨变。

地质事件深藏于测井曲线中，它给测井评价及生产测试带来诸多矛盾，又极难察觉，造成前期地质研究与测井评价的诸多假象，怎样找到地质事件的测井信号本质？事关研究区的正确认识。

**(二) 研究区测井评价面临的问题**

多年研究表明，研究区测井评价主要有三个难题：

一是岩石类型的复杂，导致气层测井响应似乎无规律。图 4-12 中有高电阻率的测试气层，如 YL10 井的须三段Ⅰ砂组；也有低电阻率的测试气层，如 YB6 井的须三段Ⅴ砂组和须二段Ⅱ砂组；还有低电阻率的测试低产气层，见 YL10 井的须二段Ⅱ砂组。加之钻井过程中多处泥浆漏失现象影响电阻率测井，气层识别困难重重。

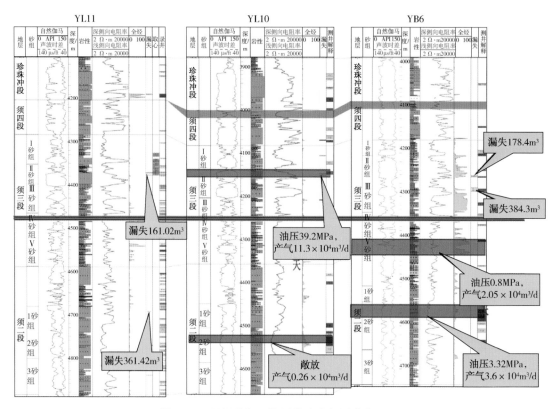

图 4-12　元坝陆相区块测井响应与测试关系图

二是渗透性裂缝的测井响应隐蔽性强，识别困难。同为低角度裂缝，图 4-13 的左图与右图差异很大，二者分别是元坝陆相区块及附近龙岗气田的主要裂缝测井响应特征。其中，龙岗气田须三段低角度缝的声波时差高达 80μs/ft（图 4-13 右图中画圈部分），属于典型的开启裂缝；元坝陆相区块须三段低角度裂缝声波时差大多在 60μs/ft 左右（图 4-13 左图中画圈部分），与非裂缝储层响应接近，属于半充填裂缝，其测井响应的隐蔽性很强。该区域低角度裂缝的这两种鲜明差别，显然与裂缝事件的受力与充填状态有关，是不同构造应力作用的必然结果，怎样准确识别这些隐蔽裂缝，考验测井研究人员。

三是须二段孔隙度和裂缝密度总体大于须三段，二者测试产能却相反，令人费解。从表 4-2a 和表 4-2b 可看出，须二段平均孔隙度刚好 10%，测试层无阻流量却鲜见高于 $5×10^4 m^3/d$ 的状况，须三段平均孔隙度远低于前者，为 4.93%，测试层无阻流量多高于 $5×10^4 m^3/d$，两者反差巨大。

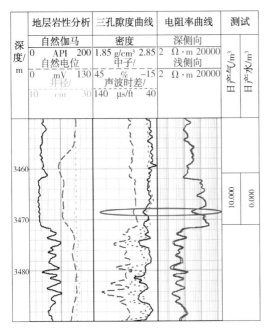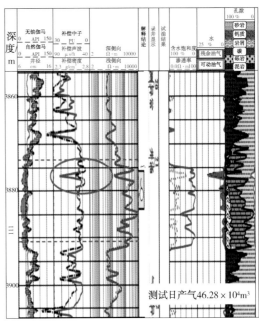

测试日产气46.28×10⁴m³

图4-13 研究区与邻近气田低角度裂缝测井曲线比较图(右图据中国石油)

**表4-2a 须二段孔隙度与测试关系表**

| 井名 | 层厚/ m | 解释结论 | 孔隙度/ % | 测试结果/ (10⁴m³/d) |
|---|---|---|---|---|
| YB6 | 35.5 | 气层 | 11.71 | 5.29 |
| YB22 | 17 | 气层 | 12.93 | 20.56 |
| YB27 | 20.1 | 差气层 | 9.88 | 2.25 |
| YB4 | 5 | 差气层 | 12.38 | 2.2 |
| YL8 | 23.6 | 差气层 | 9.54 | 2.16 |
| YL6 | 7.5 | 差气层 | 8.78 | 2.13 |
| YL6 | 3.8 | 差气层 | 7.99 | 2.13 |
| YL6 | 20.9 | 差气层 | 6.83 | 2.13 |

**表4-2b 须三段孔隙度与测试关系表**

| 井名 | 层厚/ m | 解释结论 | 孔隙度/ % | 测试结果/ (10⁴m³/d) |
|---|---|---|---|---|
| YL7 | 2.7 | 气层 | 3.48 | 185 |
| YL12 | 2.2 | 气层 | 4.72 | 77.17 |
| YL10 | 2.6 | 气层 | 3.84 | 12.9 |
| YB221 | 11 | 气层 | 9.43 | 12.9 |
| YB224 | 3.6 | 气层 | 5.03 | 11.2 |
| YL702 | 4 | 气层 | 4.5 | 6.79 |
| YB2 | 2 | 气层 | 3.36 | 3.85 |
| YB223 | 6.7 | 气层 | 5.05 | 3.01 |

**(三) 测井评价的思路与对策**

地质事件可能是产生上述矛盾的主因，也是破解矛盾的线索。从问题的表象看，岩性、物性及岩石骨架信号大于储层含气信号，最终导致了测井评价困难；从本质看，隆升、推覆事件引发的复杂近源堆积和裂缝系统是造成测井评价多重困难的根本；从研究思路看，根据隆升、推覆事件的储层特征，探索测井评价的解决方案，才是关键方法。

图4-14为地质事件与测井评价关系图。图中须二段主要与推覆事件有关，它主要引发两个测井评价难题，一是复杂应力造成电阻率成因复杂，非油气测井信号有可能参与饱和度计算，使饱和度计算精度低；二是裂缝因素会造成三条电阻率和三条孔隙度测井曲线

形变，影响流体识别及饱和度计算精度；须三段是推覆与隆升事件的叠加，测井评价难度更大，其中隆升事件的影响有三个：一是多种岩石类型对电阻率影响巨大，影响流体识别；二是岩屑矿物复杂导致岩石骨架多变，影响孔隙度计算精度；三是孔隙结构复杂，有时可见相对"高孔隙"测试的干层。另外，事件叠加也绝非是两种复杂事件的简单累加，其中还有事件与事件相互作用引发的新问题，这既是测井评价的未知因素，也可能是破解难题的另一把钥匙。

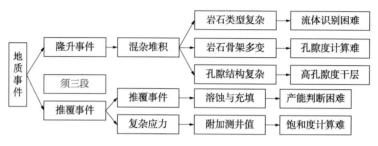

图 4-14　地质事件与测井评价关系图

根据上述分析，确定了本区须家河组三个研究思路。一是采用岩心刻度测井曲线技术，建立岩性分析模型和判别标准，梳理岩性与测井曲线的响应关系；二是以实证的溶蚀、裂缝推导隐蔽型裂缝的测井识别依据，建立本区裂缝与溶蚀的识别标准，解决溶蚀和隐蔽型裂缝的识别难题；三是运用测井曲线地质解析技术的基本原理，根据裂缝与溶蚀成因模式的区别，建立基于孔隙结构模型的流体识别图版，解决本区须二段和须三段孔隙度与产能关系相反的矛盾现象。

## 二、测井曲线地质解析技术的基本原理和分析方法

### （一）测井曲线地质解析技术的基本原理

地质演化的本质，就是不同事件按某种序列组成地质历史，其中，地质事件是构成地质演化的基本单元之一。地质事件是有序的，测井曲线记录也是有序的，可见这两个载体的有序性是破解测井曲线地质含义的关键。研究表明，测井曲线有三个地质属性。

一是专属性。测井曲线的某些特殊响应常专属于某一特定地质现象或储层物质组构。以本区须三段隆升事件为例，从岩石搬运条件看，隆升事件因较大高差，储层中常见各种砾石的搬运，砾石与砂泥的混杂堆积使储层电阻率增高；从物源条件看，岩石母岩多来自碳酸盐岩，钙屑的大幅增加使自然伽马和声波值远低于常规砂岩；从成岩作用看，钙屑的溶蚀又导致密度与声波对储层孔隙记录的差异。可见专属性是区域地质多条件的专属记录，测井曲线对每一种条件有着专门记录，以区别于其他地区类似事件。

二是对应性。测井曲线如实地记录着储层地质的种种信息与变化。以推覆事件为例，推覆事件的产物之一为低角度裂缝。钻进过程中，钻井液沿低角度裂缝侵入较深，造成电

阻率在该点快速降低；声波在该点处传播速度变慢，导致声波时差增高。电阻率与声波时差的联动变化，对应的正是推覆事件的伴生结果——低角度裂缝。

三是统一性。测井曲线也具有对宏观地质作用与微观岩石结构的统一记录。元坝区块须家河组在须二段以推覆事件为主，低角度裂缝主要发育在细粒长石岩屑砂岩中；须三段发育推覆和隆升事件，少量低角度裂缝发育在粗颗粒岩屑砂岩中。可见，宏观差别在微观上有着显著的系统区别。

**（二）测井曲线地质解析技术的分析方法**

地质内因可造成测井曲线的重大变化，借助实物分析和测井曲线成因推理可以找到解析测井曲线地质含义的两个基本方法：基于实证信息解析测井曲线的方法——地质刻度法；基于地质演化有序性解析测井曲线的方法——归因分析法。

1. 地质刻度法

地质刻度法多用于识别或解析具体地质事件。它是利用多种实证资料研究测井曲线与地质事件之间的专属性关系，这些实证资料包括露头、岩心及岩心薄片等，其中应用最广泛的是岩心。

地质事件的最大特点就是突变性，它有多种意义：①等时意义，如与气候事件有关的风暴岩，它的辨识可能有助于解开复杂地区的地层对比难题；②指相意义，如与河流作用有关的冲刷面，它的辨识有助于识别沉积相；③地层识别意义，如相似沉积条件下，沉积水动力条件差异的测井识别，它们的辨识具有区分不同地层的沉积作用等；④重要事件的指认意义，如生烃、应力及隆升事件等。

2. 归因分析法

以测井曲线的不同特殊变化指向同一地质本因为线索开展归因分析，不失为一种科学分析方法。其要点在于不同测井特征及其变化常可追踪到同一地质成因。归因分析法有助于识别复杂地质事件。这类事件的特点是，事件的纵向变化常有地质演化的共性，横向上却因地质条件或物质的迁移等因素表现出沉积组合的多样性，这种多样组合常造成某些假象，以致混淆地质事件的判别。准确的归因分析，可清楚辨认不同测井曲线组合的相同地质含义，使地质分析合情理，宏观与微观认识相吻合。

针对元坝区块须家河组的复杂问题，具体研究过程中，主要采用地质刻度法探寻储层岩性的识别依据和测井分析模型的结构特征，采用归因分析法探寻地质事件与储层渗流结构的内在关联，进一步弄清两套地层矛盾因素的成因。

## 三、基于地质事件解析的流体识别研究

**（一）岩性的识别与岩性模型的建立**

本区须三段砾石突然大量的出现是宏观隆升事件的微观外显。根据历年研究发现，电

阻率、自然伽马分别对储层中的岩石粒度、岩屑含量更敏感，因此，以岩石粒度和岩屑（碳酸盐岩含量大于50%为钙屑，反之为岩屑）为细分类依据，研究隆升与推覆事件（代表岩性分别为钙屑与岩屑）对测井曲线记录的影响。

图4-15为分类后的测井响应图版，该图版展示出三个规律。一是气层赋存于固定的岩石类型中。它既难赋存于最粗的岩石颗粒，亦非更细，表明气层对渗流通道的选择；二是电阻率可判断钙屑粒度。它随钙屑颗粒变粗而增高；三是自然伽马可判断储层钙屑含量。它随钙屑含量减少而增高。依此推论：钙屑具有溶蚀与充填的两面性，并可能对储层渗透率和产能影响巨大。根据对图4-15的认识，建立了两套地层的岩性识别标准（表4-3，注：测试表中红色字体的岩石类型，才可能获得工业气流）。

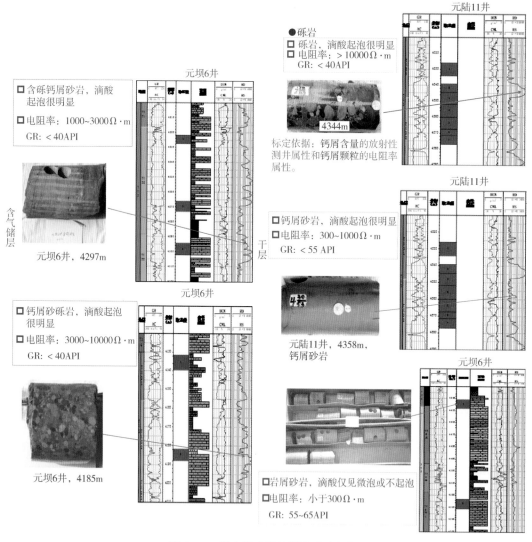

图4-15　岩心标定岩性测井响应图版

表4-3 须二段、须三段岩性测井识别标准

| 岩石类型 | 自然伽马/API | 电阻率/Ω·m | 声波时差/(μs/ft) | 典型井 | 测试经济产能统计 |
|---|---|---|---|---|---|
| 砾岩 | <40 | >10000 | <45 | 元陆702与元陆11 | 无 |
| 砂砾岩 | <40 | 3000~10000 | 45~55 | 元陆6 | 无 |
| 含砾砂岩 | <40 | 1000~3000 | 45~55 | 元坝6 | 有 |
| 钙屑砂岩 | <55 | 300~1000 | 55~60 | 元坝6 | 有 |
| 岩屑砂岩 | >55 | <300 | 58~63 | 元坝6 | 无 |
| 泥岩 | >65 | <60 | >60 | | 无 |

根据以上研究，进一步提出了研究区测井评价的简化体积模型（图4-16）。该模型表明，隆升和推覆事件决定了须二段与须三段体积模型走向。其中，须三段1~3砂组隆升事件显著，钙屑含量高且变化小，此时岩石的粒度变化对电阻率影响最大；须三段4~5砂组及须二段储层岩石粒度变化小，推测推覆事件作用更大，此时钙屑含量对电阻率影响最大。

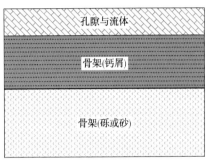

图4-16 研究区须二段、须三段体积模型

该体积模型有两点启示：一是钙屑含量的量变与质变，可能是制约钙屑砂岩与岩屑砂岩孔隙结构特征的主因；二是钙屑与裂缝的耦合关系，可能是解开本区测井评价矛盾现象的钥匙。这些研究使解开须二段与须三段测井评价矛盾的思路逐步清晰起来。

**（二）裂缝与溶蚀的识别研究**

1. 裂缝的识别研究

本区大量发育的低角度裂缝以及水平裂缝是宏观推覆事件的微观延伸。针对裂缝识别，根据岩心观察和成像测井研究成果标定常规测井曲线，建立了基于常规测井曲线的裂缝分类识别方法（图4-17、图4-18）。

图4-17右侧的岩心照片为某井取心段的半充填裂缝，其上半部分可见显著的方解石充填，即裂缝附近的白色物质，其下半部分为开启裂缝，中间可见溶蚀现象；左侧为该裂缝深度在测井曲线上的标定，结合岩心观察可见，该低角度裂缝位于砂、泥频繁转换的界面上，自然伽马曲线上也是砂、泥转换界面，声波时差为60μs/ft左右，成为此类裂缝的常见规律。

图4-18为研究区高、低角度裂缝标定图。左图中，裂缝在成像测井的倾角蝌蚪图上表现为中低角度，与之相对，可见常规测井曲线的相应变化，一是在裂缝处的电阻率曲线会显著降低（图4-18左图中曲线栏的右侧第一道），这是因为中低角度裂缝处的钻井液侵

入较深，使电阻率明显低于临近地层；二是声波测井曲线的增高(左图中曲线栏的右侧第二道)，这是因为，声波在低角度裂缝处衰减，使声波值增高。图中电阻率与声波的变化可一一对应，不仅两条曲线可相互佐证，也反映裂缝处测井曲线的联动关系。

图 4-18 右图为高角度裂缝的测井曲线标定。该图右侧为该井的高角度裂缝岩心照片，裂缝处可见深浅侧向具有收敛的正差异。

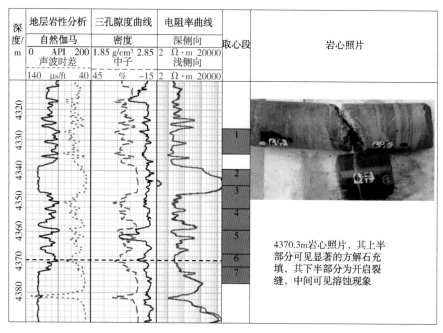

图 4-17 元坝陆相区块半充填裂缝标定图

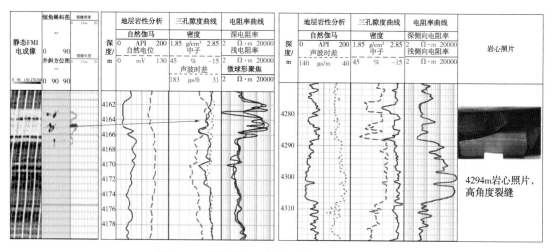

图 4-18 元坝陆相区块高、低角度裂缝标定图

## 2. 溶蚀的识别研究

钙屑具有两面性，它既可能产生溶蚀，也可能产生充填。针对溶蚀储层，分析了三条

孔隙度测井曲线的原理差异：①当储层溶蚀孔发育时，计算或校正得到的中子、密度孔隙度大于声波孔隙度；②当储层含气时，计算或校正得到的声波、密度孔隙度大于中子孔隙度；③当储层为水层时，计算或校正的上述三条孔隙度基本相等。基于上述三条孔隙度测井曲线的原理差异，找到了溶蚀储层的测井识别依据。图4-19为溶蚀孔测井曲线识别图，图中，溶蚀孔发育深度（4379~4380.5m）处，测井计算的密度孔隙度明显大于声波孔隙度。

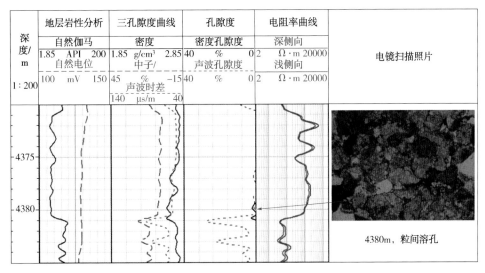

图4-19　溶蚀孔测井曲线识别图

根据上述工作，建立了适合研究区须二段、须三段的裂缝识别标准（表4-4），为解开研究区须二段、须三段地质事件引发的测井认识矛盾奠定了基础。

表4-4　元坝陆相须二段、须三段裂缝识别标准

| 储层类型 | 常规测井 | | 成像测井 |
|---|---|---|---|
| | 双侧向电阻率 | 声波时差 | |
| 高角度裂缝 | 具收敛的正差异 | 数值低平 | 正弦曲线 |
| 低角度裂缝 | 数值降低且基本重合或正差异 | 数值明显增高 | 暗色条纹 |
| 复合裂缝 | 正差异且数值较低 | 数值明显增高 | 正弦曲线与暗色条纹相互交叠 |
| 溶蚀孔隙 | 数值降低 | 数值增高低于密度、中子孔隙度 | 深色斑点、斑块 |

### （三）储层流体识别图版研究

不同地质事件是否造成不同的裂缝与溶蚀关系目前还没有答案，但解决了裂缝与溶蚀的测井识别，无疑是探究这种关系的基础。须二段与须三段地质事件的差异性是解决本区种种矛盾问题的关键线索，其中须三段面临不同事件的耦合，其研究的重要性更甚于须二段。分析各事件促成的地层条件及其内在性质，完全可以根据前文提到的归因分析法开展研究，推理并还原这种耦合关系的来龙去脉。

第一，推覆事件分别促成须二段、须三段储层的裂缝体系，尤其是低角度裂缝。裂缝

在地质和工程中表现出的性质，深刻影响了测井曲线之间的互动关系（图 4-20）。其中，3468.5m 处为典型的半充填低角度裂缝，测井曲线在该处出现类似图 4-18 的电阻率（右侧第二道）与声波（左侧第三道）联动，另外，此处的自然伽马曲线刚好处于岩性细微变化的界面处。可见，裂缝在工程和地质中的属性影响了测井响应特征。

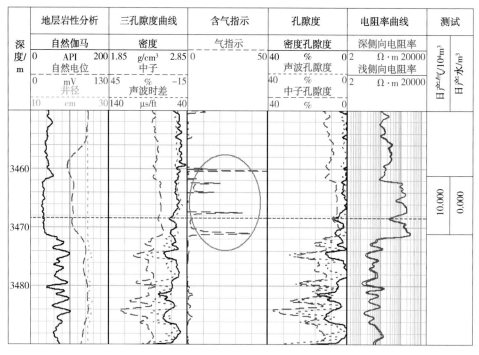

图 4-20 YL7 井须三段含气指示曲线图

第二，隆升事件提供了充足的钙屑，这是储层溶蚀与充填的物质基础。测井与岩心观察相互印证，须三段测井识别的低角度裂缝处常见图 4-17 的半充填状态。钙屑物质充填与溶蚀的两面性构成了复杂的裂缝结构，影响了测井响应方式。

第三，事件耦合促成了储层的特殊孔渗结构：隆升事件造成富钙屑物质的互层，推覆事件引发层间滑动，形成富钙屑的低角度裂缝体系，该体系又为钙屑物质提供了复杂的溶蚀与充填场所，产生特殊的半充填裂缝，对气藏开采构成深远影响。

根据上述分析，可以利用密度与声波的孔隙度关系，推导出测井响应对裂缝与溶蚀关系的表达。图中右侧第四道为校正后的三孔隙度关系图，根据测井解释原理，可以看到三种关系：一是声波孔隙度主要反映原生孔隙，当计算的声波孔隙度为零值时，表明原生孔隙不发育；二是由于钙屑砂岩很致密，图中以裂缝为中心，向上下延伸，声波会逐渐归零，归零处密度孔隙度明显高于声波孔隙度，表明此处发育溶蚀；三是图 4-17 反映了典型的溶蚀现象（未见明显裂缝测井响应），本图与之区别明显。裂缝中心点处声波与密度的孔隙度差异更复杂，这是因为在低角度裂缝处同时存在声波衰减和溶蚀现象，使声波与密度孔隙度同时增高，其增高的程度取决于低角度裂缝的开度与溶蚀强度。

将事件耦合结合测井推理，研制出基于地质事件认识的须三段"含气指示曲线"。图 4-20 第四道为 YL7 井计算的须三段含气指示曲线，该曲线阐释了事件耦合的深刻内涵：溶蚀现象主要沿低角度裂缝的中心呈近似对称发育（3460～3472m），溶蚀与裂缝在须三段的这种特殊关系形成局部高渗带，这是须三段储层孔隙度低却高产的主因。

反观须二段气层，裂缝虽然是储层是否产气的关键，但钙屑含量不高，影响了溶蚀与裂缝的有效配置。YB22 井是表 4-2 中须二段产量最高的一口井，图 4-21 中 4402～4412m 声波值呈"刺刀状"增高，为低角度裂缝发育处，该层低角度裂缝发育密度大，因此产量偏高，进一步统计须二段各井表明，低角度裂缝密度与须二段气层产能关系密切。

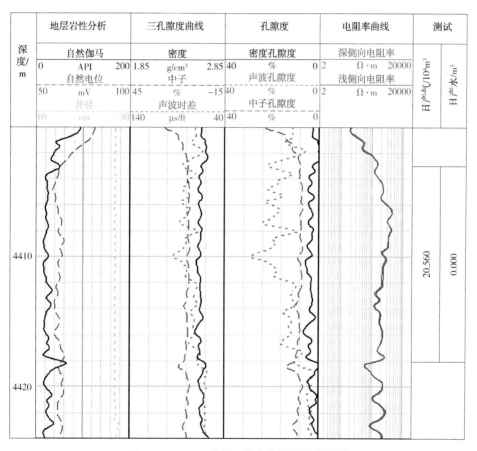

图 4-21　YB22 井须二段产气层测井曲线图

上述研究表明，本区两段地层孔隙度与测试结果的巨大反差原因在于推覆事件促成了裂缝体系。其中，低角度裂缝在储层的发育密度决定了须二段气层的产能特点；隆升事件提供了富钙屑砂岩，它是储层的溶蚀与充填基础，这种复杂溶蚀、充填与裂缝的特殊耦合决定了须三段气层的产能特点。两套地层事件成因研究合理解释了矛盾现象，也成为破解难题的关键。

上述研究为本区流体识别图版制作提供了依据，图版坐标的物理意义包涵地质事件因素。其中，须三段是隆升与推覆事件叠加，其图版横坐标引入能够表达溶蚀与裂缝特殊结构的含气指示曲线值（IGAS），纵坐标采用储层孔隙度（POR）。图中，高产气层的 IGAS 值大于 20，其他储层是 IGAS 与 POR 的综合关系，IGAS 和 POR 均高，则储层产能偏好，反之为差储层（图 4-22 左图）；须二段以推覆事件为主，其图版横坐标用裂缝发育密度指代低角度裂缝强度，纵坐标以密度与声波关系函数，作为孔隙度系数。图中，气层的低角度裂缝强度参数值高，差气层的低角度裂缝强度参数值与孔隙度系数均较高，含气层反之（图 4-22 右图）。

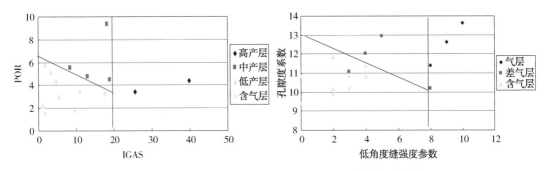

图 4-22　元坝陆相地区须家河组二段、三段流体识别图版

上述研究完成于 2013 年初，该图版随后被当年新钻井——证实。图 4-23 为 2013 年初完钻的新井，根据图版分析，IGAS 曲线值低，低角度裂缝与溶蚀的耦合程度低，结合该井测试储层孔隙度低，测井解释预判为低产气层，测试与之相符。

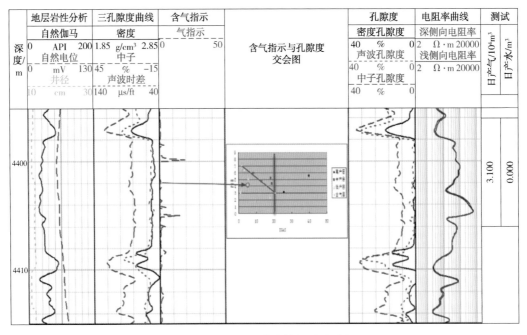

图 4-23　YB223 井流体识别预测图

## 四、测井评价与油气勘探部署的关系分析

本区块中，须三段是元坝陆相区块研究的主要目标。上述研究表明，纵向上岩性变化面是低角度裂缝发育带，钙屑物质沿低角度裂缝面对称溶蚀，有助于形成含气高产带，这些认识将对勘探开发部署影响巨大。

换个角度思考，横向上岩性的变化同样与产量的高低有关联。图 4-24 为元坝地区须三段主河道岩相展布图。图中 YL7、YL12、YL10 及 YB221 等四口井测试产量较高，其共同特点是它们分别分布于钙屑砂质砾岩或中粗粒钙屑砂岩中，在岩相边界处高产概率大；其他岩相储层测试均为低产，目前测试尚未见到工业气流。

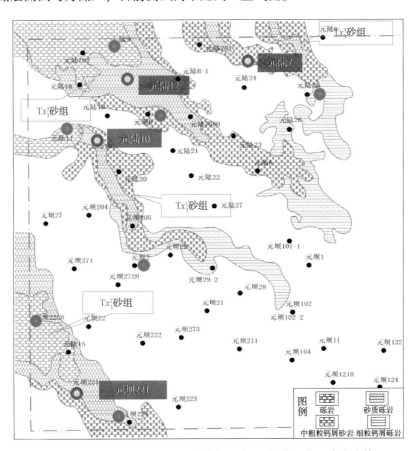

图 4-24　元坝地区须三段主河道岩相展布图（据肖开华、李宏涛等）

元坝陆相区块前期探井以直井为主，钻探层位多选择储层内部，以该钻探方式为基础，目前该区须三段还难以形成规模开发。

以低角度裂缝带为获得经济产能的钻探目标，以裂缝带上下地层对称溶蚀的孔隙为经济产量的供给基础，是否有助于水平井的长期稳产以及该区未来的经济开发呢？可以拭目以待。

测井曲线地质解析技术有助于解决复杂储层测井评价难题。本书根据研究区地质事件与地层的背景关系研究，采用地质刻度法发现了储层岩性与不同地质事件之间的内在关系；采用归因分析法弄清了地质事件与储层渗流结构的内在关联。研究发现，推覆事件为须家河组地层提供了裂缝系统，其中低角度裂缝发育强度与须二段气层的产气量密切相关，隆升事件为须三段提供了丰富的钙屑，钙屑沿低角度裂缝的对称溶蚀与局部充填构成须三段半充填裂缝特殊的低孔隙、高渗结构，形成须三段储层低孔隙却高产的特殊现象。可见，测井曲线地质解析技术是一种很有前景的测井评价方法。

以地质事件为基本研究单元有助于测井评价获得新认识。以往的低角度裂缝识别主要依靠常规测井曲线中电阻率突然降低与声波时差增高的联动，以及成像测井的暗色条纹或低幅正弦曲线等特征。根据推覆事件成因机理发现自然伽马的齿化点就是推覆事件中的岩石薄弱面，常成为低角度裂缝发育处，这是以往根据地球物理实验结果所容易忽视的。

新认识有可能为元坝区块须三段的经济开采提供依据。该区前期探井以直井为主，目前该区须三段因直井控制储量规模小、测试产能下降很快，还难以形成规模开发。本书提出以低角度裂缝带作为获得经济产能的钻探目标，以裂缝带上下地层对称溶蚀发育的孔隙为经济产量的供给基础，该思路有可能扩大单井控制储量，为须三段经济开采提供可行依据。

## 第三节　火山岩裂缝的测井识别研究

有关裂缝的识别方法已有许多，通常采用岩心标定成像测井及成像测井标定常规测井的方法识别裂缝。但当裂缝中存在流体时，流体对裂缝的测井响应特征的影响却少见相关的研究报道。而火山岩裂缝具有产状各异、分布不均等特点，对测井响应特征的识别具有多干扰性，且含气与裂缝因素叠加以后，储层的含气测井响应与裂缝测井响应难以区分，这个难题长期困扰测井专业。

野外露头、岩心观察以及成像测井均显示，松南火山岩中的构造裂缝较发育，裂缝具有延伸远、切割较深、具明显的延伸方向及多组系特点。在近火山口相的火山角砾岩和角砾熔岩中裂缝呈多方向性，在其他相带的火山岩主要发育近 EW 向和近 NS 向 2 组裂缝，NS 向裂缝延伸较长，EW 向裂缝则较短。从成像测井资料分析，松南火山岩发育多种类型的裂缝，有高导缝与高阻缝。根据裂缝的产状，将高导缝(可能的开启缝)又分为高角度缝(裂缝倾角大于 75°)和中低角度缝(裂缝倾角小于 75°)。

当流体与裂缝共存时，测井信号的相互叠加或削弱，影响裂缝的识别，这是当前需要攻克的难题。该文从常规测井原理出发，分类研究含气与不同裂缝类型（高角度裂缝和中低角度裂缝）条件下的双侧向电阻率、补偿密度、补偿中子、声波时差及自然伽马能谱等测井曲线的响应特征，发现双侧向电阻率测井、声波时差及补偿密度对高、低角度缝比较敏感，且高、低角度缝的双侧向电阻率、声波时差及补偿密度响应差异明显；根据响应差异，形成了对不同裂缝类型含气与不含气 2 种情况下的测井曲线组合识别法，实现了裂缝与含气信号的识别。

## 一、裂缝的常规测井响应特征

常规测井曲线记录了地层的各种信息，包括流体、孔隙结构及岩性等。结合岩心与成像分析，利用测井原理分析各测井曲线对裂缝的响应，以确定识别裂缝的敏感测井曲线。

### （一）裂缝在双侧向测井曲线上的响应特征

双侧向电阻率测井是利用电流聚焦方式对与电极系距离不同的地层进行测量的方法。其中，深侧向电阻率径向探测深度最大，测量的基本是地层的"真实"电阻率；浅侧向电阻率径向探测深度浅，测量的是侵入带的电阻率。裂缝产状与双侧向电阻率曲线差异形态的对应关系如图 4-25 所示。

图 4-25 表明，在裂缝角度低于 75°时，双侧向电阻率为"正差异"，即深侧向电阻率值大于浅侧向电阻率值；当裂缝角度高于 75°时，双侧向电阻率为"负差异"，即浅侧向电阻率值大于深侧向电阻率值；当无裂缝时，深、浅双侧向曲线基本重合。

深侧向和浅侧向电阻率指示裂缝发育的敏感性不同，是由其测井原理决定的。因为岩石的导电性由岩石的裂缝导电网络与基块孔隙导电网络并联而

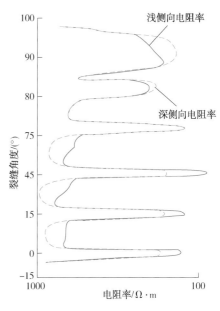

图 4-25 裂缝产状与双侧向电阻率曲线差异形态的对应关系图

成，当存在裂缝时，泥浆等侵入裂缝中，由于泥浆电阻率值一般小于基岩的背景电阻率值，故在裂缝发育段双侧向电阻率值会产生不同程度的降低。对于高角度裂缝，由于此时靠近井壁的裂缝近直立，为浅侧向的电流提供了良好的通路，使得泥浆对浅侧向的影响更大，因此，浅侧向视电阻率值小于深侧向视电阻率值；当裂缝倾角较小时，裂缝加强了侧向测井的聚焦作用，由于深侧向在平行于地层的方向上探测深度更深，受泥浆影响更大，所以电阻率值降低得更快。

**（二）裂缝在声波测井曲线上的响应特征**

根据声波测井原理，在裂缝发育部位，对于高角度裂缝，声波按最短时间传播声程的原则将绕过裂缝或溶洞，因此，它对单个高角度裂缝的反应不灵敏。图 4-26 是 S1 井 5705.5~5708.5m 段有一组高角度缝发育特征，声波时差值没有明显的变化［图 4-26(a) 中红色标注位置是图 4-26(b) 的深度范围。成像图中颜色的深浅代表电阻率高低，暗色代表电阻率低，亮色代表电阻率高。正弦曲线表示为高角度缝，缝中暗色表示被泥浆充填］。声波在斜交缝、水平缝或网状缝中传播时，其能量耗损较大，声波时差会变大或呈现周波跳跃现象，曲线显示为小的锯齿状。

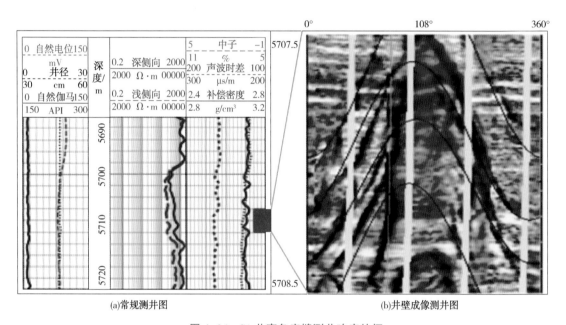

(a)常规测井图      (b)井壁成像测井图

图 4-26 S1 井高角度缝测井响应特征

图 4-27 是 S2 井 5519.0~5520.0m 低角度缝发育段测井响应特征［图 4-27(a) 中蓝色标注位置是图 4-27(b) 的深度范围。图 4-27(b) 成像图中颜色的深浅代表电阻率高低，暗色代表电阻率低，亮色代表电阻率高。正弦曲线表示为低角度缝，缝中暗色表示被泥浆充填］。成像测井图表现为规则单一暗色条带模式，声波时差值明显增高。

**（三）裂缝在放射性测井曲线上的响应特征**

通常裂缝中的流体密度小于储层骨架密度，所以在裂缝外，补偿密度值与中子伽马值低，补偿中子值高，自然伽马曲线幅度变化不大。另外，地下水中铀等放射元素在裂缝处易析出沉淀，自然伽马能谱测井中的铀和钍含量值在裂缝处较高。

由以上分析可知，当裂缝存在时，对电阻率、声波时差、补偿密度与补偿中子的响应较敏感，且高角度缝与低角度缝的测井响应特征受测井原理影响而存在不同。图 4-26 表明，当存在高角度裂缝时，深浅电阻率值有明显降低，且正差异明显；井径无变化，密度值降低且齿化，中子值没有明显的变化；自然伽马没有增大的现象，表现平直。图4-27表明，当存在低角度裂缝时，深浅电阻率值有明显降低，且有些微负差异；井径无变化，补偿密度值与补偿中子值均略有降低。当流体存在于裂缝中时，流体性质将干扰裂缝的测井响应特征，流体的测井响应与裂缝的测井响应叠加或削弱，更增加了利用常规测井响应特征识别裂缝与流体的难度。现以裂缝中气体发育为例，分析气层裂缝发育时的测井识别方法。

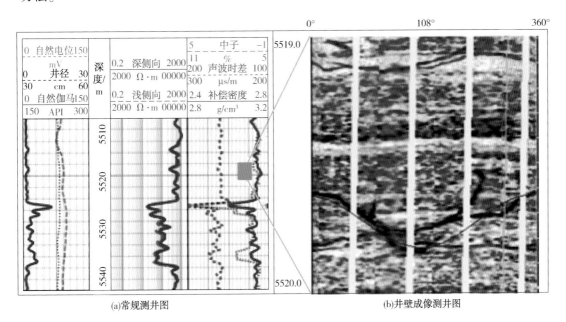

(a)常规测井图　　　　　　　　　　　　　　　(b)井壁成像测井图

图4-27　S2井段低角度缝测井响应特征

## 二、气层与裂缝组合的常规测井响应特征

由前面分析可知，开启裂缝又分为高角度缝与低角度缝，因而在讨论时考虑两种裂缝模式下气层与裂缝的识别方法。

### （一）气层裂缝发育段识别特征

1. 气层与高角度裂缝发育段的识别特征

图4-28是YS1井气层高角度缝测井分析图。从FMI上可以看出，裂缝在3564～3580m段比较发育，裂缝类型以高角度（近乎垂直的）的诱导缝为主，共发育4条高角度的高导缝（3565m、3572.5m、3575m与3576m）、一条低角度的高导缝（3563m）及应力释放（成岩收缩）的微裂缝。

对应4条高角度裂缝深度处，从常规测井曲线可见，由于受含气性叠加影响，双侧向电阻率曲线值表现出略有降低，曲线呈双轨现象。深侧向电阻率测井值大于浅侧向测井值，表现为"正差异"特征，并没有理论上说的高角度缝在双侧向上产生"负差异"或"零差异"现象。该现象表明，双侧向电阻率的响应特征既受到裂缝类型的影响，也受到储层空间内气体的影响。当裂缝或其他储集空间里有残余气存在，并达到一定规模时，由于深浅侧向电阻率的探测深度不同，会出现深侧向电阻率大于浅侧向电阻率的情况。与上下裂缝不发育的层段相比，补偿密度测井曲线值略有降低，补偿中子与声波时差测井曲线值均略有增大，测井曲线的特征表明高角度裂缝存在。

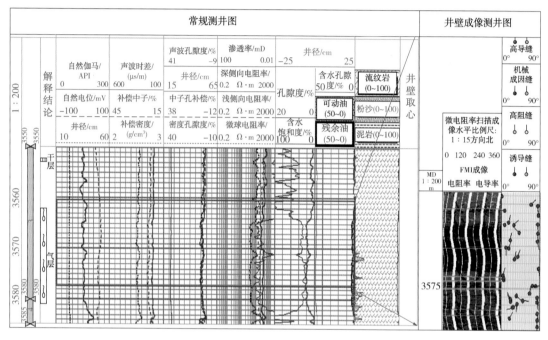

图 4-28　YS1 井气层高角度缝测井分析图

该案例表明，当裂缝中充满气体时，气体的响应特征与裂缝的响应特征有相互累加与消减的作用，该作用的强弱与哪方面占优势有很大的关系。当裂缝特征明显大过气体的测井响应特征时，气体的响应特征显现则相对较弱，反之亦然。本案例中气体的响应特征削弱了裂缝对双侧向电阻率的影响，但补偿密度、补偿中子与声波时差的曲线特征佐证了高角度裂缝的存在。

2. 气层与低角度裂缝发育段的识别特征

图 4-29 是 YS1 井气层中低角度缝测井分析图。从 FMI 上可以看出，裂缝在 3586～3592m 段比较发育，裂缝类型以中低角度的高导缝为主，偶有一条高角度的高导缝。在常规测井曲线的相应深度段上，补偿密度测井曲线值明显降低，补偿中子、声波时差值明显升高，与该段发育低角度缝有直接关系。

该气层与其上下气层的双侧向电阻率比较发现，其双侧向电阻率曲线值明显降低，且表现为"正差异"特征，三孔隙度曲线的增加幅度明显增大，也是该深度段中低角度缝发育的一个佐证。

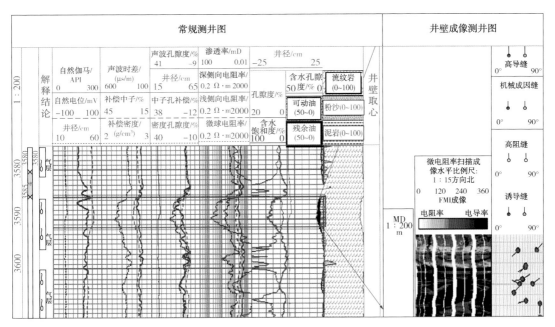

图 4-29　YS1 井气层中低角度缝测井分析图

**（二）非气层裂缝发育段的识别特征**

1. 非气层高角度裂缝发育段的识别特征

图 4-30 是 YS101 井非气层高角度缝测井分析图。从 FMI 上可看出，在 3637~3645m 段裂缝主要发育高角度的高导缝和诱导缝，有少量低角度的高导缝和应力释放（成岩收缩）的微裂缝。在常规测井曲线的相应深度段上，双侧向电阻率测井值明显降低，并具有明显的"正差异"现象。补偿密度测井曲线值略有降低，补偿中子测井曲线值略有升高，声波时差曲线基本上无变化。由于该深度段是致密层，双侧向电阻率曲线的正差异及电阻率值的降低是高角缝所致。

2. 非气层低角度裂缝发育段的识别特征

图 4-31 是 A 井非气层中低角度缝测井分析图。从 FMI 上可看出，在 3815~3825m 段裂缝非常发育，裂缝类型以中低角度的高导缝为主。在常规测井曲线的相应深度段上，双侧向电阻率曲线无差异且曲线测值增加。从 FMI 成像可以看出，该段岩性致密，是导致电阻率测值增加的主要因素。

利用常规测井各曲线响应特征，可有效地识别裂缝类型。

当裂缝角度低于 75° 时，双侧向电阻率曲线为"正差异"，反之为"负差异"。声波时差曲线对高角度裂缝不敏感，对低角度裂缝，声波时差曲线值会变大或发生跳跃现象。在裂缝发育层段，补偿密度值通常低于骨架密度，补偿中子显示为高值。

当裂缝中存在气体，常规测井中的双侧向电阻率曲线正差异明显，具"双轨"现象，补偿密度曲线值减小，补偿中子与声波时差曲线值增大。

当裂缝中不含气体且为低角度裂缝时，双侧向电阻率曲线在低角度裂缝处基本重合，补偿密度、补偿中子与声波时差无明显异常显示；裂缝为高角度缝时，双侧向电阻率曲线正差异明显，在裂缝边界处具收敛性，补偿密度曲线呈齿化状，曲线值略有降低，补偿中子与声波时差曲线无明显异常显示。

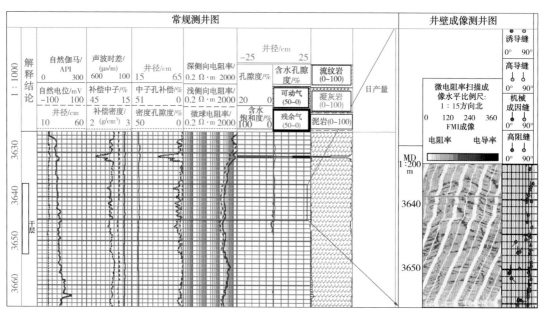

图 4-30　YS101 井非气层高角度缝测井分析图

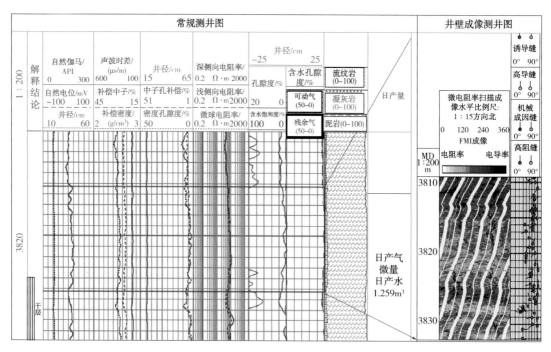

图 4-31　A 井非气层中低角度缝测井分析图

## 第四节 碳酸盐岩储层常规测井评价方法

随着全球油气勘探开发程度的提高，碳酸盐岩裂缝型油气藏已经成为一个重要的勘探开发领域。国内东部地区的大多数油田具有油藏非均质性严重、低渗透、油藏类型复杂等特点，剩余油分布复杂、开发难度加大、采收率降低；西部及西南部的油气资源主要聚集在碳酸岩裂缝性油气藏中。这都表明，我国的碳酸盐岩裂缝性油气藏蕴含着巨大的调整挖潜能力，因此，开展碳酸盐岩裂缝评价技术具有重大的现实意义。

多年的勘探开发实践表明，碳酸盐岩储层与碎屑岩相比研究难度更大，碳酸盐岩储集空间以次生孔隙为主的特点决定了其储层非均质性更强，受后生成岩改造的影响更大，从而加大了储层评价的难度。碳酸盐岩裂缝性储层测井评价一直是国内外测井解释的难题之一，是测井解释方法研究的前沿课题。鉴于碳酸盐岩裂缝识别的复杂性，碳酸盐岩储集层独有的非均质性和各向异性，国内外许多测井解释方法研究专家对于碳酸盐岩裂缝识别及评价方面做了大量工作。到目前，还没有形成一套完整的碳酸盐岩裂缝常规测井评价方法，因此，做好裂缝的识别和评价技术的研究是碳酸盐岩储层测井评价的关键。

S 潜山油田位于中国东部 L 省境内。构造上处于 X 断裂带西侧与 L 断裂半背斜构造带北沿交汇处，北西以断层为界与 A 洼陷相邻，东接 D、J 潜山，构造面积约 $20km^2$，主要目的层为中上元古界碳酸盐岩潜山油藏。

截至目前，该潜山带共完钻各类井 56 口，钻井揭露的地层自下而上发育有太古界、中上元古界、地层沉积的古地理背景为滨浅海沉积区，区域岩性组合为碳酸盐岩与碎屑交互。

### 一、测井解释地质模型

测井解释地质模型是测井解释的基础，无论是定性解释还是定量解释都必须首先建立与研究地层相适应的测井解释地质模型。作为这样一个模型，一方面必须紧紧依靠对储层地质特征的认识，测井解释地质模型又不同于一般的地质模型，因为它必须是将一般的地质模型转变为能被各种测井信息所识别，并能进一步建立数理模型，计算地层参数的模型，所以需要对一般地质模型进行简化和提炼，方可建成适用的测井解释地质模型。

#### （一）岩石类型及物性特征

1. 岩石类型

碳酸盐岩类以白云岩为主，其次有灰质白云岩、白云质灰岩、泥云岩等，本区白云岩最鲜明的特征是具有鲜艳的红色(以肉红色、紫红、粉红为主)和高含量的氧化镁。从碳酸盐岩的岩石化学分析可知,部分样品的 CaO/MgO 含量为 1.42%~1.48%,为纯白云岩,其余的由于泥质含量较高,为泥质白云岩。

本区的泥质岩在岩心中所见的主要为灰黑色或深灰色的泥岩、白云质泥岩,且常与碳酸盐岩互层或为碳酸盐岩的夹层,在化学成分上与白云岩呈过渡关系。

2. 储层物性特征

通过岩心观察与试油证实,在较纯的白云岩、含泥白云岩和石英岩中裂缝发育,为储集岩类,白云岩质泥岩、泥岩裂缝不发育,为非储集岩;根据岩心观察、岩心化验分析、测井常规及成像资料处理解释,宏观裂缝、孔洞与微观孔、缝隙均较发育,为具双重介质的裂缝隙-孔隙型储层。

岩心观察、铸体薄片分析、成像测井资料解释表明,潜山裂缝主要为构造缝,宏观裂缝及微裂缝均比较发育。

(1)宏观裂缝。宏观裂缝是指肉眼可观察到的,裂缝开度在 0.01mm 以上的裂缝。通过岩心资料观察,白云岩宏观裂缝均比较发育,多为高角度张开缝,裂缝张开度为 0.1~0.2mm 不等,个别裂缝溶蚀后可达 4mm 以上,裂缝面延伸较长,切割岩心常见多组裂缝发育呈网状分布,导致岩心破裂成小碎块。声电成像测井解释统计表明,宏观裂缝十分发育,裂缝面倾角主要在 40°~70°,为高角度缝,裂缝开度在 0.15~3.75mm,裂缝孔隙度最大可达 2%。

(2)孔洞。孔洞主要有粒间溶洞及沿缝形成串珠状溶蚀孔洞,直径一般为 1~2mm,最大为 5mm。未见较大的溶洞,钻井过程中尚未发现钻具放空现象。

(3)储层微观孔、缝。资料证实,储层微观孔、缝也比较发育,裂缝有构造缝、晶间缝及矿物节理缝;孔隙有碎裂质粒间孔隙、晶间孔隙。电镜分析资料可以反映晶间孔、缝隙的特征,该区元古界储层也发育有晶间孔和晶间缝,分析认为晶间孔和晶间缝也是较重要的储集空间。

综上所述,S 潜山储层储集空间类型复杂,有缝、洞、孔三类。裂缝主要以宏观构造缝和构造微裂缝为主,晶间缝次之。洞主要以沿裂缝的溶洞和粒间溶洞为主,孤立的溶洞较少。孔隙主要以粒间溶孔为主,晶间孔次之。较发育的宏观裂缝与微观孔、缝结合构成了 S 潜山复合型储层。

3. 储层的划分

根据对该地区储层地质特征的研究,将其储层分为以下三种类型:

第一,裂缝+孔隙型储层(油层):其孔隙度≥3.5%,其裂缝主要为规模较大的构造裂缝,其次是一些宏观裂缝,它是该区内最好的储层。

第二,微裂缝+孔隙型储层(低产油层):其孔隙度≥3.5%,其裂缝主要为储层微观孔、缝以及孔洞。因微裂缝对裂缝-孔隙型储层常可起到沟通作用，故可大幅度提高单井产量，其储量也较为可观。

第三，裂缝层：其孔隙度小于3.5%，裂缝较发育，基质孔隙度和储层含油饱和度很小，接近零，为裂缝层。

因此，将按这三种类型的储层建立测井解释地质模型。

**（二）裂缝+孔隙型储层的测井解释地质模型**

这类储层是典型的双重介质模型，因此必须分别建立两类孔隙空间的几何模型及流体模型。

1. 裂缝+孔隙型储层的几何空间模型

1）裂缝系统的几何空间模型

目前国内外所用的裂缝空间模型均为网状裂缝模型。然而该地区白云岩裂缝系统除网状裂缝外，也可见到单组系裂缝，特别是高角度裂缝组系。这些不同的裂缝系统不仅影响测井响应，还使储层的原始含油状况、储层的渗透率等物性有很大的差别。因此，无论从实际情况出发，还是从实用价值出发，都必须建立相应的裂缝系统模型。

根据该地区裂缝系统的具体情况，分别建立网状裂缝模型、高角度裂缝模型和低角度裂缝模型，如图4-32所示。

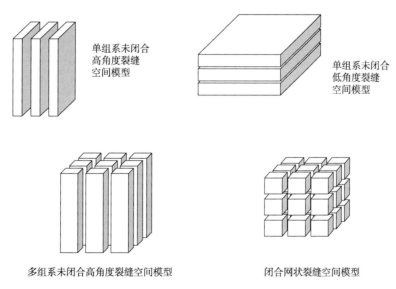

单组系未闭合高角度裂缝空间模型

单组系未闭合低角度裂缝空间模型

多组系未闭合高角度裂缝空间模型

闭合网状裂缝空间模型

图4-32 裂缝系统空间模型（据赵良孝，2005）

2）岩块孔隙系统的几何空间模型

岩心分析、铸体薄片分析，白云岩含量都很纯，部分样品的CaO/MgO含量为1.42%~1.48%，为纯白云岩，含少量泥质，基本不含其他导电矿物。因此仅对岩块孔隙系统，即除开裂缝系统来讲，其孔隙空间是唯一的导电空间。

2. 裂缝+孔隙型储层的流体分布模型

1）裂缝系统的流体分布模型

对于原始状态下的储层，其裂缝中的流体可基本认为只有两种情况，或全含水，或绝大部分含烃，只有近10%的束缚水附着于裂缝壁上。

对于被井钻穿以后的储层，其裂缝中的流体就基本为泥浆了。这是因为泥浆对裂缝的侵入，一般与对孔隙的滤液性侵入不同，它很少有泥饼形成，使得泥浆要一直侵入下去，直到地层流体因受到压缩而产生的附加弹力与地层压力之和很大，使其侵入深度更大。此外，这种"深侵入"的过程很短，因为它不是靠泥饼逐渐形成终止侵入，而是靠压力平衡终止。但不同的裂缝系统类型，泥浆侵入的深度和状况是有差别的：泥浆对单组系水平裂缝侵入最深，且基本呈对称形态向四周深侵，致使深双侧向都只能探测到裂缝的侵入区；在单组系的垂直方向上则是对岩块孔隙；泥浆对网状裂缝的侵入，呈对称性的深侵入状态。

2）岩块孔隙系统的流体分布模型

岩块孔隙系统的流体分布特征不仅与岩块本身的性质有关，在很大程度上还取决于裂缝对它的切割状态，因此必须与裂缝模型结合起来讨论岩块系统的流体模型。

（1）原始流体模型。

对于次生油气藏，从油气运移和聚集的基本理论可知，它是经两次运移而形成。第一次运移是油、气以溶解状态并将水作为载体或气溶解于油，以油为载体，或油气呈游离状态随水由生油层系向储集层系运移。这次运移决定不了储层内流体分布特征，起决定作用的是第二次运移，它是油气在储层内以静水压力、浮力、毛细管力为动力进行的运移和聚集，这一过程主要发生于生油期后的第一次构造运动时期。显然对于纯孔隙型储层来说，油、气将从上到下逐渐取代孔隙中的水，从而形成一个饱和度逐渐变化的、比较均匀的油气藏。但对于既有孔隙又有裂缝，而且孔隙种类很多的储层来说，第二次油气运移的结果就绝非如此了。这是因为裂缝的渗透率高，毛细管力小，甚至为非毛细管系统，故油气首先取代其中的水，并将其充满。然后，裂缝中油气再向基岩块的孔隙运移，逐渐取代其中的水，取代的程度与下面三个因素有关：

第一，岩块距油（气）水界面的高度：高度越大，压差越大，油气取代孔隙水的能力就越强。

第二，裂缝切割岩块的大小：特别是岩块的垂直高度，岩块越小，垂直高度越小，使压差越小，则油气取代孔隙水的能力就越弱。

第三，岩块孔喉半径大小：孔隙半径越小，油气排替孔隙中水所需的压力越大，也就是说必须在有更大的毛细管压力差才能使油气进入孔隙中水所需的压力越大。

根据以上的分析，可以得出储层原始流体的分布特征：在油气层中，裂缝被油气充满，仅缝壁上有一层束缚水膜；基岩块孔隙中，孔径小于 $0.1\mu m$ 的孔隙充有不同饱和度的油气，因此岩块的含油气饱和度并不一定与其距油(气)水界面以上的高度成正比。

（2）泥浆侵入后的流体模型。

在井钻穿该类储层以后，由于裂缝和孔隙的渗透率差别很大，使得泥浆对裂缝和基岩块孔隙的侵入呈现完全不同的状态，对裂缝呈"深侵入"状态，对岩块孔隙呈"截割式侵入"状态。现分别讨论如下：

第一，裂缝的"深侵入"状态。

泥浆对裂缝侵入呈"深侵入"状态，这在上面已经讨论，不再赘述。

第二，岩块孔隙的"截割式侵入"状态。

泥浆对岩块的侵入方式取决于裂缝对岩块截割的种类，即水平裂缝的层状截割；垂直裂缝的柱状截割；网状裂缝的立方体截割。

① 层状截割的侵入方式。

泥浆在裂缝水平延伸方向上呈深侵入，泥浆滤液对岩块的侵入呈较均匀的阶梯状，即形成冲刷带、过渡带和原状地层。

② 柱状截割的侵入方式。

高角度裂缝对储层的柱状截割有两种情况，即单组系(单方向)截割和多组系截割，故侵入方式也有两种：单组系截割时，泥浆在裂缝径向延伸方向上，呈深侵入；在垂直裂缝方向上是对岩块孔隙的侵入，其状态与层状截割时泥浆滤液对岩块的侵入相同，其侵入深度较浅，因此表现出明显的方向性侵入；多组系截割时，泥浆对裂缝仍然呈深侵入，但它不像单组系裂缝截割时那样深，也不具明显的方向性；对岩块孔隙侵入更是十分微弱，使岩块孔隙中基本保留了原始流体状态，仅在井壁附近的岩块内才被混合液充满。

层状截割和柱状截割时，泥浆对岩块的侵入都呈开启式侵入，使得在岩块中存在一个渐变的侵入带，带中同时存在着泥浆滤液、地层水和油气，且越靠近井壁泥浆滤液含量越多。差别仅在于层状切割时的泥浆侵入是轴对称的，柱状切割时的泥浆侵入一般是非对称的。

③ 立方体截割。

泥浆对岩块的侵入呈封闭式侵入状态，在这种侵入状态下，泥浆对裂缝的侵入既快又深，故被裂缝截割的岩块很快就完全被裂缝中的泥浆包围，然后才发生泥浆滤液从四周对岩块孔隙的侵入。显然这种侵入不能将岩块中原有的地层流体驱走，尤其对于含油或水的岩块，因油、水基本为非压缩性的，故不会发生侵入。而对含气的岩块，因气体有较大的压缩性，故可部分侵入，但很快就因压力与气体压缩弹力平衡而终止侵入。对于水层来说虽然岩块中的地层水与裂缝中的泥浆发生了离子交换，但这种交换很快就会由于扩散电位的形成而终止，所以岩块中还基本保留原状地层水的性质。总之，在立方体截割时，岩块中基本没有滤液侵入，故能保持其原有的流体状况。

## 二、储层的测井响应特征

导致白云岩储层与砂泥岩储层测井响应特征明显不同的根本因素在于这些储层是在致密、高电阻率背景岩层上发育了极其复杂的孔隙空间结构，使得它的电阻率值总是处于相对低值的状态，而补偿中子孔隙度、声波时差测井值则有所增高，至于它们降低或升高的程度却极大地受制于储层孔隙空间的类型。

### （一）微裂缝+孔隙型储层（低产油层）测井响应特征

1. 自然伽马测井特征

低自然伽马是这些储层最基本的特征，但应注意其间的泥质会使储层的自然伽马值增高，可这并不影响储层的好坏。利用自然伽马能谱测井的铀钾比或铀钍比就很容易鉴别泥质。

2. 电阻率测井特征

潜山地层致密的白云岩电阻率背景值很高，最高可达到 $25000\Omega \cdot m$ 以上，而在储层发育段，由于泥浆滤液的侵入导致电阻率在高阻背景上明显降低，深浅侧向电阻率一般呈"U"形，即高阻背景下低阻。电阻率在致密岩层高电阻率背景值基础上明显降低，由于深浅侧向电阻率的探测深度不同而形成了幅度差，在油气层处浅探测电阻率低于深探测电阻率，故出现"正差异"特征；在含盐水层处深探测电阻率低于或近似等于浅探测电阻率，故出现"负差异"或基本无差异特征。

3. 补偿中子测井特征

补偿中子孔隙度在致密岩层背景值基础上增高，但要排除泥质含量的影响，因为一般泥质造成的中子孔隙度增高比孔隙更为强烈。

4. 声波测井特征

声波时差随孔隙度增高而增高，且基本呈线形关系，曲线比较平滑，近似"U"形。

5. 密度测井特征

当密度仪探测器与井壁上张开裂缝接触时，密度值产生尖锐的低尖，故常使曲线呈锯齿状或近似"U"形。

6. 井径曲线特征

井径曲线略有扩径现象。

上述曲线特征变化如图 4-33 所示。

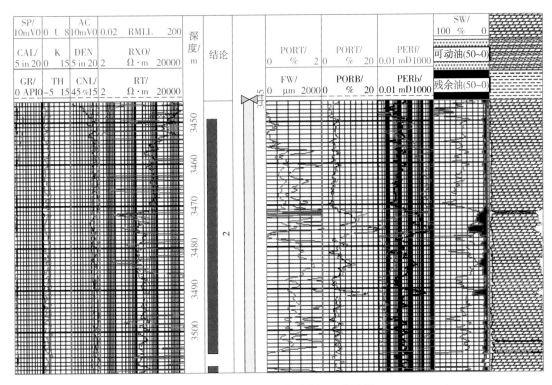

图 4-33 S16 井裂缝-孔隙性储层的测井处理成果图（3290~3350m）

**（二）裂缝+孔隙型储层（油层）测井响应特征**

1. 深浅双侧向测井响应特征

深浅双侧向电阻率将进一步降低，其降低的程度及差异性质除受流体性质影响外，还严重地受到裂缝的张开度、密集程度、产状、径向延伸等裂缝自身特征的控制。研究结果表明，对于以高角度裂缝（倾角在 75°以上的裂缝）为主的储层来说，电阻率下降不多，出现正差异，使 $R_d/R_s$ 大于 1，且比值随裂缝倾角、裂缝张开度、裂缝径向延伸度、裂缝纵向穿层长度的增大而增大。反之，对于低角度裂缝（倾角在 75°以下的裂缝），电阻率剧烈下降，常呈刺刀尖状，出现负差异，使 $R_d/R_s$ 小于 1，在裂缝倾角为 45°时比值最小。

2. 微侧向测井曲线的响应特征

井眼规则时，微侧向测井在裂缝段将发生比双侧向较多的起伏，且在双侧向电阻率背景上来回变化，这与致密岩层段微侧向测井则基本沿着双侧向曲线变化有明显的区别。

3. 声波测井曲线的响应特征

纵波声速对高角度裂缝基本没有响应，但对低角度裂缝可出现局部时差增高，甚至发生跳波。

4. 密度测井的响应特征

当密度仪探测器正好与井壁上张开裂缝接触时，密度值产生尖锐的低尖，故常使曲线呈锯齿状，但这应与井壁垮塌时造成的低密度尖相区别。

5. 补偿中子测井响应特征

对裂缝响应不敏感，有时造成补偿中子增大，其根本原因是裂缝的孔隙度较低。

6. 成像测井的响应特征

成像测井系列主要测量了5700测井系列的电阻率扫描成像（STAR Ⅱ）、井周声波成像（CBIL）和斯伦贝谢公司的地层微电阻率成像（FMI）。

地层微电阻率扫描成像采用阵列电扣（FMI采用192个电扣，STAR Ⅱ采用144个电扣）和2.5mm采样间距，测量井壁附近地层电阻率，并将电阻率的变化转换成不同的色度，得到空间分辨率5mm的沿井壁切片的高清晰度地层岩石及结构图像，在8in井眼中，图像覆盖率达50%~80%。深色部分反映了相对低电阻率，浅色或亮色反映了高电阻率，一般裂缝或孔洞显示的是深色部分。根据在成像图上所拾取的裂缝，可以计算裂缝开度、裂缝孔隙度及裂缝产状。

井周声波成像（CBIL）是利用一个旋转的换能器以脉冲回波方式对井眼的整个内壁进行扫描，并记录反射声波的幅度，而回波幅度与岩石声阻抗成正比，声阻抗与岩性、裂缝、层理、孔洞等构造的发育有密切的关系。在成像图上，裂缝及孔隙发育段显示的是深色，致密段显示的是亮色。

张开裂缝在井壁电成像测井图上表现为连续或间断的深色条带，其形状取决于裂缝的产状，垂直缝和水平缝分别为竖直的和水平的条带，斜交缝为正弦波条带状。因成像测井多解性强，目前应以数控测井为基础，并结合具体的地质条件进行分析评价，才能得到满意效果。

7. 自然伽马能谱测井的响应特征

在还原条件下，储层中的原油或地下水在裂缝中的循环可引起铀盐、晶质铀矿（沥青铀矿）的沉淀。所以，可以用自然伽马能谱测井的铀峰识别裂缝。

例如，S223井3340~3424m段自然伽马曲线显示为高值200API，如图4-34所示。按照常规测井认识为泥岩层，通过该井自然伽马能谱测井认为在3340~3424m有铀峰存在，铀值在12~30ppm，而钍、钾值均较低，钍、钾值分别为1.53ppm和0.26ppm，与下面的储层钍、钾的含量一样，而该井段下面的铀的含量较低为2ppm，因此可以解释为该层段为裂缝性储层。

**（三）裂缝层的测井响应特征**

1. 深浅双侧向测井响应特征

对于裂缝层来说，深浅双侧向测井电阻率差异将明显受到裂缝产状的影响，其特征类似于上述的裂缝+孔隙性型储层，深浅双侧向测井电阻率下降较大且出现较大的正差异，$R_d/R_s$ 大于1。

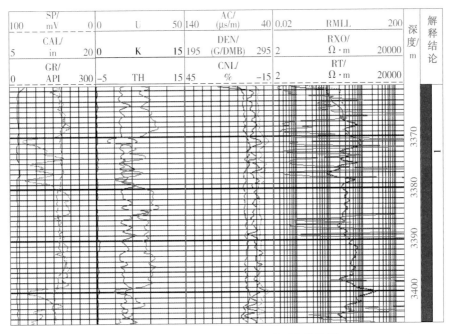

图 4-34 S223 井常规测井曲线与自然伽马能谱测井曲线图（3340~3406m）

2. 微侧向测井曲线的响应特征

井眼规则时，其电阻率呈"U"形降低，有时在其背景上发生锯齿形的起伏变化，且起伏比双侧向曲线更多。

3. 声波测井曲线的响应特征

纵波时差在呈"U"形增高的背景上出现跳跃，特别在低角度裂缝处还有可能发生跳波。

4. 密度测井的响应特征

井眼规则时，密度曲线在呈"U"形降低的背景上或出现尖锐的低值尖跳跃，或无任何跳跃尖，这完全取决于探测器与井壁上的张开裂缝是否有接触，但要注意这应与井壁垮塌时造成的低密度尖相区别。

5. 补偿中子测井的响应特征

它主要反映岩块孔隙度的高低，对裂缝基本没有响应，原因是裂缝的孔隙度太低。

6. 成像测井的响应特征

其特征与裂缝型储层基本相似，且成像测井响应更加明显。

7. 微电导率异常显示识别裂缝发育段

高质量的地层倾角资料通过电导率异常检测（DCA）处理，可以较好地显示裂缝发育段，电导率异常检测是应用地层倾角测井的四条电导率曲线及两条井径曲线，在一定的对比井段内，通过给定门限值即最小电导率异常值计算各极板的电导率异常。在井眼规则的情况下，对于低角度裂缝，四条电导率曲线上都有异常显示，且异常幅度基本一致。而对于高角度裂缝，不是每个极板都能探测到裂缝，因此只有遇到裂缝的极板才出现电导率异常，对于中间角度的裂缝，四个极板上都会出现一定的电导率异常。

8. 井径曲线特征

井径曲线常有扩径现象。

## 三、储层参数计算的数理模型

要定量计算储层参数，仅有前面已建立的测井解释地质模型是不够的，还必须在此基础上进一步建立计算每种参数相对应的数理模型，即针对不同地质模型而建立的孔隙度、渗透率、饱和度等参数计算的数理模型。

### （一）储层孔隙空间体积计算的数理模型

1. 岩块孔隙度计算模型

根据岩块孔隙的地质模型，可建立以下的测井响应方程：

中子含氢指数方程：

$$\varphi_N = \varphi + \left[1 - \frac{2.2\rho_h}{\rho_{mf}(1-\rho_{mf})}\right] \cdot \left[\varphi(1-S_{xo})\right] + k\left\{2\varphi^2\left[S_{xo} \cdot H_w + (1-S_{xo}) \cdot H_h\right] + 0.04\varphi\right\} \cdot$$

$$\left\{1 - \left[S_{xo} \cdot H_w + (1-S_{xo}) \cdot H_h\right]\right\} + V_{sh} \cdot \varphi_{Nsh} + \sum_{i=1}^{n} V_{mai} \cdot \varphi_{Nmai} \tag{4-1}$$

岩石体积方程：

$$\rho_b = \varphi\rho_{mf} + V_{sh} \cdot \rho_{sh} + \varphi\left[(1.19 - 0.16\rho_{mf})\rho_{mf} - 1.33\rho_h\right] \cdot C \cdot (1-S_{xo}) + \sum_{i=1}^{n} V_{mai} \cdot \rho_{mai} \tag{4-2}$$

声波传播时间方程：

$$DT = \varphi\left[A - (1-S_{xo})\Delta T_h + S_{xo} \cdot \Delta t_{mf}\right] + V_{sh} \cdot \Delta T_{sh} + \sum_{i=1}^{n} V_{mai}\Delta T_{mai} \tag{4-3}$$

$$\varphi + V_{sh} + \sum_{i=1}^{n} V_{mai} = 1 \tag{4-4}$$

$$\varphi = a \cdot \varphi^b \tag{4-5}$$

式中　$\varphi$——孔隙度，%；

　　　　$\varphi_N$——中子孔隙度，%；

　　　　$\rho_{mf}$——泥浆滤液密度，$g/cm^3$；

　　　　$\rho_h$——油气密度，$g/cm^3$；

　　　　$S_{xo}$——冲刷带含水饱和度，%；

　　　　$H_w$——地层水含氢量；

　　　　$H_h$——油气含氢量；

$V_{sh}$——油气含氢量；

$\varphi_{Nsh}$——泥质中子孔隙度，%；

$V_{mai}$——各种矿物骨架体积，%；

$\varphi_{Nmai}$——各种矿物中子孔隙度，%；

$\rho_b$——测井体积密度，$g/cm^3$；

$\rho_{sh}$——泥岩密度，$g/cm^3$；

$\rho_{mai}$——各种矿物骨架密度，$g/cm^3$；

$\Delta T_h$——油气声波时差，$\mu s/ft$；

$\Delta T_{mf}$——流体声波时差，$\mu s/ft$；

$\Delta T_{sh}$——泥岩声波时差，$\mu s/ft$；

$T_{mai}$——各种矿物声波时差，$\mu s/ft$；

$k$——挖掘校正系数；

$C$——残余油气校正系数；

$A$——冲刷带校正系数；

$a$、$b$——孔隙度校正系数。

声波时差曲线是较好的求基质孔隙度的一种方法，即：

$$\varphi = \frac{A_c - T_{ma}}{T_f - T_{ma}} - SH \frac{T_{sh} - T_{ma}}{T_f - T_{ma}} \qquad (4-6)$$

式中　$A_c$——声波时差测量值，$\mu s/ft$；

$\varphi$——孔隙度，%；

$T_{ma}$——岩石骨架的声波时差，$\mu s/ft$；

$T_f$——流体的声波时差，$\mu s/ft$；

$T_{sh}$——泥质的声波时差，$\mu s/ft$；

$SH$——泥质含量，%。

泥质含量 $SH$ 采用自然伽马（$GR$）（在储层中含有放射性铀时用无铀伽马曲线）计算，计算公式如下：

$$SH = (2^{G_{cur} \times \Delta GR} - 1)/(2^{G_{cur}} - 1) \qquad (4-7)$$

$$\Delta GR = (GR - GR_{min})/(GR_{max} - GR_{min}) \qquad (4-8)$$

式中　$SH$——泥质含量，%；

$GR$——自然伽马测井值，API；

$GR_{max}$——自然伽马最大值，API；

$GR_{min}$——自然伽马最小值，API；

$G_{cur}$——经验系数；

$\Delta GR$——自然伽马相对值。

2. 白云岩声波时差骨架值的选取

地层的声波时差骨架值的选取对准确确定储层孔隙度是一个重要参数，因此准确确定白云岩声波时差骨架值是求准储层孔隙度的关键。根据 D W Hilchie 建立的常见岩石矿物参数表，白云岩的声波时差骨架值为 43.5μs/ft，用此参数处理计算白云岩储层孔隙度较合理。由上面岩心分析该区的白云岩不同于正常沉积的白云岩，两种岩石经过了变质作用，岩石颗粒接触紧密且大多为晶体，因此该区白云岩声波时差骨架值不应该选取正常沉积的白云岩的声波时差骨架值，在缺少两种岩石声波试验的情况下，经过多次选取不同的两种岩石声波时差骨架值计算储层的孔隙度与岩心分析对比，确定了该区白云岩的声波时差骨架值为 40μs/ft。

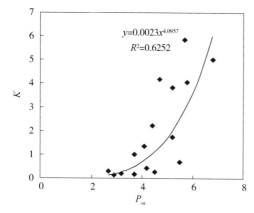

$$y=0.0023x^{4.0957}$$
$$R^2=0.6252$$

图 4-35 岩块孔隙度-渗透率关系回归图版

3. 岩块渗透率的计算模型

目前孔隙型储层的渗透率都是通过相应的孔渗关系函数由孔隙度计算渗透率。根据该区的孔渗关系回归图版（图 4-35），得出其函数的表达式为：

$$K=0.0023\times P_{or}^{4.0957} \qquad (4-9)$$

**（二）裂缝空间体积计算模型**

1. 裂缝张开度的计算

裂缝张开度是指在测井仪器的纵向分辨率范围内所有与井壁相切割的裂缝之张开度的总和。目前可根据电阻率测井资料和成像测井资料对裂缝的响应特征计算裂缝的张开度。

1）双侧向测井法

该方法是由斯仑贝谢测井公司西比特（A M Sibbit）等提出的一套实验关系式，而不是严格的理论公式，它是针对不同的裂缝产状使用不同的实验关系式。

（1）高角度缝张开度计算公式。

对高角度裂缝张开度用公式（4-10）计算：

$$F_w=[R_m(C_s-C_d)/4]\times10^4 \qquad (4-10)$$

式中　$F_w$——裂缝张开度，μm；

　　　$C_s$——浅侧向电导率，S/m；

　　　$C_d$——深侧向电导率，S/m；

　　　$R_m$——泥浆电阻率，Ω·m。

（2）低角度缝张开度计算公式。

对低角度裂缝张开度用公式（4-11）计算：

$$F_{\text{w}} = \left[ R_{\text{m}} (C_{\text{d}} - C_{\text{b}}) / 1.2 \right] \times 10^4 \tag{4-11}$$

式中　$C_{\text{b}}$——基块电导率，$\text{Ms/m}$。

$C_{\text{b}}$值可由与解释层邻近的非裂缝性地层读取。

（3）网状缝张开度计算公式。

对于网状裂缝的张开度，可分别求出低角度裂缝和高角度裂缝的张开度，然后相加即得。

用双侧向测井资料计算裂缝张开度是一种近似方法，主要受到裂缝产状和组合特征判断不准的限制。因此该法主要用于单组系裂缝的张开度计算。

2）成像测井法

利用成像测井计算裂缝张开度的近似公式为：

$$W = A \times R_{\text{xo}}^b R_{\text{m}}^{(1-b)} \tag{4-12}$$

式中　$A$——由裂缝造成的电导率异常面积；

$R_{\text{xo}}$——地层侵入带电阻率；

$R_{\text{m}}$——泥浆电阻率；

$b$——0.863，与仪器有关的常数。

$A$、$R_{\text{xo}}$都是基于标定到浅侧向电阻率后的图像计算的，$W$是单位井段中全部裂缝的平均水动力宽度，即它们的水动力总效应的拟合。

用成像测井资料计算裂缝张开度的最大优点是不受裂缝产状的限制，这是用双侧向井资料所无法比拟的。影响成像测井资料计算结果精度的主要因素是对裂缝的拾取是否正确，所以如何辨别真、假裂缝，区分天然裂缝与诱导裂缝是该项技术的前提和关键。此外必须指出，用成像测井资料计算的裂缝张开度只反映较粗大的裂缝，而对于微细裂缝则不能反映。

**2. 裂缝孔隙度计算**

从对各种测井孔隙度含义的分析中可看出，电阻率孔隙度对裂缝度最为敏感，所以目前国内外都趋向于用双侧向测井曲线计算裂缝孔隙度。至于原来用 $\Phi_{\text{N}}$ 与 $\Phi_{\text{s}}$ 之差来计算次生孔隙度，并当作裂缝孔隙度，只是一种十分粗略的方法，因此不采用此法。

利用双侧向测井资料可直接计算网状裂缝孔隙度：

油层的公式：

$$\Phi_{\text{f}} = \left[ R_{\text{m}} (C_{\text{s}} - C_{\text{d}}) \right]^{1/mf} \tag{4-13}$$

水层的公式：

$$\Phi_{\text{f}} = \left[ R_{\text{m}} (C_{\text{s}} - C_{\text{d}}) / (C_{\text{m}} - C_{\text{w}}) \right]^{1/mf} \tag{4-14}$$

**3. 裂缝的径向延伸**

高角度裂缝的径向延伸状况对其有效性评价至关重要，但是要精确计算它们的延伸深度是极其困难的，目前只能用深浅双侧向测井响应近似估计裂缝的径向延伸情况。

由于浅双侧向测井的径向探测深度为 30~50cm，而深双侧向的径向探测深度都在

2~3m，因此对于径向延伸小于0.5m的无效高角度裂缝，深浅双侧向都因主要反映基岩的高电阻率，故而呈高电阻率特征，且电阻率差异也不大，其深浅双侧向比值小于5；当裂缝径向延伸在0.5~2m时，浅侧向就基本只受侵入带影响，而深侧向还将受到基岩电阻率较大的影响，故浅侧向电阻率明显降低，而深侧向电阻率仅略有降低，所以出现大幅度的正差异，其比值可达5~11；对于径向延伸大于2~3m的有效高角度裂缝，深、浅双侧向都将受到裂缝的影响，使电阻率降低，正差异幅度减小，其比值小于5。

4. 双重介质的饱和度计算模型

当 $\Phi_f$ 等于零时采用式(4-15)计算含水饱和度模型：

$$(1/R_d) = (\Phi_b^{mb} \cdot S_{wb}^{nb})/R_w \tag{4-15}$$

当 $\Phi_f$ 不等于零时采用式(4-16)计算含水饱和度模型：

$$(1/R_b) = (\Phi_b^{mb} \cdot S_{wb}^{nb})/R_w \tag{4-16}$$

$$S_w = (\Phi_b \cdot S_{wb} + 0.1\Phi_f)/(\Phi_b + \Phi_f) \tag{4-17}$$

$$S_h = 1 - S_w \tag{4-18}$$

**（三）裂缝渗透率的计算模型**

1. 单组系裂缝型

单一的水平缝或只有一个走向的垂直裂缝都属于此类，其形状相似于板状，故又称之为平板状模型。其渗透率计算公式为：

$$K_f = 8.50 \times 10^{-4} R F_w^2 \Phi_f^m \tag{4-19}$$

2. 多组系垂直裂缝型

其形状类似于火柴棍，故又称之为火柴棍型。其渗透率计算公式为：

$$K_f = 4.24 \times 10^{-4} R F_w^2 \Phi_f^m \tag{4-20}$$

3. 网状裂缝型

也称之为火柴棍型，其渗透率计算公式为：

$$K_f = 5.66 \times 10^{-4} R F_w^2 \Phi_f^m \tag{4-21}$$

$R$ 为裂缝的径向延伸系数，且当裂缝延伸大于2~3m时，可近似看成无限延伸，则 $R$ 等于1；当裂缝延伸为0.5~2m时，称中等延伸，则 $R$ 等于0.8；当裂缝延伸为0.3~0.5m时，称作浅延伸，则 $R$ 等于0.4；当裂缝延伸小于0.3m时，称极浅延伸，则 $R$ 等于0。

**（四）地层水电阻率的确定**

经S229井、S232井、S169井试油分析地层水的性质为钠与钾离子的含量为256~370mg/L，氯离子的含量为53.8~336.9mg/L，碳酸氢根离子的含量为595~853mg/L，水型为 $NaHCO_3$ 型，总矿化度为971~1684mg/L，换算为地层状况下地层水电阻率为1.54~1.87Ω·m。

**（五）有效厚度计算**

孔隙性储层的有效厚度有较确切的意义，即孔隙度、渗透率、烃饱和度均在有效下限值以上的储层厚度，因此有效厚度的确定就是对各种参数下限值的确定。根据孔隙度与饱和度关系曲线和束缚水饱和度确定有效孔隙度下限值，同时利用渗透率的下限值和由岩心分析资料建立的孔隙度渗透率关系曲线也可求得孔隙度的下限值，两者结果一致。如图 4-36、图 4-37 所示。

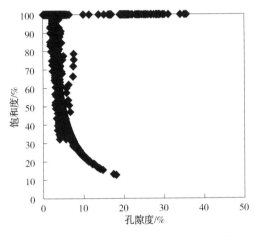

图 4-36　S229 井饱和度与孔隙度交会图

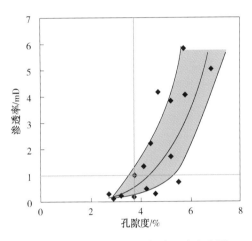

图 4-37　白云岩孔隙度与渗透率交会图

有裂缝时，由于裂缝对孔隙度贡献很小，但对渗透率却有非常大的贡献，使得即使在孔隙度相当低时，仍有因较大的渗透率而成为有效储层，所以这时孔隙度不再作为确定有效厚度的一个唯一指标(但它仍然是评价储层能否稳定和储量丰度的重要指标)，而主要看渗透率。从图 4-38(a) 可以看出，按照裂缝开度，裂缝可以分为三类：裂缝开度在 0~400μm 的裂缝，从图 4-38(b)看出：此类裂缝累计占 90%；裂缝开度在 400~800μm 的裂缝，从图 4-38(b)看出：此类裂缝累计占 6% 左右；裂缝开度大于 800μm 的裂缝，从图 4-38(b)看出：此类裂缝累计占 4%。同时也可以看出裂缝开度等于 400μm 时曲线的变化率最大，为曲线的拐点，说明裂缝开度等于 400μm 是裂缝性质变化的临界点。

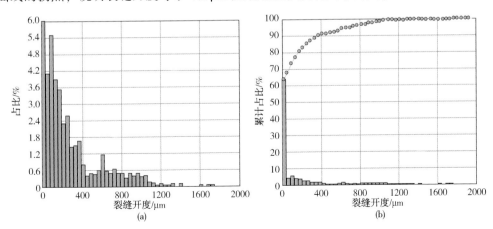

图 4-38　裂缝开度统计直方图

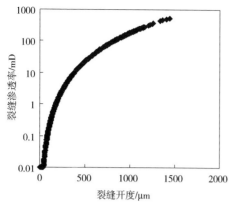

图 4-39 裂缝渗透率与裂缝开度关系图

从图 4-39 可以看出裂缝开度小于 400μm、裂缝渗透率小于等于 10mD 时，渗透率较小，对储层的渗透性改善不大，因此定义裂缝开度等于 400μm 为储层有效厚度的下限值。

经过上述分析，孔隙度下限值取 3.5%，裂缝开度大于 400μm。

## 四、结论

根据碳酸盐岩储层地质特征的研究，将储层分为三种类型：第一，裂缝+孔隙型储层，其孔隙度大于 3.5%，其裂缝为规模较大的构造缝，其次是一些宏观裂缝，是碳酸盐岩储层中最好的储层；第二，微裂缝+孔隙型储层（低产油层），其孔隙度大于 3.5%，其裂缝主要为储层微观孔、缝以及孔洞；第三，裂缝层，其孔隙度小于 3.5%，裂缝较发育，基质孔隙度和储层含油饱和度很小，接近于零，为裂缝层。

根据以上三种类型的储层建立了测井地质评价模型。该类储层是典型的双重介质模型，因此必须分别建立两类孔隙空间的几何模型及流体模型，分别建立三种储层的空间几何模型和流体分布模型，每种模型又分为裂缝系统和岩块孔隙系统，在此基础上总结各种测井曲线的响应特征，分别给出储层参数计算的数理模型，基质岩块和裂缝孔隙度、渗透率和储层油、气、水饱和度，对裂缝的张开度进行了定量计算，给出了储层有效厚度的划分标准。

## 参 考 文 献

[1] 曾炎，李涛，叶素娟. 川西须家河组二段超致密储层有效性测井综合评价[J]. 地质勘探，2010，30（6）：35-38.

[2] 徐言刚，徐宏节，虞显和. 川西坳陷中深层裂缝的识别与预测[J]. 天然气工业，2003，24（3）：9-11.

[3] 叶泰然，黄勇，王信，等. 川西坳陷中段丰谷构造须家河组二段致密砂岩储层油气预测方法研究[J]. 成都理工大学学报（自然科学版），2003，30（1）：82-86.

[4] 李军，张超谟，王贵文，等. 一种研究山前挤压构造区地应力的新方法[J]. 地球学报，2004，25（1）：85-94.

[5] 赵军，张莉，王贵文，等. 一种基于测井信息的山前挤压构造区地应力分析新方法[J]. 地质科学，2005，40（2）：284-290.

[6] 李军，张超谟，王贵文，等. 前陆盆地山前构造带地应力响应特征及其对储层的影响[J]. 石油学报，2004，25（3）：23-27.

[7] Aoback M D, Moos D, Mastin L. Well bore breakouts and insitu stress [J]. Journal of Geophysical Research, 1985, 90(7): 5523-5530.

[8] 欧阳健. 测井地应力分析[J]. 新疆石油地质, 1999, 20(3): 213-217.

[9] 赵军, 彭文, 李进福, 等. 前陆冲断构造带地应力响应特征及其对油气分布的影响[J]. 地球科学——中国地质大学学报, 2005, 30(4): 467-472.

[10] 王威, 黄曼宁. 元坝地区须家河组致密砂岩气藏富集主控因素[J]. 成都理工大学学报(自然科学版), 2016, 43(3): 266-273.

[11] 缪祥禧, 吴见萌, 葛祥. 元坝地区须家河组非常规致密储层成像测井评价[J]. 天然气勘探与开发, 2015, 38(4): 33-36.

[12] 林小兵, 刘莉萍, 魏力民. 川西丰谷地区须四段钙屑砂岩含气储层预测[J]. 西南石油大学学报, 2007, 29(2): 82-84.

[13] 马如辉. YB地区须家河组须三段钙屑砂岩气藏成藏主控因素——以X7井为例[J]. 天然气工业, 2012, 32(8): 56-62.

[14] 李浩, 刘双莲. 测井曲线地质含义解析[M]. 北京: 中国石化出版社, 2015.

[15] 李浩, 刘双莲, 魏修平, 等. 测井信息地质属性的论证分析[J]. 地球物理学进展, 2014, 29(6): 2690-2696.

[16] 程洪亮, 李昌峰, 卢娟廖, 等. 四川盆地元坝气田须家河组三段气藏致密钙屑砂岩储层发育机理[J]. 世界地质, 2019, 38(1): 175-183.

[17] 曾小英, 张小青, 钟玉梅. 川西坳陷中段须家河组四段钙屑砂岩气层的成因[J]. 沉积学报, 2007, 25(6): 896-902.

[18] 赵良孝. 碳酸盐岩裂缝性储层含流体性质判别方法的使用条件[J]. 测井技术, 1995, 19(2): 126-129.

[19] 黄隆基. 放射性测井原理[M]. 北京: 石油工业出版社, 1982.

[20] 刘建敏, 王慧萍, 齐宝艳. 测井资料综合解释[M]. 青岛: 中国石油大学出版社, 2013.

[21] 楚泽涵, 黄隆基, 高杰, 等. 地球物理测井方法与原理[M]. 北京: 石油工业出版社, 2015.

[22] 国景星, 杨少春, 闫建平. 测井地质学[M]. 北京: 石油工业出版社, 2021.

[23] 李凤琴, 秦菲莉, 陈汉林, 等. 自然伽马能谱资料在油田勘探中的应用[J]. 石油天然气学报(江汉石油学院学报), 2005, (6): 874-876.

[24] 吴晓光, 缪祥禧, 王志文, 等. 自然伽马能谱测井在四川盆地矿产资源勘探中的应用[J]. 特种油气藏, 2021, 28(05): 45-52.

[25] 惠伟, 李淑荣, 李继亭, 等. 自然伽马能谱测井在碳酸盐岩储层评价中的地质应用[J]. 中国石油和化工标准与质量, 2014, 34(12): 154-155.

[26] 刘春园, 魏修成, 徐胜峰, 等. 地球物理方法在碳酸盐岩储层预测中的应用综述[J]. 地球物理学进展, 2007, 22(6): 1815-1822.

[27] 申本科, 王贺林, 宋相辉, 等. 低电阻率油气层的测井系列研究[J]. 地球物理学进展, 2009, 24(4): 1437-1445.

[28] 何雨丹，魏春光. 裂缝型油气藏勘探评价面临的挑战及发展方向[J]. 地球物理学进展，2007，22（2）：537-543.

[29] 申本科，赵红兵，崔文富，等. 砂砾岩储层测井评价研究[J]. 地球物理学进展，2012，27（3）：1051-1058.

[30] 张海娜，杜玉山，王善江，等. 塔河油田奥陶系潜山碳酸盐岩储层特征及测井评价技术[J]. 测井技术，2003，27（4）：313-316.

第五章

# 测井地质研究

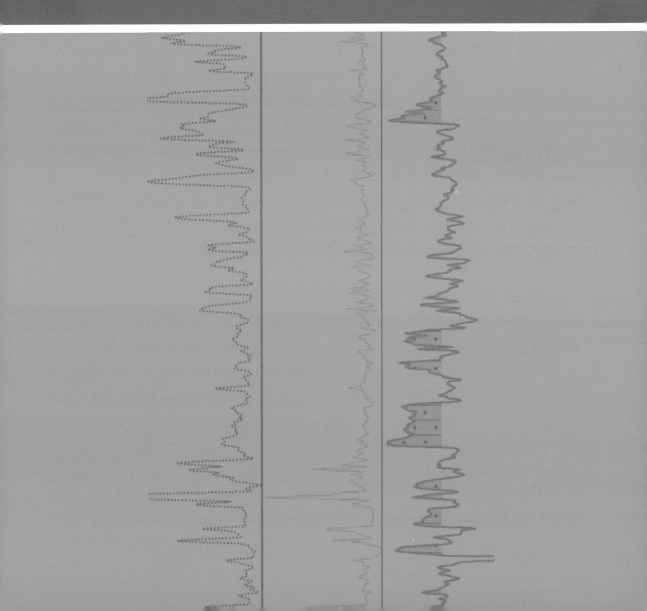

油气勘探开发目标的复杂化、隐蔽性，使测井评价技术面临挑战，深化测井地质学的理论及应用是测井技术应对挑战的途径之一。在尝试分析我国测井地质学的发展动力和存在问题的基础上，认为测井地质学在我国的发展大致经历了 3 个阶段：测井地质学的引入和初步探索阶段；国内学者对测井地质学的多方位研究、探索阶段以及测井新技术为主导的测井地质学发展阶段。通过深入总结各阶段测井地质学的发展水平和成果推广效果，进一步探讨测井地质学在我国的应用现状与不足，指出阻碍该学科发展的突出矛盾在于学术研究的过于分化。对于我国测井地质学的发展方向，认为地质家和测井分析家的深入合作是该学科走向完善的唯一途径。

# 第一节　测井地质学在我国的发展历程及其启示

测井地质学是以地质学和岩石物理学的基本理论为指导，综合运用各种测井信息解决地层学、构造地质学、沉积学、石油地质学以及油田地质学中各种地质问题的一门科学。

测井地质学是地质和测井两大学科相互交叉、渗透而派生和发展起来的新兴边缘学科，是 20 世纪 80—90 年代石油勘探事业和石油科技飞速发展应运而生的地球物理和地质学相结合的一个分支学科。其研究的内容包括：①测井地质学的基础地质研究。其目的是开展构造地质学研究、测井沉积学研究以及建立区域性统一的地层层序。②测井地质学的石油地质研究。其目的一是解释油、气、水层，确定与储量有关的测井分析参数；二是利用测井信息研究生油层、盖层及油气的生、储、盖组合。③测井地质学的油田工程地质研究。其目的是综合各种测井信息，应用于地震解释设计、钻井设计、油井压裂、试油过程中的泥浆配制、套管的损伤和变形、油层保护等工程地质的研究。

## 一、测井地质学在我国的发展状况及应用现状分析

最早系统整理测井资料地质应用的是 S J 皮尔森（Pirson），1970 年首次发表 1977 年再版的《测井资料地质分析》，为测井地质奠定了基础。其核心是把测井资料用于油区沉积学研究，进而描述油气储集层。他系统地阐述了测井资料在碎屑岩沉积相带识别、异常压力预测、油气分布与水动力条件等方面的应用。之后，不少国内外学者也相继发表了一些性质类似的文章，这些文献对油气地质和勘探起了良好的促进作用。目前，测井资料已经在岩石学、沉积学、地层学、构造地质学、油气储层评价、生油岩及油气盖层评价等地质学领域中得到广泛应用。

研究事物的发展历史可以帮助总结成败得失。我国的测井地质学研究已有二十多年，目前介绍我国测井地质学发展和应用的研究成果比较有限，因此系统性地总结和介绍测井

地质学非常必要。根据研究成果的层次和测井技术自身的发展特点，我国的测井地质学发展大约经历了三个阶段。

第一个阶段是测井地质学的引入和初步探索阶段，其时间集中于 20 世纪 80 年代。这一阶段主要有两个特点：一是翻译和引进了一些国外学者关于测井地质学理论及应用的重要著作。如 S J 皮尔森的《测井资料地质分析》，*AAPG* 及 *The Log Analyst* 等发表的部分文章。二是国内的一些测井及地质学者开始转型，其中地质工作者以尝试常规测井技术（包括电阻率测井、孔隙度测井、自然伽马测井、自然电位测井及井径测井）的地质应用为主

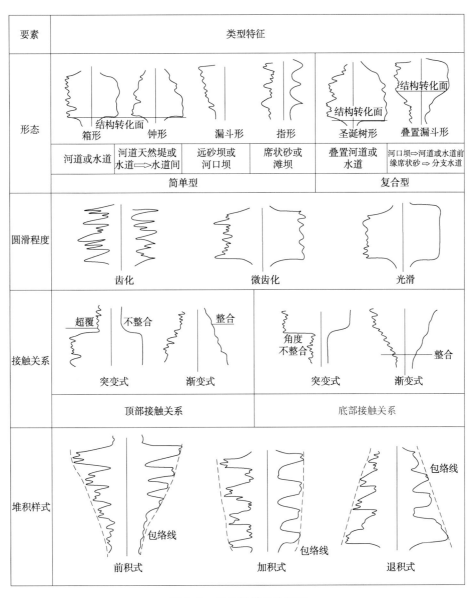

图 5-1　测井相模式分析图

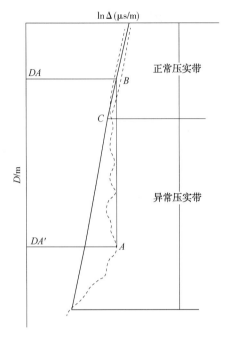

图5-2 等效深度法分析地层压力示意图
（据周立宏等，2005）

（图5-1），而测井工作者主要尝试当时的新型测井仪器如地层倾角测井技术以及自然伽马能谱测井技术等的解释应用，部分学者也相继探索测井技术的地层压力预测研究并获得成功（图5-2），这一时期涌现出一批优秀的研究成果，主要有马正、陈立官、张服民等利用测井技术对沉积相和沉积环境的研究；肖义越及赵谨芳等及胜利油田利用地层倾角解释技术开展构造和沉积方面的研究；王笑连、李明诚等利用测井技术开展地层压力预测研究。这一时期测井沉积学的研究初现雏形。

第二个阶段是国内学者对测井地质学的多方位研究与探索阶段，其时间集中于20世纪80年代末至90年代中期。这一时期的研究成果有大型攻关，如油藏描述技术；有国内学者探索的成果，如李国平等对天然气盖层突破压力的研究、赵彦超等利用测井技术对生油岩的评价、刘光鼎等利用测井技术评价大洋钻探；有具备地方特色的研究应用，如司马立强、吴继余等利用地层倾角解释技术对川东高陡构造和复杂岩性的测井地质研究；有跟踪国外学术进展的研究成果，如周远田、肖慈珣、欧阳建及薛良清、李庆谋、肖义越等翻译介绍国外最新学术成果的文章；有综观全局对测井地质学发展进行思考的研究成果，如丁贵明、蔡忠等提出测井地质学的相关研究方法。

图5-3为司马立强等利用地层倾角测井解释技术对川东 WQ1 井高陡构造的一次准确研究的实例。该井设计井位位于川东某构造西段西高点北西翼，其构造北西翼平缓，南东翼陡峭。该井钻至4237m停止钻井，实钻发现钻井设计差异极大。用测井资料及时、有效地分析了该井井周构造形态，获得了一些重要的构造信息。测井分析准确预测了该井在构造中的位置，及时提出侧钻建议。该井的地层倾角测井资料分析结果表明：4100m以上二叠系产状为倾角30°、倾向150°～170°，地层倾角随深度变大，倾向南东，显然该

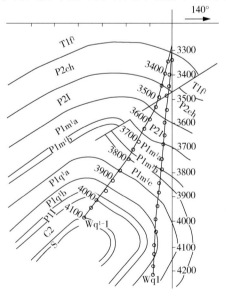

图5-3 川东 WQ1 井井周构造剖面分析图
（据司马立强等，1996）

井并没钻在设计的北西缓翼上。继续钻进很难钻达目的层——石炭系，而应在上部（三叠系）地层向北西方向侧钻才能钻达石炭系。该建议被地质家采纳，在 3200m 处沿 N35°W 方向侧钻 WQ1-1 井，顺利地在 4000m 左右的构造高点处钻达目的层——石炭系，并获高产工业气流。

这一阶段测井地质学在我国曾呈现全面发展的局面并产生了一些重要的研究成果，地质学家和测井分析家有了一定的交流与协作，共同翻译出版了《测井地质学在油气勘探中的应用》及《测井资料地质解释》等文献，推动了测井地质学的发展。但是，测井行业本身过于倚重地球物理方法的技术思维特点，对于解决好测井与地质之间的准确融合存在难度，例如绝大多数的测井解释工作者对于测井相分析的原理和方法了解不深入，且测井与地质在这一领域的交流非常有限，致使地质家在从事测井相研究时，手段相对单一，其中孔隙度测井信息的测井相研究应用明显不够充分。

这一时期某些测井技术首先提出的测井地质研究方法在本专业发展有限，在地质研究领域却得以广泛应用，油藏描述技术就是一例。

油藏描述，简称 RDS 技术服务（Reservoir Description Service），就是对油藏各种特征进行三维空间的定量描述和表征乃至预测。该技术首先由斯仑贝谢公司在 20 世纪 70 年代提出，主要基于测井资料在油藏描述中的贡献最大，因此，最早的油藏描述是以测井技术为主体的。我国在"七五"期间将油藏描述技术作为国家重点科研攻关项目，黄骅坳陷的舍女寺油田、济阳坳陷的牛庄油田、东濮坳陷的文东油田以及江汉坳陷的拖谢油田同时开展了适用于我国陆相油藏特点的油藏描述研究。其中，大港油田测井公司以舍女寺油田为目标区，在国内较早开展以测井技术为主体的油藏描述攻关。但是，进入 20 世纪 90 年代以后，油藏描述已成为以地质和地震解释为主的研究技术。

第三个阶段是测井新技术为主导的测井地质学发展阶段，其时间集中于 20 世纪 90 年代中期至今。这一阶段最大的特点是测井地质学在应用上产生分化。一方面，大量新兴测井方法的出现，引领测井专业人员逐渐将测井地质学与先进测井仪器相结合，FMI 成像测井评价技术、ECS 元素测井技术与核磁测井分析技术成为测井地质学讨论的热点，使部分测井技术人员转入研究新型测井技术的地质应用；另一方面，测井学者从地层对比、煤田测井地质学及复杂岩性等其他方面开展测井地质学研究。但是测井技术发展的日益专业化，在相当长的时间内加大了地质家运用新技术从事测井地质研究的难度，测井地质研究切入点的相对不足，从某种程度上限制了地质家应用测井地质学研究方法的能力。

第四个阶段是创新探索以地质为理论基础的测井地质学阶段，其时间始于 2008 年至今。这一阶段李浩等学者根据多年探索与实践，从大量案例中逐步摸索出破解测井曲线地质含义的三个方法。一是基于地质刻度的测井地质属性研究方法。以往的地质刻度测井是指应用数理统计的方法建立测井曲线与岩心分析资料之间的关系，然后应用这些关系进行定量解释和计算处理，为孔隙度、渗透率及饱和度等参数建模提供依据；他们提出基于地质学原理，根据岩心的地质事件识别刻度测井曲线，解开多种地质事件在测井曲线上的密码特征。

二是基于归因分析的测井地质属性研究方法。提出该方法的原因在于，基于地质刻度的测井地质研究毕竟有局限性，一则可用于刻度的依据毕竟有限，二则地质刻度也可能遭遇多解；以测井曲线特殊变化指向同一地质本因为线索开展归因分析，不失为一种科学分析方法，李浩等在其著作中对该方法做了系统表述。

三是基于岩石或地质事件成因的测井地质属性研究方法。将地质本因直接导入测井曲线分析中也是可以尝试的角度，即根据地质成因的某一固有机理，推测或在测井曲线上寻找与该固有机理相吻合的共性变化(岩石的某一成因特性，极可能就附着于测井曲线的某一共性表象)。这说明，从地质成因的视角完全有可能推理或归纳总结出测井曲线的地质含义，进而达到还原地质事件原貌的目的。

上述三种方法的理论基础就是作者提出的测井曲线具有三种地质属性，以这三种地质属性为推理依据，是完全有可能复原测井曲线记录的地下地质原貌的。

从这一时期的测井地质研究成果同样可以清楚地发现测井专业与地质专业在测井地质应用上的区别。传统的、以常规测井技术为主体的测井地质学，依然被非测井专业为主的地质人员广泛应用，如较为广泛开展的测井相、地层压力预测、生油岩评价研究及部分低电阻率油层地质成因的研究，层序地层学家也广泛应用常规测井技术开展测井层序地层学研究，并获得一些实用的研究成果；测井专业对于测井地质学的研究则主要集中于对成像及核磁测井技术的研究与讨论，部分研究机构的测井评价软件上引入测井地质分析的内容。这一时期针对陆相地层的测井沉积学研究已日渐成熟，欧阳健、郭荣坤、王贵文等先后完成了整体论述测井地质学的专著。

图 5-4 为一成像测井应用的实例，TZZ1 井为塔中地区卡 1 区块的一口探井。目的层段为 5364~5371m。成像测井显示：5366~5371m 见有大小不等的溶蚀孔，并且见到有个别高角度裂缝，而较大的孔洞呈孤立状，连通性差。5369~5371m 见小绿豆状溶孔，溶孔较发育，局部有连通迹象。该储层岩心资料显示：岩性以白云岩为主，溶蚀孔洞发育，一般大小为 0.3~0.5μm，基本未充填。取心见灰色油斑白云岩，含油面积 15%，呈不均匀斑点状，岩心出筒时具微弱油味，岩心湿，干照为浅黄-黄色，气测全烃由 0.013% 上升为 30.70%，C1 从 0.871% 上升到 26.345%，气测解释为含油气层。用常规三开三关进行油气测试，日产油 0.23m³，后经酸压，日产油 4.4m³，试油结果为低产油层。分析认为，由于储层裂缝不太发育，孔洞连通性差，导致产能低。

图 5-5 为济阳坳陷 LUO67 井声波时差-电阻率交会图与层序界面的对应关系。图中明显可以看出层序 I 的底界面、层序 III 的底界面和顶界面处的 $\Delta \lg R$（$\Delta \lg R$ 被定义为刻度合适的孔隙度曲线如声波时差曲线与电阻率曲线曲线重叠、叠加，对于富含有机质的细粒烃源岩来说，两条曲线存在幅度差。）迅速降低为 0，层序 II 的底界面处和顶界面处的 $\Delta \lg R$ 虽未降为 0，但也明显减小。

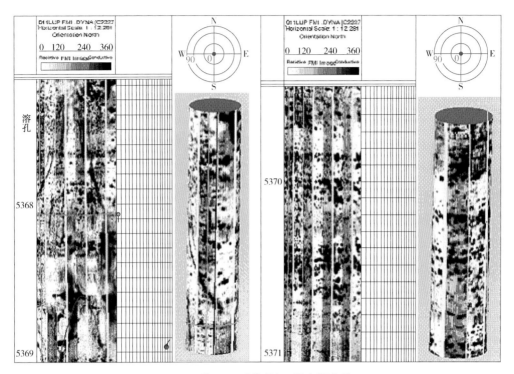

图 5-4  TZZ1 井 FMI 成像特征(据卢颖忠等，2006)

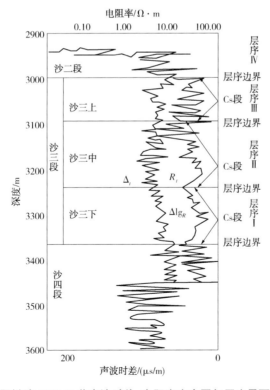

图 5-5  济阳坳陷 LUO67 井声波时差-电阻率交会图与层序界面的对应关系

(据操应长等，2003)

这与该时期的湖平面下降规模小有关。层序Ⅰ、层序Ⅱ、层序Ⅲ的 Cs 段的 $\Delta lgR$ 明显增大，并且在同一层序内部向上、向下逐渐减小。

## 二、测井地质学在我国发展面临的问题和启示

讨论测井地质学在我国的发展历程可以发现，广泛地开展测井技术与地质应用之间的交流，提高地质家和测井分析家共同探索测井地质学的兴趣，是提高测井地质学应用水平的关键。测井相的广泛应用并最终推动测井沉积学系统化研究体系的形成，就是一个成功的例证。利用测井信息研究沉积相和沉积微相，经地质家的研究介入，与测井分析家的深入交流，建立了完善的测井相-地质相的转换分析模式，从其一开始就获得了广泛的认同和推广，在石油地质研究中取得了巨大的成功。

正如郭荣坤和王贵文在他们合作完成的《测井地质学》中对测井地质学主要探索方向的论述：更新用测井资料确定岩性、岩相、沉积环境研究的概念，将测井信息作为单项指标提高到模型化的高度（即由数量模型提高到概念模型）建立典型模式；深入研究测井曲线的旋回特性，建立测井层序地层学分析体系，并以层序地层、旋回地层、地层模型为基础，综合测井和地震勘探资料研究，使地震高分辨率上升到测井的量级，使测井在区域研究上有更大的用武之地……测井地质学的深入发展，离不开测井学与地质学的相互渗透，离不开地质家与测井分析家的共同努力。

2000 年之后，测井技术的专业性与地质推理分析之间的矛盾性有进一步扩大化的趋势，二者的学术交流明显不够多，典型的表现是，这期间国内专门论述测井地质学的文章和书籍比较少。很难想象，没有地质家与测井分析家的密切交流及分工协作，他们二者能各自独立地建立起正确的地质与测井信息之间的转换分析模型。

测井地质学目前正面临挑战。一个突出的问题是，测井地质学研究的目标和对象日益复杂；另一个突出的问题是，国内各大石油公司的研究规划中，测井地质研究所占的比重不够大。

当前促进测井地质学研究的关键，是加快测井新技术向地质学家的推广和应用、加强测井分析家与地质学家的学术交流、各研究机构有目的地尽快建立测井技术研究的综合性课题，形成测井学者与地质家的合力攻关机制。

测井技术与地质应用的和谐发展与联合攻关，是测井地质学繁荣发展的前提条件。反之，过分强调测井技术的地球物理思维，限制地质学的推理分析法融入测井技术研究中（建立测井信息的地质转换分析模型），必然导致测井地质学研究的故步自封，毫无活力。

测井沉积学及地层压力预测技术的成功表明，测井地质应用技术获得应用，应该具备三个条件：一是能否被地质家和现场技术人员广泛应用；二是能否开展较为准确的预测性研究；三是研究体系是否系统、合理。

## 第二节　测井信息地质属性研究

目前，测井评价技术面临的主要问题，是其测量方法本身存在的认识多解性与油气勘探开发目标的日益复杂化、隐蔽性之间的矛盾。事实证明，用单一技术、方法开展测井评价已暴露诸多弊端。将测井评价技术与宏观地质背景相结合，减少测井评价认识的多解性和提高测井信息的地质应用已成为测井技术发展的共识。深化测井地质学研究方法，不仅可减少评价的多解性，而且能提供一些地质研究所需的关键证据。

### 一、地质背景的差异决定了测井响应的差异

地质内因从根本上决定了不同地质条件下的测井信息响应特征。深刻地认识到这一点，就有可能利用测井技术识别地质事件或揭示隐含的重要地质现象，为地质家提供研究和参考的依据，为特殊油气层的预测提供指向。

图 5-6 和图 5-7 分别为伊朗 Y 油田 K-1 井上白垩纪和下白垩纪地层碳酸盐岩测井响应特征，其储层岩性虽然同为碳酸盐岩，但测井曲线所表现出的电阻率和孔隙度响应特征差别却很大。分析其原因，推测为沉积背景因素所致。其中图 5-6 的上白垩纪储层在岩心照片中见到大量砂屑，极可能与海侵期陆源物质大量进入海水，造成陆源物质与碳酸盐岩混积有关，这类储层在测井曲线上的电阻率和孔隙度变化稳定，当裂缝因素影响小时，用阿尔奇公式解释储层含水饱和度($S_w$)与地下地质符合程度较高；图 5-7 的下白垩纪储层为纯碳酸盐岩地层，这种地层可能与海退因素有关，海退期的陆源供给不足，使碳酸盐岩自身的韵律构成沉积地层的主体。这类储层韵律性使测井曲线上的电阻率和孔隙度变化不稳定，用阿尔奇公式解释储层含水饱和度与录井含油显示差别较大。图中可见，非储层段常常出现较高的含油饱和度($S_w$ 为低值)，这种韵律性变化大的储层很难用数学分析模型解释。

### 二、测井信息地质属性的提出及其研究目的

以上两例说明，测井信息与地质演化息息相关，内含地质属性。研究测井信息与地质背景演化的内在联系，对于能否将测井信息转换成地质分析模型具有探索价值。

属性的定义是指事物所具有的性质、特点。就测井信息的形成而言，它同时具备地球物理属性和地质属性。前者来自测井仪器由发射、传输到接收形成的地球物理响应，不同仪器测出不同的地球物理数据结果；后者来自测井数值对储层地质背景的信息表现，不同地质背景测出不同的曲线特征。测井信息的这两种属性是对地下真实情况的间接表达。目前的测井评价主要是用其地球物理属性，对其地质属性的认识和应用相对不足。

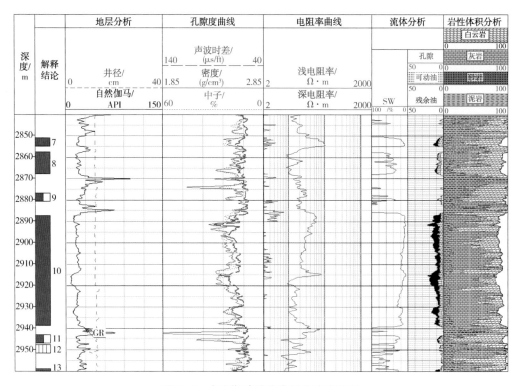

图 5-6　水进期碳酸盐岩测井响应特征

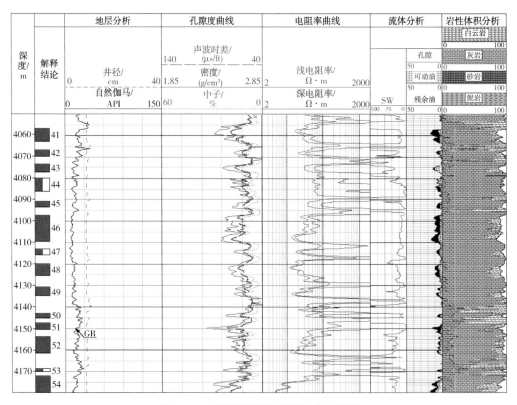

图 5-7　水退期碳酸盐岩测井响应特征

测井信息地质属性具体表现在地质演化过程中的特征现象，必有特征响应被测井记录。只要建立正确的测井-地质转换关系，就有可能用测井信息恢复部分或主要的储层地质原貌，因此，测井地质属性有可能是深化测井地质学的理论依据。

根据应用，测井信息应存在三类地质属性。一是对应性，即测井响应与其地质演化背景有对应关系。根据该属性可用测井曲线形态描述或还原某些地质事件，如测井相建模及地层倾角描述断层、不整合等。二是专属性，测井信息的某些特殊响应常专属于某一特定地质现象，如异常高压与泥岩声波时差增大、强地应力与泥岩电阻率变高等。三是统一性，地质问题都是宏观地质作用与微观储层结构的统一，除去施工因素，局部测井信息的特殊变化，必然是宏观地质内因的一种响应，因此，宏观与微观的统一性有助于精确的地质预测。

开展测井信息地质属性研究的目的是希望利用测井信息恢复和推导部分地质演化过程中的本质特征，通过正演或反演分析，建立测井信息与地质背景的转化模式，提高测井信息的应用效率和开发测井信息的预测功能。

### 三、测井信息地质属性在海外油气资源评价中的应用

#### （一）识别意外钻遇的未知地层

V1 井位于澳大利亚西北大陆架 Bonaparte 盆地西部 Vulcan 次盆内部的背斜高点，研究区早中侏罗纪至早白垩纪钻井揭示地层主要有 Plover 组、Montara 组、Lower Vulcan 组、Upper Vulcan 组、Echuca shoals 组和 Jamieson 组等多套地层。次盆东部的高台阶部位钻井近 20 口，均钻遇早侏罗纪的 Plover 组地层（图 5-8）。V1 井设计目的层亦为 Plover 组地层，但出乎意料的是，在预计深度 3400m 以下，钻遇 1000m 泥岩，地层归属成为焦点。

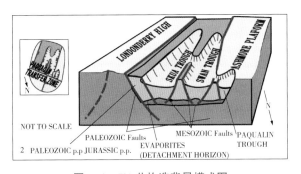

图 5-8　V1 井构造背景模式图

1. 地层对比及沉积相研究

地层对比识别出三套对比标志层：Jemieson 组底的不整合面、Lower Vulcan 组顶部的 100 多米灰质泥岩及东部垒台区 Plover 组顶部不整合面。上述标志层放在联井剖面和地震剖面追踪均表现出良好的一致性，表明地层对比的结论正确可靠。

历年的沉积相研究表明，早侏罗纪 Plover 组为河道−三角洲沉积背景，是典型的浅水沉积特征；而晚侏罗纪 Lower Vulcan 组发育海相页岩和局部的海底扇，为深水沉积特征。

测井信息研究表明，Plover 组与 Lower Vulcan 组地层存在不同的测井地质属性：

一是测井相不同。Plover 组为厚层"箱形"砂岩，自然伽马数值低且平稳、光滑；Lower Vulcan 组发育厚层泥岩，自然伽马数值高且平稳，大段的厚层泥岩中往往难见薄层砂岩。

二是物质组成不同。Plover 组的沉积地层中，在测井曲线上难以见到含钙质薄层的发育；Lower Vulcan 组的沉积地层中，在测井曲线上则常见有含钙质薄层的发育。这说明，两套地层之间物源可能有所变化(图 5-9)。

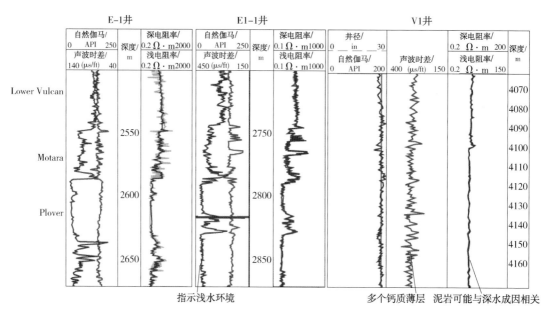

图 5-9 未知钻遇地层测井地质分析图

以上两点是利用测井信息区别两套地层较为明显的测井证据。

2. 新钻探井 1000m 泥岩的地层归属分析

经测井信息的地质属性研究，认为 V1 井 3400m 以下钻遇的 1000m 泥岩应归属于晚侏罗纪的 Lower Vulcan 组地层。测井证据有三条：

一是 V1 井 1000m 泥岩的测井相指示深水沉积环境，与 Lower Vulcan 组发育海相页岩相吻合。

二是大套泥岩中常见有含钙质薄层的发育，说明其物源与 Lower Vulcan 组接近。

三是 1000m 泥岩中，极难见到砂岩或薄层砂岩沉积，这也是最为重要的证据。由于东部垒台区 Plover 组是典型的浅水沉积特征，即使与本井发生很大的沉积相变，在较深水区的 Plover 组地层也理应见到或多或少的由强水动力搬运而来的砂岩。

外国合作公司提供的孢粉分析表明，这段泥岩属于晚侏罗纪地层，同样支持本研究结果，这一研究成果为该区块的下一步勘探提供了决策。

### （二）沙特某探区下古生界储层的异常地层压力分析

沙特某区块是中国石化的一个天然气勘探区，是在前寒武纪末由裂谷作用形成的一个含盐地堑的基础上发育起来的坳陷盆地，整个显生宙不断下沉，沉积了寒武纪到第三纪地层，局部地区沉积岩累计厚度超过9000m。其古生界以碎屑岩为主，中生界和新生界则以碳酸岩盐为主。在2005年之前的研究中，一直将泥盆系J组和二叠系的K以及U组作为主要储层，因此，在初期的研究评估中，对于储层只评价到U组，下古生界储层未能给予应有的重视，如M-1井钻深达5510m，但测井解释的深度仅仅达到4580m。

2005年对M-1井重新解释时，发现其下古生界地层有异常高压，很有可能具备产能（图5-10），这一认识为油气勘探提供了重要指向，2006年新钻的S2井在二叠系失利，而在下古生界试出油气，证实上述推测。

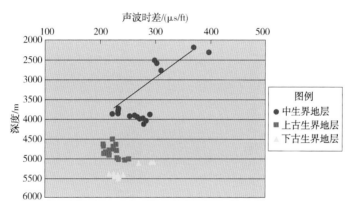

图5-10　M-1井目的层地层压力分析图

图5-11为M-1井和S2井的下古生界地层测井曲线图，其中，S2井的1号层层厚14.7m，电阻率为99.22Ω·m，孔隙度为3.95%，渗透率为0.02mD，含水饱和度（$S_w$）为36.54%；2号层厚31.7m，电阻率为55.68Ω·m，孔隙度为4.5%，渗透率为0.03mD，含水饱和度（$S_w$）为34.97%。钻井过程中在奥陶系S组顶部总烃含量开始增加，在5703.4m $TG=3.02\%$，对该井下古生界先后测试两次，第二次测试诱喷成功，日产气400~8000m³，证实该层为储含气层，为下一步的油气勘探提供了依据。

以岩电实验为基础的测井分析方法主要是应用测井技术的地球物理属性，但随着油气勘探开发目标的日益复杂，该方法的局限性日益显现。本书提出"测井信息的地质属性"这一概念，并讨论了它的三个类型：对应性、专属性和统一性。其中，研究测井信息与地质背景的对应性，有助于利用测井信息还原某些地质事件；研究测井响应与某些地质事件的专属性，有助于推测测井信息隐含的重要地质现象；研究测井信息与其地质背景间存在宏

| 复杂储层测井评价 |

观地质作用与微观岩层结构的统一性，有助于测井技术的地质预测研究。应用测井信息的地质属性分析，成功地预测出沙特某探区下古生界储层具备产能，确定了澳大利亚某探井意外钻遇的1000m泥岩地层的时代归属问题。

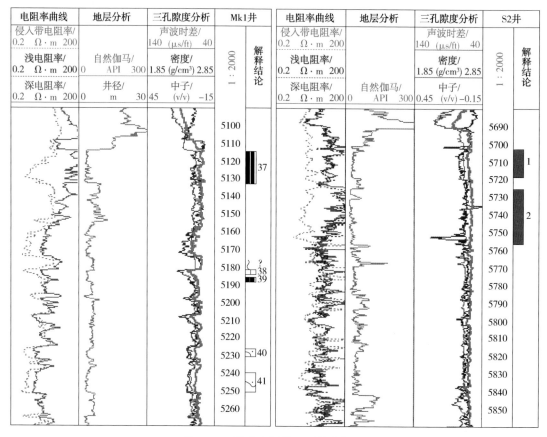

图 5-11　下古生界地层测井曲线图

## 第三节　测井信息地质属性的论证

　　测井地质学的核心思路是探寻正确的"测井-地质转换"关系，获得这种关系的正确途径是建立准确、有效的测井地质学分析技术。然而，学术界长期以地球物理作为测井曲线的成因基础，这虽有助于数学见长的测井评价方法，但尝试用地球物理方法识别地质现象，显然勉为其难。因此获取"测井-地质转换"关系的关键，仍在于不断探索该转换关系的依据和原则。

　　测井信息内涵与具体地质应用的深度交流，有助于获得测井信息对地质事件记录的准确成因解释，为测井地质学分析原理、方法的建立提供理论依据。

## 一、测井信息内含地质属性

就测井信息的形成机制而言，测井信息同时具备地球物理属性和地质属性。其地球物理属性来自测井仪器在井下由发射、传输到接收形成的地球物理响应，不同的仪器测出不同的数据结果；其地质属性来自测井数值对地下地质背景的信息表现，不同地质背景同样测出不同的曲线特征。测井信息同时具有这两种属性，是对地下真实情况的间接表达。目前的测井评价主要是用其地球物理属性，对其地质属性的认识和应用相对不足。

测井信息地质属性的具体表现在地质演化过程中的特征现象，必有一些特征信息记录在测井曲线之中。只要建立正确的测井-地质转换关系，就有可能利用测井信息恢复部分或主要的储层地质原貌，因此，加强测井信息的地质属性的研究有可能是深化测井地质学的理论依据。

## 二、测井信息存在地质属性的论证

属性是指事物本身所具有的性质、特点。测井信息是否具备地质属性的关键在于在测井信息上能否找到表达地质包含的性质、特点。

从测井信息的来源上看，有什么样的地球物理方法，就有什么样的测井信息响应。这表明测井信息来自地球物理技术与方法，具有地球物理属性；但是，同样的，有什么样的地质背景，就必有与之相对应的测井信息响应。例如，与强烈成岩作用相对应，必然会出现高电阻率、低声波时差和高密度值的测井响应关系；在干旱的咸水地质背景条件下，必然会出现很低的储层电阻率测量值，等等。

测井信息记录了井筒中岩石的地球物理响应特征，同时也内涵地质背景演化的变动关系。因此，利用测井信息的地质属性及其相关分析方法，就有可能找到测井信息与地质背景之间的转换关系。本书对测井信息是否内含地质属性加以论证，具体研究方法将另撰一文。

### （一）测井信息与局部地质背景演化的对应关系

弄清楚测井与局部地质背景演化的对应关系，是利用测井技术建立测井信息与地质背景之间的转换关系的关键所在。对于沉积相分析及地层界面的研究，可以做到利用测井分析推测其地质模型。

#### 1. 测井相分析证据

测井相是由斯伦贝谢公司及测井分析家 Oserra 于 1979 年提出来的，其目的在于利用测井资料（即数据集）评价或解释沉积相。其分析思路主要基于测井曲线特征与沉积特征内在关系的深入研究，获得各种测井相到地质相的映射转换关系，并达到利用测井资料研究地层沉积相的目的（胡望水等，2010；吴温燕，2007；操应长等，2003）。

以沉积水动力为线索，沉积变化反映在测井相特征的对应关系上，主要有以下几方面：

一是沉积水动力的变迁。沉积水动力变迁决定了测井曲线响应的连续性特征及其变化特点。其中，测井曲线响应的连续性特征与沉积水动力条件的对应关系，表现在自然伽马测井曲线形态上分别有：①柱形曲线特征。反映沉积物供给丰富、水动力条件稳定的快速堆积或环境稳定的沉积。②钟形曲线特征。自然伽马测井曲线为下部低值、往上渐变高值的正粒序，反映水流能量逐渐减弱或物源供给越来越少的表现。③漏斗形曲线特征。与钟形相反，垂向上为水退的反粒序，反映水动力能量逐渐加强和物源区物质供给越来越丰富的沉积环境。④复合形曲线特征。表示由两种或两种以上的曲线形态组合，如下部为柱形，上部为钟形或漏斗形组成，表示一种水动力环境向另一种水动力环境的变化（宋子齐等，2011）。

二是沉积水动力的稳定性。与沉积水动力稳定性相对应的测井曲线形态变化，是测井曲线的光滑程度。它属于测井曲线形态的次一级变化，可分为光滑、微齿、齿化三级。光滑代表物源丰富、水动力作用稳定；齿化代表间歇性沉积的叠积或各种物理化学量有较大的频繁变化。

由上可知，利用测井信息恢复和建立沉积相演化模式，其认识上的出发点是以测井信息所表现的沉积物堆积方式作为分析依据，以物质的变化关系为桥梁，建立了测井信息与其地质背景之间的转换关系。因此，是利用了测井信息的地质属性；而以地球物理属性作为认识上的出发点，则看到的往往是地球物理测量数据的变化，很难认识到沉积物质变化的关系，这也就是为什么绝大多数测井解释人员难以从事测井相研究的原因。

图5-12为一利用测井相研究建立区域沉积相模型的实例，图中左面的测井信息清晰地表达出河道变迁形成的"二元结构"；图中右面为三角洲前缘沉积模式。

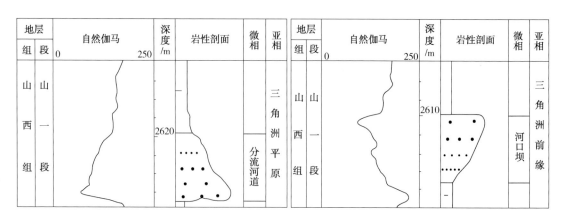

图5-12　测井相与沉积相的响应关系及地质建模（据曹忠辉，2005）

2. 地层界面的测井分析证据

不同的地层边界因为构造、沉积及物源等的较大变化，在其上下形成不同的地层结构组合。利用测井信息识别不同的地层结构组合是准确建立其测井-地质转换模式的关键（李浩等，2007）。

利用测井信息识别不同地层结构组合的方法，通常运用对层序地层结构、沉积相、沉积韵律及沉积物质组成等的明显转变来确认（于英华等，2013；李新虎，2006）。以地层不整合为例，不同的地层演化背景，在不整合面上下常常形成各自不同的地层结构组合。在层序地层结构方面，不整合面之下，常为高水位体系域背景的、被剥蚀的残缺不全的反旋回沉积事件，其上部常突变为河道或水体加深的沉积事件；在沉积相和沉积旋回的认识上，不整合面之下常表现为三角洲或浅水沉积，测井相多为反旋回或被剥蚀的残余旋回，与之对应的岩性常为砂岩、白云岩以及地层剥蚀剩余的其他岩性。不整合面之上常因构造演化而表现出不同的测井相响应，深水背景的测井相可见厚层泥岩或深水浊积砂岩，浅水背景的测井相可见河道砂岩或海陆交互沉积。图 5-13 为一不整合面的测井分析模式图，其左图为反旋回浅水沉积背景下，水体快速加深超覆在不整合面之上；右图为一长期发育的不整合，河流相发育其上。

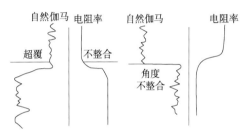

图 5-13 测井信息与地层界面建模

**（二）测井信息与其地质内因之间的专属关系**

地质内因从根本上决定了不同地质条件下的测井信息响应特征。深刻地认识到这一点，就有可能利用测井技术识别地质事件或揭示隐含的重要地质现象，为地质家提供研究和参考的依据、为特殊油气层的预测提供指向。

1. 沉积背景决定了测井信息内在响应特征的不同

图 5-14 展示了不同沉积背景下泥岩测井信息的不同响应特征，其中左图为大港油田刘官庄地区一探井，1630m 为其古近系与新近系之间的不整合面，不整合面上的 1550~1600m 为辫状河沉积背景。由图可知，浅水背景下沉积的泥岩和粉砂质泥岩，由于水动力的不稳定，自然伽马和电阻率测井曲线均具有齿化现象，泥岩之中间夹着或多或少的砂质成分，反映出浅水沉积背景沉积水动力的扰动性；右图为澳大利亚某探区的一口探井，图中的测井曲线记录了深海泥岩的沉积特征，与左图比较，其自然伽马和电阻率测井曲线均具有稳定平直的特点，清晰地表现出泥岩的静水沉积背景。可见，沉积背景决定或影响着测井信息的内涵，加以研究，是有可能利用测井技术推测其自身隐含的石油地质信息（成志刚等）。

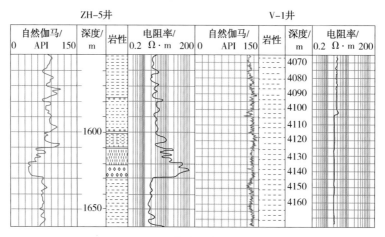

图 5-14　不同沉积背景下的泥岩测井响应特征

**2. 不同古气候背景决定或影响了不同储层的电阻率响应特征**

以早古近系为例，该时期是我国重要的成油期之一，也是气候带分异明显的时期，自北而南可以分为 4 个气候带：①北部潮湿暖温带-温带，该带包括东北大部和内蒙古自治区东北部；②半潮湿半干旱亚热带，该带东起渤海湾盆地，西至准噶尔盆地；③干旱亚热带，该带包括华中地区至青海和新疆南部；④南部潮湿亚热带-热带，该带包括华南地区至西藏及广东、广西沿海大陆架（胡见义等，1991）。

可见，纬向的气候带对陆相沉积物的形成有重要的影响。在潮湿带发育暗色泥岩及有机岩组合，在干旱带发育红色沉积和膏岩沉积及部分暗色沉积，在干湿交替的过渡带发育暗色、灰绿色沉积，有时含煤线和杂色沉积。

图 5-15 为不同气候背景下储层的测井响应特征。其中 Y6-11 井为中国西部吐哈某油田的一口探井，该油田位于吐鲁番坳陷台北凹陷胜南-雁木西构造带西端，其油层主要分布于古近纪的鄯善群和白垩系的三十里大墩组，是在被破坏的古油藏之上形成的低幅度次生油藏。古近纪鄯善群中上部为一套冲积泛滥平原沉积的紫红色泥岩，厚度为 300~350m，下部为一套干盐湖滩砂沉积的粉砂岩、细砂岩、砂砾岩，砂层厚度 40~60m（王劲松等，2000）。

由上可知研究区为半干旱、干旱的亚热带气候环境，这种气候背景为储层高矿化度地层水的形成提供了必要的物质基础。试水资料表明，研究区地层水矿化度达到 $20×10^4$ppm，极高的地层水矿化度使该油田的一些油层电阻率极低，图中油层的电阻率最低可达 $0.7Ω·m$，这种电阻率小于 $2Ω·m$ 的油层被一些学者称作绝对低电阻率油层（曾文冲等，2014），研究表明，这种低电阻率油层多出现在我国干旱带的气候背景条件下。

G99-1 井为大港油田港西开发区某井，由自然伽马曲线可知，该井的沙一下段储层整体为一套反韵律沉积，43 号层沉积水动力较强，测井曲线光滑又匀称，岩性较纯且组分较单一，电阻率测值达到 12Ω·m，试油为纯油层，日产油 8.48t；46 号层沉积水动力则较弱，测井曲线齿化明显，表明岩石组分中，粗粒与细粒共存且按一定比例交互叠置，电阻率测值为 4~5Ω·m，解释为水层，试油却为纯油层，日产油 6.95t。由于气候背景条件造成地层水矿化度不高，一般小于 5×10⁴ppm，这种电阻率大于 2Ω·m 的油层被一些学者称作相对低电阻率油层。研究表明，这种低电阻率油层多出现在我国非干旱带的气候背景条件下(牛栓文等，2013)。

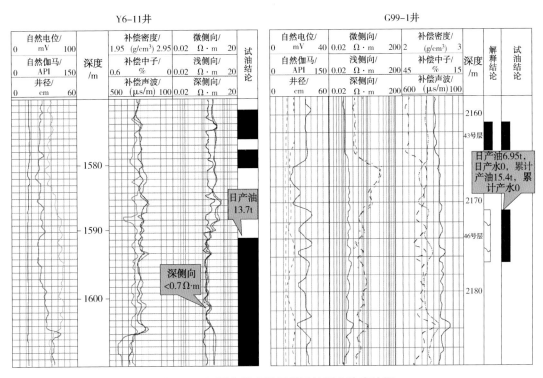

图 5-15 不同气候背景下储层的测井响应特征

3. 不同的岩石成因决定或影响了不同的测井响应特征

岩石的成因机制不同，测井信息记录的地球物理响应特征必然不同，这是测井技术具有的独特优势。但是，对于各种测量数据均接近、分析上不易区分的岩性，依照其地球物理属性加以分析则一筹莫展(范宜仁等，2012)。图 5-16 为大港油田枣 35 井区两口生产井的对比分析图。1996 年初，大港油田在枣 35 井区意外发现了多年勘探开发均被漏失掉的玄武岩高产油藏后，推动了对该区玄武岩油藏的大规模复查。生物灰岩干扰火成岩的识别成为油气复查的首要障碍，两种测量数据非常接近的岩性埋深接近，难以区分。

在具体的研究中，从两种岩性的定义出发，应用其地质属性，则很轻易地将两种岩性区分开。如图 5-16 所示，玄武岩经高温熔融(玄武岩岩浆温度为 800℃，喷出地表氧化温度可达 1400℃)具有高度的均质性，其测井曲线光滑均匀(张丽华等，2013)；而生物灰岩形成于沉积背景条件，水动力的强弱变化造成局部岩性组成分异，其测井曲线齿化特征明显(王伟锋等，2012)。经过岩性识别、储层识别及含油性分析，很快在该油区复查出被漏失掉的油层，其中提出的 Z8-14 井和 Z6-12 井玄武岩测试层位，经试油均获得高产，两口井投产后日产油量稳定在 50t 左右，经济效益显著。

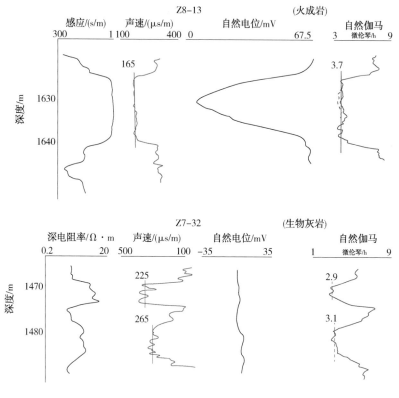

图 5-16　不同岩石成因背景下储层的测井响应特征

4. 地应力与测井响应特征

地应力大小直接影响声波和电阻率的响应特征。以塔里木盆地库车山前构造带为例，在其强挤压应力区形成了各种复杂的推覆构造样式(图 5-17)。在这些构造带中，泥岩对地应力响应灵敏，强挤压应力作用造成显著的地球物理响应特征(余伟健等，2013)。在正常压实条件下泥岩的声波时差和电阻率随深度呈指数变化，反映在单对数坐标图上是一条直线，这就是通常的正常趋势线(李军等，2004)。

当岩石额外地受到强挤压应力作用时，促使电阻率、声波时差偏离正常趋势线，电阻率往高阻方向偏移，声波时差往低值方向偏移(与欠压实响应相反)(宋连腾等，2011)。显然，偏移正常趋势线幅度越大，构造挤压作用越强烈，可以把这种偏移作用称为附加构造地应力作用。克拉 2 井 500~3100m 的井段，其电阻率呈显著高值，声波时差亦偏离正常趋势线，这表明附加挤压应力强烈；3100~4000m 井段泥岩电阻率低，声波时差增大，表明挤压应力较弱(图 5-18)。

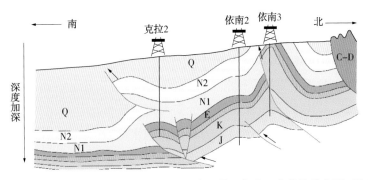

图 5-17　塔里木盆地库车山前构造带克拉 2 井—依南 2 井—依南 3 井构造示意图（据李军等，2004）

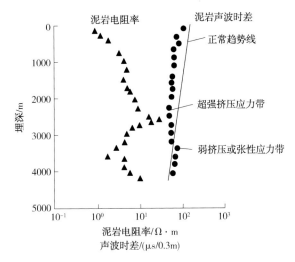

图 5-18　库车山前构造带克拉 2 井地应力响应（据李军等，2004）

可以看出：在地应力集中段泥岩电阻率呈数量级变化，能灵敏地反映挤压应力存在。在库车山前构造带和吐哈盆地山前构造带，地应力造成的这种响应具有普遍性。

**（三）宏观地质背景与微观岩层结构在测井信息的表现结果具有统一关系**

测井信息的响应间接地表达了宏观地质背景的演化，二者具有高度的一致性。众所周知，逆断层的活动在测井曲线上可以找到地层的重复。同样的，正断层的主要活动期，地层拉开往往在海盆或湖盆底部沉积了较厚的泥岩或深水浊积体，测井信息同样给予了忠实的记录，利用这种记录，可以推测断层的活动时间等地质演化信息。下面以沉积背景因素与油层电阻率的测井响应关系为例，探讨宏观地质背景与微观测井响应的一致性（李浩等，2004）。

以渤海湾盆地一些砂岩油层电阻率特征为例，沉积水动力的强弱影响砂岩油层的电阻率特征：在形成储层的主沉积相区，沉积水动力较强且沉积物质供给相对稳定，形成的储层岩性相对单一，使其储层内部的孔渗关系比较简单，因此，其油层电阻率比较高且易于识别；在形成储层的次要沉积相区，沉积水动力较弱且不稳定，形成的储层岩性成分复杂，常表现为不同成分的岩性按百分比的多少互为薄互层，与之对应的是储层内部孔渗关系变得复杂，常具有双组孔隙系统，束缚水增加，导致油层电阻率较低，不易识别(李浩等，2000)。

图5-19为大港油田港东开发区某断块的两口生产井，这两口井的生产层位均为东营组一段地层，属于三角洲平原河流相沉积环境，图中右边2井是试油证实的高阻油层(电阻率达到40Ω·m)，为较强沉积水动力的分支河道微相沉积背景，图中左边1井是试油证实的低阻油层(电阻率小于5Ω·m)，为较弱沉积水动力的河间沼泽微相沉积背景，利用这种沉积关系的差异性，曾于1995年在该断块找到多个低阻油层，经生产单位补孔求产后均获得证实(赵军龙等，2013)。

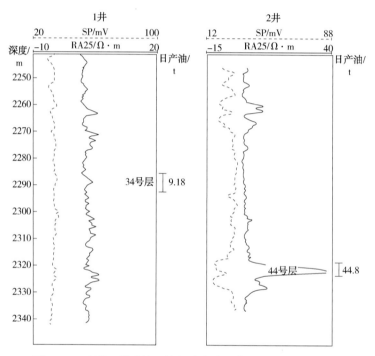

图5-19　宏观、微观统一性与砂岩油层电阻率的关系分析图

根据测井信息地质属性存在依据的论证，测井信息与其地质内涵的三种关系已充分说明，测井信息存在三类明确的地质属性：对应性(即测井信息与其地质背景的演化具有对应关系)、专属性(测井信息的某些特殊响应常专属于某一特定地质现象或储层物质组构)以及宏观与微观的统一性。

测井曲线内含地质历史演化进程中的密码，这些密码是破解地质问题的重要证据，怎样破译测井信息记录的地质密码，一直是测井地质学理论的核心问题。测井学者与地质家的深入合作，无疑是破译这些密码的唯一途径。测井地质属性中的对应性和专属性是探寻测井地质学理论的重要切入点，测井信息中宏观与微观的统一性，是正确开展测井地质学研究的重要方法论。

# 第四节 测井地质属性的地质刻度研究

怎样挖掘测井曲线隐含的巨量有用信息，一直为地质家所关注，在岩心中提取地质信息，并建立它与测井曲线的刻度关系，可能是一条有效途径。但这一思路在测井技术中缺少尝试，究其原因在于测井技术手段是以地球物理为基础。该思维方法赋予"岩心刻度"测井技术的思路是，应用数理统计的方法建立测井资料与岩心分析数据之间的关系，为孔隙度、渗透率及饱和度等参数建模提供依据。该方法有助于测井解释模型的建立，但对于复杂致密储层研究仍存在明显不足：一是缺乏地质背景解读的测井评价技术本身就不完美；二是现代油气勘探开发目标的复杂化和隐蔽性迫使地质家急需分析和判断的证据。本书针对上述问题，提出基于岩心刻度的测井地质分析方法。该方法以地质事件为基本单元，以连续岩心中可实证的地质事件识别为依据，以地质原理和成因关系分析认识为基础，刻度测井曲线响应，达到利用测井曲线辨认地质事件的目的。书中以风暴岩、冲刷面、不同河道识别以及水进事件等地质事件的岩心刻度测井分析为案例，介绍本方法的具体应用。

地质演化的本质，就是不同事件按某种序列组成的地质历史。其中，地质事件是构成地质演化的基本单元。研究测井曲线的地质含义，从狭义上看，其目的是为寻找油气提供分析佐证和预测依据；从广义上看，就是要尝试复原地质历史的部分片段。本书采用以地质刻度等实证研究为基础的认知方法，通过解读岩心的地质事件记录，找到测井曲线的刻度依据，达到利用测井曲线破译地质密码、识别地质含义的目的。

## 一、地质刻度约束的测井地质属性研究思路

辨别测井曲线内涵的地质密码是开展测井地质研究的基础。针对测井曲线的刻度研究探索是其重要手段之一，即利用连续岩心可实证的地质事件（或野外露头）刻度测井曲线响应，达到利用测井曲线辨认地质事件的目的。另外，地质、测井以及地震数据等多个尺度、多套认知体系的相互检验及辩证分析，也是佐证或实现该分析方法的重要手段之一。

## 二、基于岩心的测井地质属性刻度研究

岩心刻度测井技术早已有之。通常意义的"岩心刻度"测井技术是指应用数理统计的方法建立测井资料与岩心分析资料之间的关系，然后应用这些关系进行定量解释和计算处理，为孔隙度、渗透率及饱和度等参数建模提供依据。目前这类方法已用于油田储量

计算、测井定量解释沉积相研究方面。查阅已有测井专业文献，该技术的应用多为此类。

利用岩心观察刻度并论证测井曲线的地质含义，在岩心刻度测井应用中罕有报道，这很可能是测井地质研究长久缺失的关键环节。近年来，有学者利用岩心刻度成像测井，试图解读其地质含义，但该研究方法仍具两方面问题：一是研究上重现象、轻本质。其推理多为岩心现象与成像的相似比对，缺少地质本因与成像图片之间的论证分析，对测井信息中隐含的、需推理的内容更是容易忽视。二是成像测井因研究尺度比较小，研究中也极易漏失对地质事件的辨识。这些因素表明，前人缺乏对岩心地质内含与测井曲线地质内含之间的洞察，因此，测井曲线地质含义的识别，一直是困扰测井地质学研究的瓶颈。

基于地质学原理，根据岩心的地质事件识别刻度测井曲线，有助于解开多种地质事件在测井曲线上的密码特征。下面试举几例加以论证。

**（一）利用"岩心刻度"技术识别地质事件**

地质事件产生的最大特点就是突变性，它具有多种研究意义：有些有等时意义。如与气候事件有关的风暴岩，它的辨识有重要的地层对比价值，可能有助于解开复杂地区的地层对比难题；有些有指相意义。如与河流作用有关的冲刷面，它的辨识具有重要指相作用；有些有地层识别意义。如相似沉积条件下，沉积水动力条件差异的测井识别，它们的辨识具有区分不同地层的作用，等等。

*1. 风暴岩的岩心刻度识别*

风暴事件属于瞬时地质事件。瞬时地质事件的突变具有多种表现形式，但其核心内容是物质的突变。抓住这一点，是其岩心刻度测井曲线的核心内容。

风暴岩作为突发气候现象，往往快速形成薄厚不一的特殊沉积地层，早期风暴作用对下伏沉积有侵蚀作用，形成侵蚀基底面，有冲蚀和侵蚀坑，形成充填构造。同时还可挖掘出浅埋藏物质，尤其生物体，使底部物质混合，并形成混杂的生物组合。底部大的和重的个体生物在风暴作用中还可聚集成滞留层。组成的岩层厚度从几毫米到几厘米，或达十多米，常呈透镜状、口袋状，多位于侵蚀硬底上。岩心观察表现为薄层，常难以识别，因此，在测井曲线中常被忽视。但泥岩中的风暴岩因风暴卷起的泥砾具有与一般泥岩完全不同的特征，该物质的突变在测井曲线上可见泥岩中夹薄层电阻率尖峰，成为辨识风暴岩的重要依据。

图 5-20 为大牛地气田大 17 井下石盒子组观察到的风暴岩照片，图中可见大小不一的泥砾混杂堆积。与其深度相对应的自然伽马值为 89.6API（图 5-21），属于较典型的泥岩特征，但电阻率值却大于 $70\Omega \cdot m$，与泥岩特征不符，显然为风暴岩中泥砾测井响应特征。

23 24 25 26 27 28 29 30 31 32 33

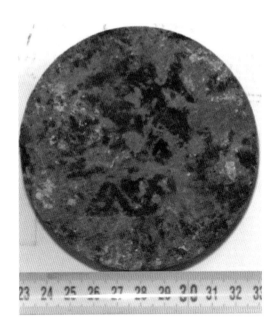

图 5-20 大牛地气田大 17 井风暴岩岩心识别

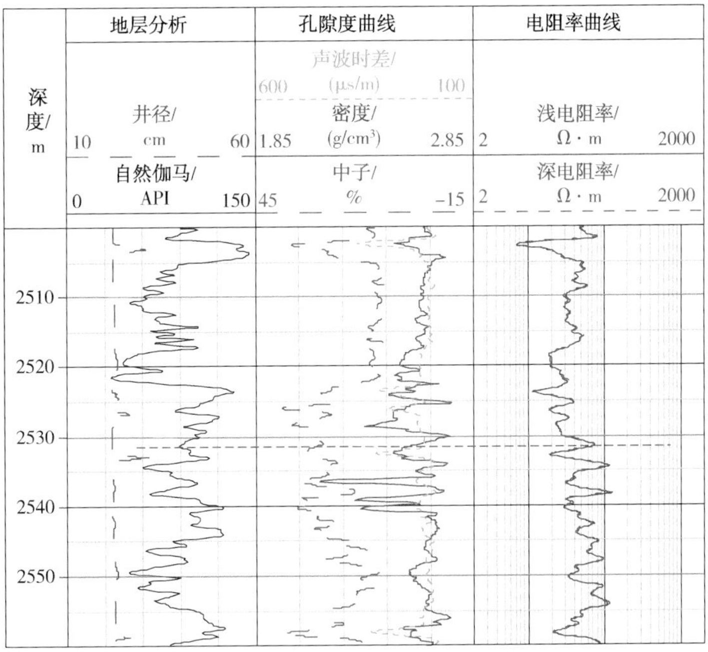
深度/m
地层分析
孔隙度曲线
电阻率曲线
声波时差/
600 (μs/m) 100
井径/
10 cm 60
密度/
1.85 (g/cm³) 2.85
浅电阻率/
2 Ω · m 2000
自然伽马/
0 API 150
中子/
45 % −15
深电阻率/
2 Ω · m 2000
2510
2520
2530
2540
2550

图 5-21 大牛地气田某井风暴岩的测井辨识

相似特征在其他油气田的岩心观察中也多次见到。如川西地区须家河组至蓬莱镇组地层均为湖泊-三角洲环境，与大牛地气田下石盒子组气候背景较为干旱不同，后者为温暖潮湿的气候，岩心观察也多次见到风暴岩沉积(图 5-22)，根据岩心刻度分析，泥岩自然伽马呈现高值，对应薄层电阻率尖峰(图 5-23)，显然也与风暴岩有关。

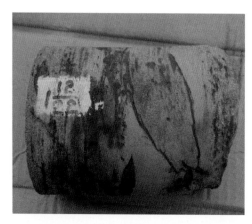

图 5-22　什邡气田某井风暴岩岩心识别(1150.8m，风暴卷起的大块泥砾)

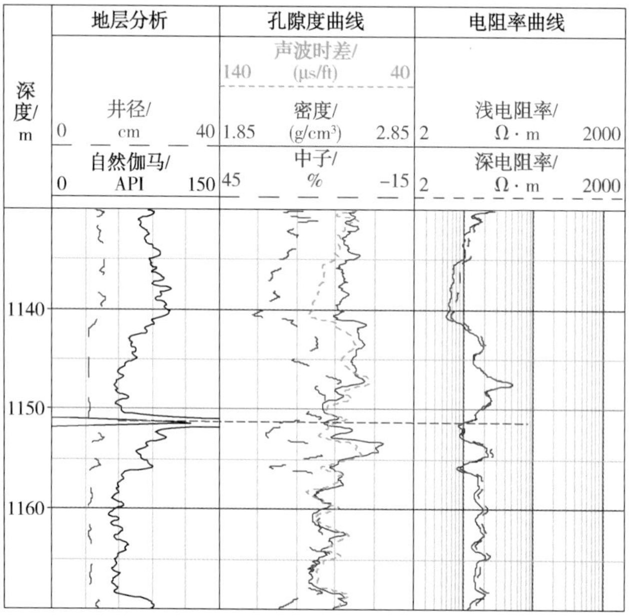

深度/m
地层分析
井径/
0 cm 40
自然伽马/
0 API 150
孔隙度曲线
声波时差/
140 (μs/ft) 40
密度/
1.85 (g/cm³) 2.85
中子/
45 % -15
电阻率曲线
浅电阻率/
2 Ω·m 2000
深电阻率/
2 Ω·m 2000
1140
1150
1160

图 5-23　什邡气田某井风暴岩测井识别图(1150.8m)

2. 冲刷面的岩心刻度识别

冲刷面因为突发沉积作用往往表现为物质突变面，测井曲线上为一清晰的沉积界面。图 5-24 为大牛地气田大 17 井观察到的沉积冲刷面的岩心与测井地质刻度，冲刷面下部为泥岩沉积，向上见大量岩屑和一些泥砾，自然伽马测井曲线准确记录了冲刷面的物质突变及河道迁移的物质渐变过程。该冲刷面的识别对于河流沉积具有清晰的指认作用。

**(二) 利用“岩心刻度”测井分析和区分相似地质事件**

即使测井信息具高精度功能，相似地质事件外形与结构相类似而难以区分。但准确辨识相似地质事件的差别，对于储层研究以及预测意义重大。“岩心刻度”测井技术是区分相似地质事件的重要手段，水上与水下河道沉积可作为典型案例。

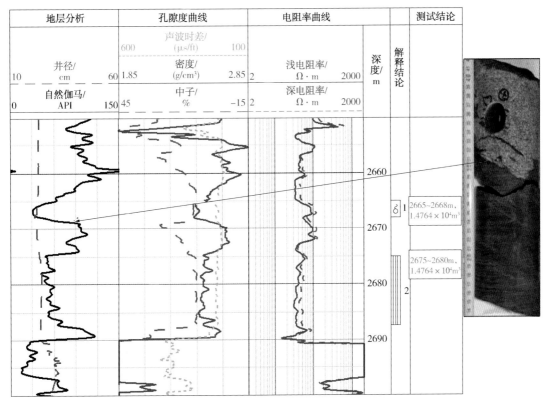

图 5-24　大牛地气田某井河道冲刷面的测井辨识

水上与水下河道沉积辨识的关键在于湖水或海水是否对河道砂施加影响。图 5-25 中 1425~1432m 顶底均见冲刷面，不同之处在于底部冲刷面为砂岩覆盖于泥岩之上，与河道底部沉积相类；顶部冲刷面为泥岩覆盖于砂岩之上，可能为湖水改造所致。底部冲刷面之上为一套正旋回水进沉积，向上至 1427m 岩心观察，砂岩具反旋回特征，推测该段发育小型沿岸砂坝。在该砂体顶部的 1425m 见到清晰的泥岩覆盖于砂岩之上的冲刷面，推测认为，这是湖水对反旋回砂坝改造所致。

认识到湖水或海水与河道砂之间具有作用关系，可以进一步利用岩心刻度测井分析技术推断水上河道与水下河道在测井曲线上的响应差别。

图 5-26 中，左侧为渤海湾盆地某区馆陶组河道的测井特征，该井 1610~1630m 为典型的水上河道测井响应；右图为川西某区蓬莱镇组河道的测井特征，该井 1496~1507m 为水下河道测井响应。比较分析可见二者区别：一是水上河道二元结构清晰(河道与河漫滩发育完整，自下而上河道向河漫滩迁移)，河道迁移的正旋回特征明显；而水下河道的迁移特征短而不太明显。二是水上河道底部冲刷面清晰，且沉积较粗的底砾岩；而水下河道冲刷面常弱于水上河道，河道底部岩性也常较前者细。

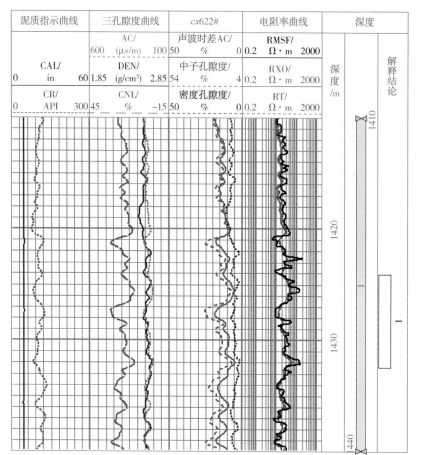

图5-25 砂岩顶部冲刷面的岩心-测井刻度分析

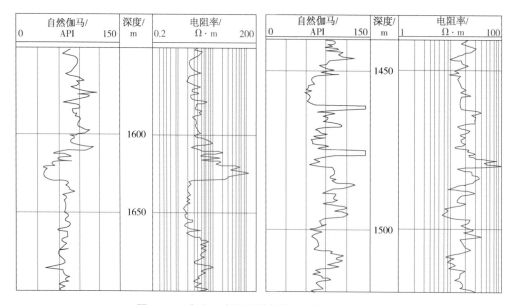

图5-26 水上、水下河道的岩心-测井刻度分析

　　根据二者成因条件推断认为，沉积条件的差异是造成测井响应差别的关键。一是河道摆动条件不同，水上河道摆动条件充分，所以迁移特征清晰；水下河道摆动条件弱于前者，故迁移特征短而不太明显。二是河道经受的外因冲刷、改造条件不同。水上河道很少遭受外因条件对河道砂的冲刷与改造，但水下河道因遭受湖水改造、冲刷，常造成顶底界面的变形，因此有时河道特征不易识别。

**（三）利用"岩心刻度"测井技术识别重要地质事件**

　　重要地质事件的识别不仅具有层序地层学研究的意义，而且也是区域地质研究的关键，"岩心刻度"测井分析技术是识别重要地质事件的有效手段。

　　图5-27为川西某区蓬莱镇组地层测井图，其中紫色线段所夹区间的两个小正旋回，在测井曲线上可识别为两次水进过程，两次水进的组合关系为小型正旋回与其上部高伽马泥岩构成组合，推测可能与湖水逐渐变深有关。

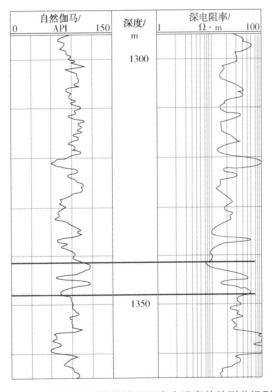

图5-27　川西某区蓬莱镇组两次水进事件的测井识别

　　岩心观察证实上述推断，图5-28的两张照片分别为两次水进后的泥岩颜色和结构。第一次水进后，可见红色泥岩夹少量暗色泥岩，表明水体加深（注：研究表明，川西陆相地层浅湖相泥岩一般为棕红色，随水体加深，泥岩颜色依次变成灰绿色和黑色）。第二次水进以层状黑色页岩为主，表明水体再次加深。两次水进也构成区域重要地质事件，成为蓬二段地层内部的地质分层界面。

第二次水进泥岩　　　　　　　　　　　　　第一次水进泥岩

图 5-28　两次水进后的泥岩颜色和结构对比图

　　理论对于实践的指导，常因理论基础不同，所产生的思维方式也不同。传统测井技术难以产生基于岩心刻度的测井地质分析方法，究其原因在于它以地球物理作为理论基础，因此，只能产生地球物理的思维方式，并试图通过建立地球物理模型，达到解决地质问题的目的。这也是测井评价技术诞生多年，人们采用岩心刻度研究只能长期被限制于求取孔、渗等物性参数的原因；实践证明，以地质思维为指导的岩心刻度分析方法有助于拓宽人们对测井曲线的认识，大大提高人们解读测井曲线地质含义的能力和水平。

# 第五节　测井地质属性的岩石成因研究

　　纵观测井发展史，曲线含义的解放伴随其间，地质家每次重视测井技术，也均因曲线含义有了新解。例如，阿尔奇 1941 年 10 月提出的著名公式，使人们认识到"中等孔隙度和中等渗透率"储层与油气之间的测井曲线新意，这次认识解放，使该类储层的流体判别能力空前提高；又如 20 世纪 60 年代中期，皮尔森等(1970)提出了测井曲线的地下地质分析方法，他们提出的利用测井曲线识别沉积环境大大提升了地质家预测沉积环境的能力。曾有史料记载，地层异常压力预测技术的出现，使墨西哥湾的钻井成本下降了三分之一。这些测井曲线含义的解放，激发了人们破解地下地质的热情和地质研究水平。可见，测井曲线含义的真正解放有助于大幅降低勘探开发成本，促进低成本油气勘探开发技术的进步。

　　地层信息是岩矿及其内部残留的各种地质事件痕迹之和，它们构成各种测井曲线的测量背景。事实上，测井曲线的某一特征很可能对应地下地质的某一内因。因此，要想准确识别曲线中的地下地质含义，必须看透测井表象所蕴含的地质本质。

　　在实践中寻找测井曲线的地质含义，需注重把现象作为入门向导，并对现象进行多角度、多方面的剖析，通过多种方法相辅相成的论证，才是接近本质的关键。

## 一、基于岩石成因的测井地质属性研究思路

将地质本因直接导入测井曲线分析中是测井地质研究可以尝试的一种方式，即根据地质成因的某一固有机理，推测或在测井曲线上寻找与该固有机理相吻合的共性变化(岩石的某一成因特性，极可能就附着于测井曲线的某一共性表象)。这说明，从地质成因的视角，完全有可能推理或归纳总结出测井曲线的地质含义，进而达到还原地质事件原貌的目的。

地质成因的性质与特点又以岩石成因和地质事件最突出，这使它们成为利用测井曲线识别地质本质的可选途径。其中岩石成因的主要差别在于形成条件不同。推敲可知，岩石形成条件是决定测井曲线内含地质专属性特征的要因。因此，以岩石形成条件的差异为线索是研究测井地质专属性的一个重要切入点。由于岩石的形成条件复杂多样，难以枚举，以往学者研究其对测井曲线的影响又很局限，因此，目前只有些零星的、很不系统的甚至可能是思路正确但分析偏颇的推导，但已足以抛砖引玉，为推动测井地质学发展提供新思路。

## 二、基于岩石成因的测井地质属性研究

### (一)成岩时期与测井地质属性研究

岩石成因不同则成岩特征亦不同。如碳酸盐岩与火山岩均具早期成岩特点，二者虽成岩期相似，但测井响应既有相似又存不同。其相似处在于早期成岩形成的地层多偏厚，且多见块状结构。另外，早期成岩的地层，其储层孔隙度发育常受制于地层界面的性质，甚或是地层界面对孔隙发育的正面影响大于地层埋深的负面影响；不同处在于二者早期成岩的条件有差别(即岩石的某一成因特性，常附着于测井曲线的某一共性表象)。一是温度与结晶的差异，使同一时期火山岩的物质更均一，其测井曲线响应较之碳酸盐岩更趋光滑。二是二者的地层结构也有明显差异。其中碳酸盐岩的成层性受制于沉积水动力演化特征，其测井特征表现为块状结构常与薄层结构交互，或以一种结构为主。而火山岩的地层结构则主要以厚层块状结构为主。三是成岩作用不同，使二者测井曲线的一致性差别很大。沉积作用的结果，使碳酸盐岩储层的三条电阻率测井曲线与三条孔隙度测井曲线(声波、密度和中子)及自然伽马测井曲线多具变化的一致性。而受火山岩作用的影响，火山岩自然伽马曲线所记录的放射性特征与电阻率及孔隙度测井曲线常表现出各自规律，不具变化的一致性。因成因机理不同，测井曲线响应是否具有一致性可能是水成岩与火成岩测井响应的主要地质专属性区别之一(图5-29)。

碎屑岩具有晚期成岩的特点，其测井曲线的地质专属响应与前两者区别巨大。如测井曲线能较灵敏地记录地层压力和应力，而前两者无之或尚未发现。因此，测井曲线记录碎屑岩地层的压力与应力特征是其特有的测井地质专属响应之一。另外，碎屑岩储层的孔隙

发育特征也不同于前两者。一是大多数碎屑岩储层孔隙度的发育受埋深影响最大；二是除不整合面因素影响外，深层碎屑岩储层孔隙度的发育与一般地层界面的关系很小，但与地层异常压力或次生孔隙等事件因素关系更大。

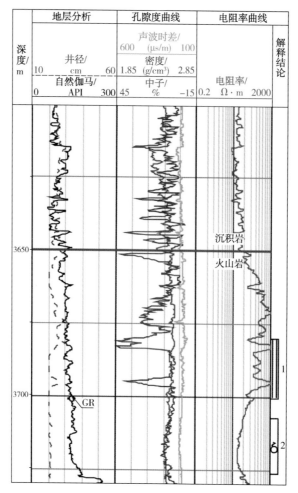

图5-29 松南气田沉积岩与火山岩的测井地质专属性识别

**（二）成岩物质与测井地质属性研究**

不同岩性具不同成岩物质基础。测井曲线明显捕捉的这种不同，就是岩石骨架特征或成岩物质的突变关系。测井曲线内含的成岩物质基础差异，分别构成不同成因岩石的一种地质专属性。

在各种岩性中，火山岩的成岩物质基础受制于地壳或地幔的物质来源。测井曲线能反映的某类火山岩岩石骨架不一定是一个定值，它与物质来源的矿物组成有关，因此不同地区的火山岩，即使岩石命名相同，其岩石骨架也可能差别很大。这与火山岩原地建造的成岩特性及物源组成差异有关。另外，火山岩的来源不同，其岩石的物质序列就不同。岩性中二氧化硅含量的有序变化就是其岩石物质序列变化的一种表现形式，这种变化与其岩石的放射性恰巧完好相关，使自然伽马测井曲线由低到高，分别对应基性至酸性火山岩，形成火山岩的一种测井地质专属响应。电阻率测井曲线则可能记录火山岩的成岩或结构信息，与沉积岩不同，它与自然伽马之间似乎难觅一一对应的变化。

除岩屑或混积等因素外，每一种沉积岩的岩石骨架基本固定，这可能与沉积岩的搬运特性或特殊生物化学成岩环境有关。在沉积岩中，碳酸盐岩的岩石骨架可能与海平面变化关系紧密，碎屑岩的岩石骨架可能与矿物的搬运距离及沉积水动力的强弱关系密切。其中，海平面的变化总体决定了形成碳酸盐岩的生物化学环境，海平面由低水位向高水位演化时，其岩性分别由灰岩向白云岩和石膏过渡，其岩石骨架密度分别为 $2.71g/cm^3$、$2.87g/cm^3$ 和 $2.98g/cm^3$，表现为由低逐步变高的特点，形成碳酸盐岩的一种测井地质专属响应。

另外，当地质背景不同，碳酸盐岩的岩性及其物质成分也各有不同。图 5-6 和图 5-7 中，即使同为灰岩，在海进时期因大量陆源物质的加入，其电阻率测井曲线的变化稳定（图 5-6），且同时具有砂岩与碳酸盐岩的响应特征；在海退时期为纯碳酸盐岩的演化，其电阻率曲线变化很大（图 5-7）。

碎屑岩搬运距离的远近决定了岩石抗风化能力的强弱，因此，搬运距离决定了碎屑岩岩石骨架变化规律的测井地质专属响应。搬运距离较远时，其成岩物质主要为强抗风化的石英，测井曲线可识别的储层岩石骨架为石英骨架，为稳定的单一岩石骨架；搬运距离很近时，其成岩物质中含有大量抗风化能力很弱的岩屑，此时的岩石骨架为多种矿物混合而成的骨架，这种骨架具有多变特征。另外，碎屑岩重力分异的成因特点，也使其岩石颗粒按照水动力迁移方向有序变化，这种岩石粒度有序变化又与自然伽马放射性的变化恰巧完好相关（与火山岩的规律大不相同），构成了碎屑岩的一种测井地质专属响应。因此，碎屑岩的测井曲线是对地层旋回性记录最准确的曲线。

上述分析可以进一步推测，岩性不同，则其骨架变化规律明显不同，与成岩物质相关的物质来源、搬运状态及生物化学环境不同，测井曲线的地质专属响应也肯定不同；成岩物质的突变与渐变组合不同，其测井地质专属响应所指代的地质意义也各有区别，具有重要研究价值。

**（三）成岩温度与测井地质属性研究**

成岩温度同样造成测井专属响应的差异。温度是岩石成因的条件差别之一，也是区分不同岩性的依据之一（李浩等，2012；陶宏根等，2011）。比较火山岩与沉积岩的特点可知，高温成因的岩性物质均匀，但火山岩因原地建造，缺乏对岩性的筛选。由于其物质均匀，所以相同地层的测井曲线比较光滑（图 5-29），这种光滑特征以记录成岩和孔隙结构的电阻率曲线最为明显（单玄龙等，2011）。由于缺乏对岩性的筛选，所以可能造成岩石的放射性与声学特征及电阻率特征难以协调一致，形成不同原理的测井曲线记录难以一一对应的特殊现象，该现象与沉积岩的测井曲线响应具有鲜明区别；沉积成因的岩性与火山岩相反，具有物质不均一，但岩性得以搬运、筛选的特点。由于其水动力条件的不断变化，物质的不均匀，使其相同地层的测井曲线或多或少可见明显齿化。由于岩性的搬运与筛选，加之水动力搬运对岩石颗粒的分选，使其岩石的放射性、声学特征及电阻率特征总体变化一一对应。

**（四）沉积相、成岩相与测井地质属性研究**

沉积相是沉积物的生成环境、生成条件和其特征的总和。成岩相是在成岩与构造等作用下，沉积物经历一定成岩作用和演化阶段的产物，包括岩石颗粒、胶结物、组构、孔洞缝等综合特征（邹才能等，2008；王昌学等，2013）。它们也是影响最终测井地质属性的根本原因之一（皮尔森在20世纪60年代所提出的测井曲线识别沉积相模式的本质就是建立了碎屑岩储层的测井地质属性模式）。不同岩石测井地质属性也必因其成岩相的差异，而表现出不同的结构特征。

以酸性火山岩的喷发相与溢流相为例，其不同相态的结构决定了测井曲线响应的最终结构（图5-30）。

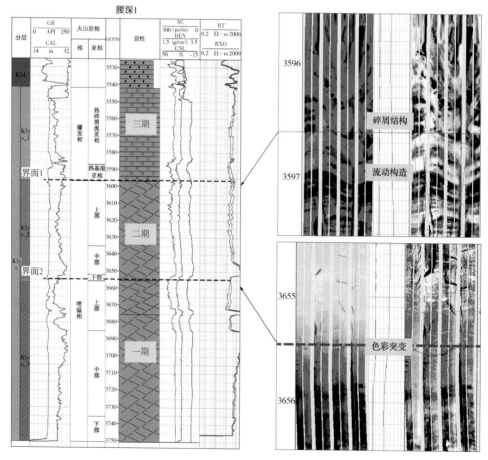

图5-30　松南气田成岩相与测井地质属性关系分析图

其中，喷发相的岩石堆积结构主要由两部分构成(图5-30界面1之上)：一是火山喷发初期，强劲动力引起的岩石喷出地表又空落堆积部分；另一为火山喷发动力逐步减弱形成的热碎屑流堆积部分。前者为岩石角砾或浮石等物质，其杂乱堆积使这一部分的测井曲线相对齿化，浮石或岩石角砾间的孔隙相对发育，使三条孔隙度测井曲线可见孔隙发育特征，喷发期的有效储层多发育于此，成为油气勘探开发的重要目标；后者因火山凝灰质增多，测井曲线总体稳定，三条孔隙度曲线稳定而变化不大。由此可知，喷发相的二元结构在测井曲线上可见清楚的两分特征。

溢流相的岩石堆积主要由三部分构成(图5-30界面2之上)，其孔隙分布特点基本决定了这三部分的堆积结构与测井地质专属性的识别关系。在溢流相底部，孔隙发育少，电阻率具有中高阻特征，且介于溢流相中部与溢流相上部的电阻率数值；溢流相中部因孔隙几乎不发育，而具有异常高阻特征；溢流相上部因接触地表，孔隙很发育，故电阻率最低，且三条孔隙度测井曲线见明显孔隙发育，溢流期的有效储层多发现于此，成为油气勘探开发的重要目标。由此可知，溢流相的三元结构在测井曲线上具有清楚的三分特点。

同理，推导碳酸盐岩的礁滩相与潮坪相以及碎屑岩的河流相与湖泊相等，不同相态的结构均决定了测井曲线响应的最终结构。因此，一旦弄清岩石相态的地质结构，按图索骥，完全可推演出测井曲线对应信息的结构，成为识别测井地质专属性的要因，进而，可以利用测井曲线推测地质事件及其演化的全部过程。

**（五）物性特征与测井地质属性研究**

除去构造因素，不同成因的岩石因成岩条件不同，其岩石物性特征也各不相同，构成各自的测井地质属性也不同。这些不同的地质属性也常被孔隙度测井曲线记录或体现。从成岩作用看，早期成岩作用背景下，地层界面对物性发育的影响一般大于地层埋深；晚期成岩作用背景下，则反之。从岩石成因背景看，火成岩作用背景下，其孔渗发育常受制于火山的喷发或流动状态，如气孔的发育常成因于火山物质与空气接触等；水成作用背景下，孔渗发育常受制于沉积水动力、地层压力或暴露因素。另外，不同成因条件的水成作用，其孔渗发育的主控因素也各存差异。碳酸盐岩孔渗发育的储层主要依赖三方面因素：海平面变化的高水位、强水动力条件及物源；碎屑岩孔渗发育的储层主要依赖四方面因素：强水动力条件下的较粗岩性、较浅的地层埋深、较大的地层压力和地层含有易于溶蚀的矿物。其中，易于溶蚀的矿物(如长石等)与物源及搬运距离关系密切。

**（六）其他条件与测井地质属性研究**

由上述分析可知，岩石成因条件不同，与之对应的测井地质专属响应也必不相同。根据这一认识，有助于利用测井曲线复原地质历史演化过程或寻找油气地质研究所需证据(李浩等，2004)，也有助于拓宽测井地质研究的认知范畴。

除上述因素外，应当存在其他岩石成因条件对测井地质专属性的重要影响。例如岩石力学条件、气候条件等，甚至也存在一些复合型条件的综合影响。如很多裂缝就可能是力学与物性因素的复合作用，但岩石成因类型不同，其裂缝特征也必有差异，其裂缝的测井地质属性也肯定不同。其中，火山岩裂缝常沿着火山口呈放射状分布，在某些部位可见冷凝收缩成因的裂缝而有别于其他裂缝特征；碳酸盐岩裂缝在某些部位可见与溶蚀孔洞显著伴生的裂缝而有别于其他裂缝特征；碎屑岩的裂缝发育与岩石或岩层之间的应力差别关系可能更密切。由于力的作用方式影响，裂缝又可算是影响物性特征的一种特殊因素。上述分析表明，不同岩石成因的裂缝发育特征也会差异很大，其深层次的研究与论证，有待测井与地质专业的深入合作。

因此，利用测井曲线研究地质属性的关键在于识别和发现研究区（目标区）地质演化的规律性、特征性与测井信息记录的有序性、特殊性之间的内在关系。

这种内在关系的发现，需要测井技术的三个探索：一是探索地质演化特征在测井信息上的记录规律；二是探索地质演化特征在测井信息上的表达方式；三是探索测井信息记录各种地质事件的共性与个性特征。成因关系研究是实现这三个探索的一种有效工具。

成因基础的差异是每一类地层岩性所内含的最主要的地质本因。测井曲线可被视作以不同地球物理形式，记录同一地质背景的一种载体——地质背景演化唯一，不同测井原理对其记录各异，但也极可能各自隐含对地质背景演化的特征信息，只是这些特征信息非常隐蔽，不经反复推理或深入研究，很难被人发现。如果能将这些不同原理的共性测量特质归因于同一地质解释，或者以固有地质成因为指导，在测井曲线上辨识出与之相关的共性特质，则有可能利用测井曲线信息还原地质事件原貌。

反思测井曲线的成因，如果它确实内含地质属性，那么地质演化的本因信息自会被植入测井曲线中。因此，如何识别测井曲线中蕴含的地质属性，需探索新认知并扬弃固有认知。整体与局部的统一，是大自然留给人们准确认识它的一条线索；局部常常是整体的全息，又是大自然帮助人们见微知著的另一条有用线索。

根据宏观与微观的关系分析，每一局部地层实则全息记录了事件及其特征痕迹，这些痕迹隐蔽地折射着事件本因。岩石成因就是其中的典型代表，这表现在岩石成因的基础不同，则测井曲线的专属响应就根本不同；岩石形成过程中所经历的事件不同，则测井曲线的专属响应也不同。根据岩石成因基础的各种差异，是破译测井曲线隐含信息的重要途径。

## 第六节　隐性测井地质信息研究

利用测井资料识别地质现象长期面临认知难题，即测井技术以地球物理为理论基础，却试图解决地质与工程问题。对于复杂地层，难免存在模型转换衔接的问题，造成测井评价的结构性矛盾。这一结构性矛盾，常使测井曲线与其内含的地质信息之间难以找到清晰准确的转换关系，导致绝大部分地质事件被测井信息以隐性方式或密码记录。长期以来，测井信息隐含的大量地质证据缺乏识别的理论基础，隐性测井地质信息的识别已成为测井地质学发展的关键技术问题。以某些特殊测井响应或可识别的边界为切入点，通过岩矿成因机理、堆积方式及其形成背景等因素在测井信息上的密码解读，利用成因关系、差异比较等方法的测井信息地质属性研究，是开展隐性测井地质信息研究的有效手段。根据该方法提出测井信息与地质背景的专属性信息和对应性信息的识别原理及技术依据，进一步指出宏观与微观的统一性是隐性测井地质信息研究的核心方法论。实践表明，测井信息具有3 个重要的地质属性，即专属性、对应性和宏观与微观的统一性。前两者是识别隐性测井地质信息的理论基础，后者是确定隐性测井地质信息识别正确与否的有效方法。

　　我国测井地质学进一步发展主要存在三方面问题。一是多专业的交流问题。测井技术成果的最终使用者是地质家或工程专家，但由于专业研究思路与工作方法等的巨大差异，测井人员与多专业交流的深度和广度极其有限，一个原因是测井技术专业化的日益纵深发展，增加了交流的难度，另一原因是缺少深层次交流，使测井解释技术的一些拓展应用缺乏理论基础，比如测井地质解释理论、测井工程应用理论及测井与地震的综合解释理论等，这些导致测井评价技术的多元化发展动力不足（李海金，2003）。目前测井技术研究者的知识结构有待调整，如兼通测井解释和地质学理论的测井研究人员就非常稀缺；二是方法论的认知问题。测井地质研究的终极目标应该是建立正确的测井信息与地质背景转化模式。但是怎样建立系统的分析方法还缺少依据，怎样检验测井地质研究的正确性，手段还不够多（徐怀大等，1993）。如何建立地质宏观认识与测井微观证据的完美统一，还将是一个很漫长的过程；三是研究内容的局限性问题。近年来测井专业的测井地质学应用多局限于成像和地层倾角测井资料（刘伟等，2014；王改云等，2013；苏静等，2009），其原因在于，上述资料能部分提供可明显识别的地质演化结构特征，这些特征的识别可称为显性测井地质认识（Doveton 等，1992）。研究表明，显性测井地质信息存在认知的制约问题，其原因在于成像和地层倾角测井资料信息量太大，分析尺度比较小（其常用比例尺为1∶1），如果缺少宏观地质指导，很容易造成漏失信息或错误判断（Dwain，2005）。事实上绝大部分地质事件是被测井信息以隐性方式或密码记录，即使成像和地层倾角测井资料也含有不易被人识别的地质内容，这些隐性记录方式的研究可称为隐性测井地质认识。如何在理论上探索从显性测井地质认识向隐性测井地质认识发展，将成为测井地质学发展的关键因素。

　　相对于显性测井地质信息，隐性测井地质信息可理解为测井曲线记录的地质信息具有隐蔽性，不经破译，难以识别。其破译手段绝大多数仍在探索中，只有少数得以破译（如沉积相研究等）。因此，探索其系统破译分析理论意义重大。它的识别将有助于复杂勘探目标以及信息极度稀缺的海外油气资源评价等复杂目标或重大风险投资的科学评估(马正，1994；王贵文；2000；司马立强，2002；景东升，2007)。

### 一、测井信息地质属性是识别隐性测井地质信息的重要依据

开展测井信息地质属性研究的目的是通过岩矿成因机理、堆积方式及其形成背景等因素在测井信息上的密码解读，利用测井信息恢复和推导部分地质演化过程中的本质特征，建立测井信息与地质背景的转化模式，提高测井信息的地质应用水平和开发测井信息的预测功能(孙思军，2009)。

研究表明，测井信息同时具备地球物理属性和地质属性。应用其地球物理属性可以开展储层的测井解释评价工作；应用其地质属性可以从事测井地质学研究，能为地质研究提供关键证据，为地震解释提供追踪线索，也能参与复杂岩性储层的流体类型识别研究(刘浩杰等，2010)。

测井信息与其地质演化背景存在三个必然的关系。一是地质演化的物质结果被测井信息连续记录；二是地质演化的特征性与测井信息的变化有对应关系和成因关系；三是对这种成因的连续性研究可以帮助恢复地质演化的部分原始进程。

研究表明，测井信息存在三类明确的地质属性：专属性(测井信息的某些特殊响应常专属于某一特定地质现象或储层物质组构)、对应性(即测井信息与其地质背景的演化具有某种程度的对应关系)以及宏观与微观的统一性(李浩等，2009)。

由于测井信息是以类似于密码的方式记录地质背景演化的内容，因此，测井记录的绝大部分地质内涵信息具有隐蔽性，挖掘这些隐性测井地质信息，需要将测井信息从地质成因的角度，以某些特殊测井响应或可识别的边界等作为切入点，运用辩证推理的分析手段加以科学论证。

### 二、测井信息与地质背景的专属性信息提取原理分析

测井信息的地质专属性是指测井信息记录地层岩性及其物质组构序列关系的特征响应。每一个记录都是唯一的、不与其他井或其他地层完全一致的，其测井响应特征在理论上总能找到记录地层独特属性的排他因素，因而是识别地层或提取地质证据的关键因素。

测井信息对于目标地层(或目标地质事件)总能找到与其他地层(或地质事件)相区别的特征响应。其识别方法需要寻找目标地层的排他因素，也就是说，每一个具体的目标地层，因自身演化的特殊性，都会或多或少存在一些与其他地层相区别的、能代表自身地质演化特征的测井信息记录。这些测井信息记录具有特殊性，通过特征响应的区别研究，经辩证推理分析与地质理论相吻合(曾文冲等，2014；张晋言，2013；于英华等，2013)。因此，以各种特殊测井响应为切入点，是识别专属于地质事件的隐性测井地质信息的重要手段。

**（一）岩性的测井地质专属性识别**

形成岩石的物质组成、堆积方式、构造作用、气候特征、温压环境、成岩背景以及物理化学条件等事件性因素，都会形成测井信息的记录结果或多或少地具有独特的排他性响应特征，这些排他性测井响应特征就是岩性的测井地质专属性识别研究的理论依据。

岩性的测井地质专属性研究方法主要有三个：一是岩石成因与测井信息记录方式之间的专属性关系研究；二是岩性组合与测井信息记录方式之间的专属性关系研究；三是岩性内部物质组成与测井信息记录方式之间的专属性关系研究。

1. 岩石成因与其测井地质专属性的识别分析

岩石成因决定了测井信息响应的本质特征。测井信息记录的本质内容就是岩石及其所含流体的成因结果。

以火山岩和碎屑岩的成因差别分析为例（图5-29）。碎屑岩的形成总体与沉积物的重力分异成因关系密切，其测井记录的变化主要原因在于砂、泥岩内含物质以及沉积物颗粒变化等因素。沉积水动力影响沉积物重力分异的原始结果，使碎屑岩的地质专属性响应在各条常规测井曲线的记录上具有比较协调的一致性；火山岩的形成总体与高温熔融的物质成因关系密切（王伟锋等，2012）。二者的成因基础不同，测井曲线的相应特征具有很多地质专属性响应的差异。因此，成岩作用、结晶作用等诸多岩石成因的差异性构成其测井地质专属性研究的关键。

一是物质赋存特征及成岩的测井记录差异。火山岩高温熔融的特点使其部分物质最终以结晶的方式赋存，因而测井响应较之碎屑岩要光滑且匀称，尤其是物质供给稳定的溢流相地层，电阻率测井响应受成岩结晶影响，常可见连续大段的光滑特征（图5-29中3700~3730m）。

二是物质堆积方式的测井记录差异。碎屑岩自然伽马（右第2道粉红色曲线）和电阻率曲线（左第1道曲线）对堆积旋回的记录具有明确的一致性（一条曲线的变化在另一条曲线上可见与之对应的相关变化），火山岩反之，其自然伽马和电阻率曲线对堆积旋回记录明显不一致，其中自然伽马曲线以反映物质变化为主，对于结晶成岩的记录不明显，电阻率是物质变化与成岩作用的综合反映，但火山岩与碎屑岩电阻率记录的堆积旋回又有着本质上的差异。

三是岩石骨架与孔隙结构的测井记录差异。在孔隙接近于零值处，不同岩性其3条孔隙度测井曲线记录的与岩石成因相对应的岩石骨架值明显不同。

另外，碎屑岩孔隙度的演化主要与沉积作用及其相关成岩作用有关，而火山岩孔隙度的演化主要与火山作用及其相关成岩作用有关，二者在孔隙度测井曲线上的记录也有明显的不同。

2. 岩性组合与其测井地质专属性的识别分析

岩性组合关系代表地层局部事件的堆积结果。岩性组合关系的测井地质专属性是识别储层地质演化特殊性的重要依据，也是研究储层构成条件和预测不同含油气储层分布规律的重要依据。

从中国石化大牛地气田下石盒子组部分识别的心滩堆积特点可以看出，岩性组合关系不同则心滩的测井曲线特征就不同。由图 5-31 可见，D66-34 井心滩为物质供给充分、稳定的强水动力条件下形成的心滩，自然伽马测井曲线表现为连续、相对光滑的箱形，该段测试获日产气 $12.2 \times 10^4 m^3$，这类心滩多为中高产储层；D66-59 井心滩为物质供给相对充分、不稳定水动力条件下形成的心滩，自然伽马测井曲线表现为连续、齿化的箱形，该段两层测试，获日产气 $3 \times 10^4 m^3$，这类心滩多为中、低产储层；D66-25 井心滩为物质供给相对不充分的间歇水流水动力条件下形成的心滩，自然伽马测井曲线表现为不连续的箱形，该段测试获日产气 $0.9 \times 10^4 m^3$，这类心滩的产能与间歇水流的水动力强度关系密切。

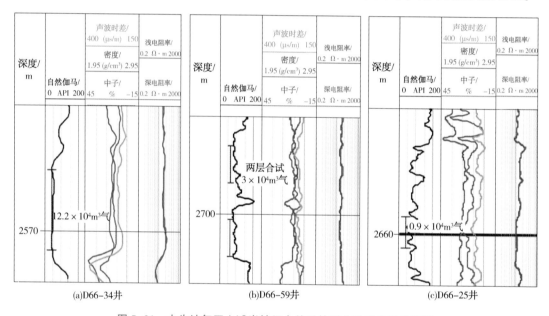

图 5-31　大牛地气田心滩岩性组合关系的测井地质专属性识别

岩性组合关系的测井地质专属性不仅能指示地层堆积事件的条件背景，也有助于预测各类储层的分布及产能特征。上述研究结合生产测试数据分析表明，大牛地气田下石盒子组的部分主力储层主要分布于物质供给充分、强水动力条件下形成的心滩，而间歇性水流及不稳定水动力形成的心滩，是目前新发现的"高声波、低电阻"类型气层形成和分布的主要区域。依据这一认识，可以有效指导这类低阻气层的系统研究（尤欢增等，2007；李良等，2000）。

3. 岩性内部物质组成与其测井地质专属性的识别分析

物质组成的变化大到岩性改变，小到物质成分、含量、结构及状态的改变，均有可能被测井信息记录。

物质组成的变化具有多种表现形式，其变化组合信息具有重要研究意义，它可能包含各种级别的地质事件信息。一是物质组成的含量变化组合。如不同的水动力条件常造成不同地层的物质组成含量变化不同，利用这一特征，可以用于不同级别的地层对比（徐隆博等，2014）。二是物质组成的成分变化组合。构造变动、物源改变等地质事件常造成物质组成的成分组合变化关系，因此，物质组成的成分变化组合可能指示重要地质事件的变化界面。如大牛地气田在太原组末期由于北部阴山隆起的原因，造成地层界面之上山西组的岩屑含量远高于太原组，测井响应也发生明显变化（郭书元等，2009）。三是物质组成的结构变化组合。构造、沉积及压应力事件，都可能造成物质组成的结构组合变化，根据这种变化关系，同样可以恢复地质事件的成因特征。如碳酸盐岩的孔隙度、渗透率变化组合，可能反映其沉积演化关系（景建恩等，2003）。另外，物质组成的变化组合特征也是沉积微相的重要研究依据（胡望水等，2010）。

图 5-32 为普光气田飞三底不整合面的测井识别图。图中可见右侧台地高部位的测井曲线形态因岩性内部物质组成变化而变化。界面上下地层虽同为以灰岩为主，但其中下伏浅滩的成因因沉积地层具有暴露与淹没间互的特点，补偿密度测井曲线（蓝色曲线）齿化明显，而上覆较深水成因的地层为纯灰岩，物质供给的稳定，使补偿密度测井曲线相对光滑、稳定；其台地斜坡区的测井响应变化，为含泥灰岩内部的岩性物质组成变化（杨祖贵等，2009；Sloss，1988）。不整合面的上覆地层具有自然伽马增高的测井响应，同样指示相对深水沉积，与含泥灰岩向泥灰岩转化相对应。

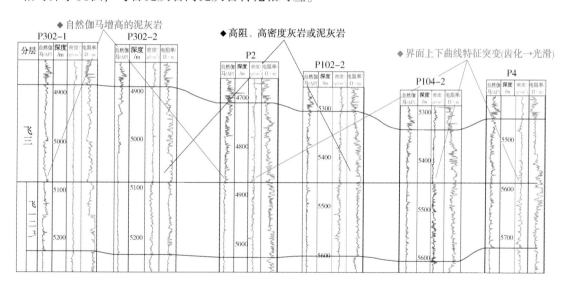

图 5-32 飞三底不整合面的测井识别图

**（二）测井地质专属性常见分析方法**

基于岩性测井地质专属性的识别，就可以利用一定的测井地质分析方法发现和研究地质事件与油气勘探开发之间的内在关系。对于隐性测井地质信息，常见的分析方法主要有比较法和成因分析法。

1. 测井信息差异的比较分析

大型的特殊地质事件一般会给地层施加大范围的影响，这种影响的特殊性常常引起测井信息的特殊变化，与一般性地质事件相比较，可在测井信息上捕捉到差异性的变化。这种差异性变化，就是识别这些隐性测井地质信息的有效手段之一。常见的差异比较法可识别的隐性测井地质信息有异常压力、异常应力、生油岩的识别等（余伟健等，2013；宋连腾等，2011；李军等，2004；操应长等，2003）。

图5-5为济阳坳陷LUO67井声波时差-电阻率交会图与层序界面的对应关系（成志刚等，2013；操应长等，2003；Wyllie，1956）。图中层序Ⅰ底界面、层序Ⅲ底界面以及顶界面处的 $\Delta \lg R$ 快速下降为0（$\Delta \lg R$ 为富含有机质的细粒烃源岩的测井分析指数，被定义为刻度合适的孔隙度曲线如声波时差曲线与电阻率曲线曲线重叠、叠加。二者幅度差大时，表明烃源岩富含有机质）。层序Ⅱ底界面处和顶界面处的 $\Delta \lg R$ 较之CS段有所下降，这与该时期湖平面下降规模小有关。层序Ⅰ、层序Ⅱ、层序ⅢCS段的 $\Delta \lg R$ 明显增大，并且在同一层序内部向上、向下逐渐减小。

2. 测井信息的成因机理研究

当测井地质研究的辩证推理分析方法运用合理时，所有地质事件均能应用成因分析的方法加以识别。尤其是特殊地质事件本身所带有的排他性因素，均可以通过成因分析和辩证推理论证识别。

实践表明，最有效的成因分析手段之一是遵循构造-沉积演化的分析思路，运用宏观与微观地质演化的统一分析技巧加以实现。大港油田歧50断块低阻油层的预测与识别研究即是一个好的例证（李浩等，2004）。

测井信息的地质专属性是辨识中小尺度测井地质证据的重要研究手段。如果其较大尺度的各种研究结果能与地震数据信息的地质专属性做到相互辨识，则完全可以利用测井-地震地质专属性的共性特征开展地震解释的目标追踪，达到精确预测的目的。

另外，测井信息的地质专属性因具有专属于地质研究目标的排他性特征，其研究方法并不局限于文中所述，其本身内涵的隐性地质测井记录信号还具有广阔的研究空间等待人们从多个角度研究、挖掘。

### 三、测井信息与地质背景的对应性信息提取原理分析

测井信息的地质对应性是指测井信息与其地质背景的演化常可找到可识别的对应关系。如各种级别的地质界面及其上下地层作为研究单元，就可找到不同地层各自的测井地质专属性信息，这些专属性信息在地质界面处具有明显的突变关系，它们纵向上与地质演化具有对应关系，横向上具有符合地质理论的成因关系。因此，以各种级别的地质界面分析为切入点，是识别与地质演化具有对应关系的隐性测井地质信息的重要手段之一

（Pierson，1984；凌代模等，1983）。

### （一）测井信息与地质背景的结构对应关系

这种关系是研究各级别地层界面的重要手段，其中地层纵向上岩性渐变常代表某一地质事件的变迁，岩性或岩性内部物质组成突变常代表地质事件的改变；横向上岩性变化代表地层堆积条件的差异（陈钢前，1996）。图5-32中飞三底不整合面上下岩性内部物质组成的突变，表明地质事件作用的结果，在不整合面上下形成了2种不同的地层结构（红圈所示），其横向上岩性的变化为台地高部位及台地斜坡区的地层堆积条件具有成因的一致性。

### （二）测井信息与地质背景的成因关系对比与追踪

成因关系是测井地质学研究的核心内容，任何地质事件的结果最终都可以用成因关系给予明确解释。成因关系在纵向上可以用地质专属性研究成果加以识别，横向上虽然地质条件有所变化，但仍可以利用成因关系的解释加以追踪。

图5-33为大港油田刘官庄地区某3口井的测井曲线（自左至右为A1井、A2井和A3井），图中的上部横线上下沉积相和岩性突变与不整合面成因吻合。在A1井的不整合面之下还残存少量剥蚀剩余的反旋回韵律泥岩地层，与不整合面之上的以正旋回沉积的河道砂构成了组合地层，进一步证明这种成因关系的存在。在不整合面之下存在一个沉积旋回相反的沉积反转面，从A1井—A3井，反旋回沉积的砂体受剥蚀的现象越来越严重，表明地层剥蚀结果的差异，这种差异可以利用成因关系的解释加以追踪（李浩等，2007）。

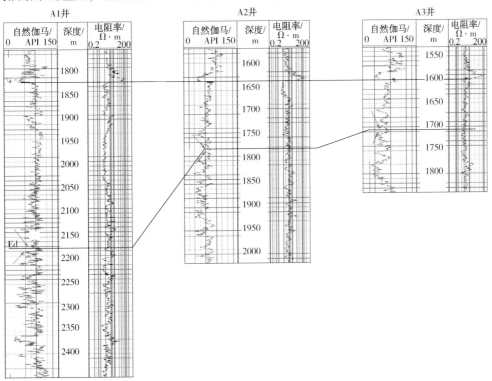

图5-33 刘官庄地区不整合现象分析图

## 四、测井信息和地质信息的宏观与微观统一性研究

宏观与微观的统一性研究是测井地质学研究的核心手段，也是确定隐性测井地质信息认识正确与否的检验手段。宏观地质作用是地下地质的主体，微观岩层结构受控于宏观地质作用，也是宏观地质作用的具体表现。在恢复和建立测井信息与地下地质背景间转换关系的过程中，只有弄清楚宏观地质作用，才能依据地质学原理预测出微观岩层结构的存在性及具体存在位置；测井数据是研究和认识微观岩层结构的高精度信息，石油地质研究和石油工程决策中的许多内容，又与这些微观岩层结构密不可分。只有弄清微观岩层结构，才能正确检验宏观地质作用认知的正确性，对石油地质研究和石油工程决策作出正确判断。宏观与微观的统一性是隐性测井地质信息认识方法的辩证统一。

对于具体地质事件，其隐性测井地质信息研究可遵循两个基本地质认识。一是重要地质事件的表现形式具有测井记录的多样性。如不整合事件可从构造、沉积及成岩等多个方面，使不同地层的微观地质特征表现出很大差别，这种差别构成不整合面上下、不同地层的测井信息密码结构。测井信息对此留有或多或少的忠实记录，为不整合面识别提供了推理和研究依据。二是重要地质事件的演化关系具有测井记录的成因合理性。深究测井信息与其地质背景因素的关系可知，测井信息记录了地层界面上下的差异组合关系，如"沉积相差异组合""岩性差异组合""残存旋回（剥蚀）与完整旋回组合"及"物性差异组合"等（宋子齐等，2011；张龙海等，2007；宋鹍等，2006）。这些组合与地质演化过程中的变动关系完全吻合，即测井记录在纵向上具有与地质演化关系的吻合性，在横向上具有地质成因关系的可追踪性。这种成因合理性是利用测井信息研究地质问题的重要切入点。

测井信息是油气田地下地质研究所需的珍贵信息，测井地质学是实现正确油气地质研究的重要手段之一，隐性测井地质信息的研究方法探索是测井地质学最重要的研究内容。实践表明，测井信息具有三个重要的地质属性，即专属性、对应性和宏观与微观的统一性，前两者是识别隐性测井地质信息的理论基础，后者是确定隐性测井地质信息识别正确与否的有效方法。

**参 考 文 献**

[1] 司马立强. 测井地质应用技术[M]. 北京：石油工业出版社. 2002.

[2] 郭荣坤，王贵文. 测井地质学[M]. 北京：石油工业出版社. 1999.

[3] 王贵文，郭荣坤. 测井地质学[M]. 北京：石油工业出版社. 2000.

[4] 马正. 油气测井地质学[M]. 武汉：中国地质大学出版社，1994.

[5] 陈立官. 油气田地下地质学[M]. 北京：地质出版社，1983.

[6] 陈立官. 油气测井地质[M]. 成都科技大学出版社，1990.

［7］武汉地质学院北京研究生院石油地质研究室岩相组，大港油田石油勘探开发研究院勘探室岩相组著.
　　黄骅坳陷第三系沉积相及沉积环境［M］.北京：地质出版社.1987.

［8］肖义越，赵谨芳.应用测井资料自动确定沉积相的计算机程序［J］.地质科学，1993，28（1）：36-45.

［9］胡盛忠.石油工业新技术与标准规范手册［M］.哈尔滨：哈尔滨地图出版社，2004.

［10］王笑连.地层压力预测与检测技术［J］.石油与天然气地质，1982，3（4）.

［11］瓦尔特H.费特尔，1976.宋秀珍译.异常地层压力［M］.北京：石油工业出版社，1982.

［12］田世澄，张博全.压实异常孔隙流体压力及油气运移［M］.中国地质大学（武汉）出版社，1988.

［13］陆凤根.冲积沉积物［J］.地球物理测井，1988：12（6）：1984-1989.

［14］信荃麟，等.油藏描述与油藏模型［M］.北京：石油工业出版社，1989.

［15］刘泽容，等.油藏描述原理与方法技术［M］.北京：石油工业出版社，1993.

［16］张一伟，熊琦华，王志章，等.陆相油藏描述［M］.北京：石油工业出版社，1997.

［17］李国平，许化政.利用测井资料识别泥岩"假盖层"［J］.地球物理测井，1991，15（4）：230-239.

［18］李国平，石强，等.储盖组合测井解释方法研究［J］.中国海上油气（地质），1997，11（3）：
　　　217-220.

［19］刘文碧，李德发，周文.海拉尔盆地油气盖层测井地质研究［J］.西南石油学院学报，1994，17
　　　（4）：34-42.

［20］赵彦超.生油岩测井评价的理论和实践［J］.地球科学—中国地质大学学报，1990，15（1）：65-74.

［21］刘光鼎，李庆谋.大洋钻探（ODP）与测井地质研究［J］.地球物理学进展，1997，12（3）：1-8.

［22］司马立强，张树东，刘海洲，等.川东高陡构造陡翼主要构造特征及测井解释［J］.天然气工业，
　　　1996，16（4）：25-28.

［23］吴继余.复杂碳酸盐岩气藏储层参数测井地质综合研究（上）［J］.天然气工业，1990，10（5）：
　　　24-29.

［24］吴继余.复杂碳酸盐岩气藏储层参数测井地质综合研究（下）［J］.天然气工业，1990，10（6）：
　　　27-31.

［25］周远田.测井地质分析的某些进展［J］.国外油气勘探，1990，2（4）：7.

［26］肖慈珣，欧阳建，施发祥，等.测井地质学在油气勘探中的应用［M］.北京：石油工业出版
　　　社，1991.

［27］薛良清.利用测井资料进行成因地层层序分析的原则与方法［J］.石油勘探与开发，1993，20（1）：
　　　33-38.

［28］李庆谋，杨峰，郝天珧，等.测井地质学新进展［J］.地球物理学进展，1996：11（2）：66-79.

［29］O.塞拉（著），肖义越等（译），测井资料地质解释［M］.北京：石油工业出版社，1992.

［30］丁贵明.测井地质学及其在勘探中的应用［J］.测井技术，1996，20（4）：235-238.

［31］蔡忠，侯加根，徐怀民，等.测井地质学方法在储层岩石物理分析中的应用［J］.石油大学学报，
　　　1996，20（3）：12-18.

［32］符翔，高振中.FMI测井的地质应用［J］.测井技术.1998，22（6）：435-438.

[33] 何方, 郑宇霞, 周燕萍, 等. 东濮凹陷胡状集北岩性油藏地层微电阻率测井地质分析[J]. 断块油气田, 2004, 11(4): 8-10.

[34] 卢颖忠, 李保华, 张宇晓, 等. 测井综合特征参数在碳酸盐岩储层识别中的应用[J]. 中国西部油气地质, 2006, 2(1): 109-113.

[35] 祁兴中, 潘懋, 潘文庆, 等. 轮古碳酸盐岩储层测井解释评价技术[J]. 天然气工业, 2006, 26(1): 49-51.

[36] 景建恩, 魏文博, 梅忠武, 等. 裂缝型碳酸盐岩储层测井评价方法——以塔河油田为例[J]. 地球物理学进展, 2005, 20(1): 78-82.

[37] 李军, 张超谟, 金明霞. 碳酸盐岩储层自适性测井评价方法及应用[J]. 天然气地球科学, 2004, 15(3): 280-284.

[38] 肖立志. 核磁共振成像测井原理与核磁共振岩石物理实验[M]. 北京: 科学出版社, 1998.

[39] 李召成, 孙建孟, 耿生臣, 等. 应用核磁共振测井 T2 谱划分裂缝型储层[J]. 石油物探, 2001, 40(4): 113-118.

[40] 谭茂金, 赵文杰. 用核磁共振测井资料评价碳酸盐岩等复杂岩性储集层[J]. 地球物理学进展, 2006, 21(2): 489-493.

[41] 张志松. 我国陆相找油的两个难点[J]. 石油科技论坛, 2001, 12: 36-40.

[42] 张志松. 怎样认识苏里格大气田[J]. 石油科技论坛, 2003, 8: 37-44.

[43] 刘长军. 浅析煤田测井地质学[J]. 煤炭技术, 2005, 24(7): 92-93.

[44] 罗菊兰, 王西荣, 王忠于. 测井资料的地质分析[J]. 测井技术, 2002, 26(2): 137-141.

[45] 涂涛, 刘兴刚, 黄平, 等. 川东石炭系测井地质[J]. 天然气工业, 1998, 18(2): 24-26.

[46] 吴春萍. 鄂尔多斯盆地北部上古生界致密砂岩储层测井地质评价[J]. 特种油气藏, 2004, 11(1): 9-11.

[47] 常文会, 秦绪英. 地层压力预测技术[J]. 勘探地球物理进展, 2005, 28(5): 314-319.

[48] 彭真明, 肖慈珣, 杨斌, 等. 地震、测井联合预测地层压力的方法[J]. 石油地球物理勘探, 2000, 35(2): 170-174.

[49] 肖慈珣, 张学庆, 文环明, 等. 中途测井资料预测井底以下地层压力[J]. 天然气工业, 2002, 3(4): 23-26.

[50] 张立鹏, 边瑞雪, 扬双彦, 等. 用测井资料识别烃源岩[J]. 测井技术, 2001, 25(2): 146-152.

[51] 王贵文, 朱振宇, 朱广宇. 烃源岩测井识别与评价方法研究[J]. 石油勘探与开发, 2002, 29: 50-52.

[52] 许晓宏, 黄海平, 卢松年. 测井资料与烃源岩有机碳含量的定量关系研究[J]. 江汉石油学院学报, 1998, 20(3): 8-12.

[53] 陆巧焕, 张晋言, 李绍霞. 测井资料在生油岩评价中的应用[J]. 测井技术, 2006, 30(1): 80-83.

[54] 谭延栋. 测井识别生油岩方法[J]. 测井技术, 1988, 12(6).

[55] 运华云, 项建新, 刘子文. 有机碳测井评价方法及在胜利油田的应用[J]. 测井技术, 2000, 24(5): 372-376.

［56］ Liu Shuang-lian, Liu Jun-lai, Li Hao. Definition and classification of low-resistivity oil zones［J］. Journal of China University of Mining & Technology, 2006, 16(2)：228-232.

［57］ 操应长，姜在兴，夏斌，等. 利用测井资料识别层序地层界面的几种方法［J］. 石油大学学报，2003, 27(2)：23-26.

［58］ 谢寅符，李洪奇，孙中春，等. 井资料高分辨率层序地层学［J］. 地球科学-中国地质大学学报，2006, 31(2)：237-244.

［59］ 金勇，唐文清，陈福利，等. 石油测井地质综合应用网络平台 Forward. NET［J］. 石油勘探与开发，2004, 31(3)：92-96.

［60］ 江涛. 新一代测井地质综合应用网络平台 FORWARD. NET2. 0.［J］. 石油工业计算机应用，2005, 13(3)：9-11.

［61］ 李军，张超谟. 利用测井资料分析不同成因砂体［J］. 测井技术，1998, 22(1)：20-23.

［62］ 尹寿朋，王贵文. 测井沉积学研究综述［J］. 地球科学进展，1999, 14(5)：440-445.

［63］ 欧阳健，王贵文，吴继余，等. 测井地质分析与油气层定量评价［M］. 北京：石油工业出版社，1999.

［64］ 李浩，刘双莲，李健伟，等. 测井曲线地质含义解义［M］. 北京：中国石化出版社，2019.

［65］ 李浩，刘双莲. 测井曲线地质含义解析［M］. 北京：中国石化出版社，2015.

［66］ 李浩，吴世祥，徐敬领，等. 测井技术与裂缝研究［M］. 北京：地质出版社，2021.

［67］ 赖锦，王贵文，庞小娇，等. 测井地质学前世、今生与未来——写在《测井地质学·第二版》出版之时［J］. 地质论评，2021, 67(6)：1804-1828.

第六章

# 测井地质应用研究

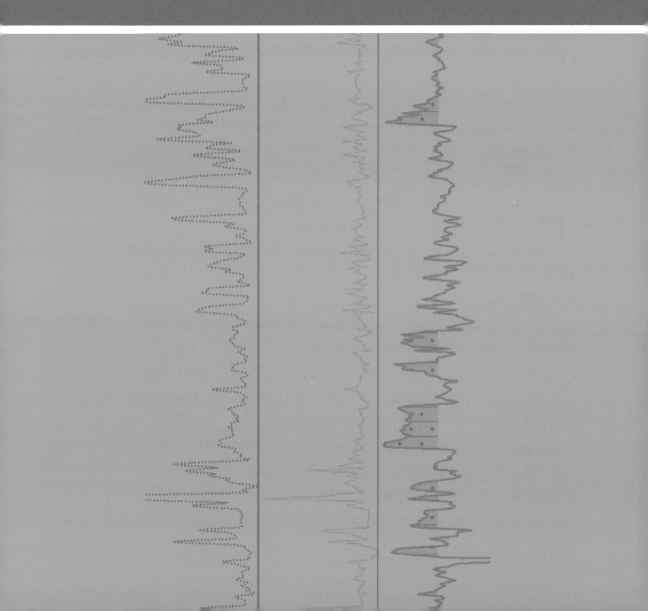

应用测井技术识别地质事件时，对具有隐蔽测井信息结构变化的识别涉及较少，限制了认知地质事件的精度和可靠性。而根据测井记录的地质响应及其相关测井信息组合特征，研究重要地质事件的多样性与测井曲线之间的成因关系以及测井曲线纵、横向变化与地质演变的成因关系可以探索性地解决上述问题。运用该方法可识别出碎屑岩和碳酸盐岩地质事件并推断其成因机理，通过对地质事件表现形式多样性的分析，提出了碎屑岩地质事件的识别和论证方法；通过同成因地质界面的识别与追踪，提出了碳酸盐岩"同期异相"地层对比问题的识别方法和依据。地层的岩性成因机制不同，碎屑岩和碳酸盐岩地层的地质事件研究方法也有所不同，二者的识别差别在于地质界面的追踪依据不同、地质界面的测井响应特征不同以及测井信息与地质界面识别的对应关系不同。应用该方法，成功解决了我国大港油田、普光气田以及澳大利亚等国内外油气探区地质研究中地质界面识别的关键问题。

## 第一节　基于地质事件的地层对比研究

测井地质学是以地质学和岩石物理学的基本理论为指导，综合运用各种测井信息解决地层学、构造地质学、沉积学、石油地质学以及油田地质学中各种地质问题的一门科学。测井地质学的核心问题是寻找测井信息—地质背景之间准确的翻译方法。

20世纪90年代中期至今，成像、核磁及元素测井技术相继出现，拓宽了人们应用测井地质学研究的能力和领域，但测井技术的日益专业化，也加大了地质家从事测井地质研究的难度，测井地质学的进一步发展面临新考验。

利用测井技术研究地质事件面临两个挑战。一是怎样找到测井信息中隐含的地质事件识别标志；二是怎样协助地质家最大限度地恢复地质演化过程，为油气勘探开发决策提供重要依据。

历年来，地质事件的测井识别方法多集中于研究测井信息的已知"明显"突变特征，该研究侧重于寻找已知的测井信息结构或差异变化，如地层倾角、沉积旋回等地层结构的测井信息突变等。对于具有隐蔽性的测井信息结构变化的识别研究涉及太少，因而大量测井信息的地质内涵还并不为人所知。迄今为止，人们远未找全利用测井资料恢复地质背景原貌的方法及依据。因此，对于地质事件与测井信息的"隐蔽"变化有必要开展不懈的探索。如碳酸盐岩的"同期异相"地层对比及环境变化引起岩石内物质成分变化等问题，都可以从地质事件与测井信息"隐蔽"变化的关系研究中寻求答案。

基于测井记录在横向上与地质事件具有成因关系的可追踪性，在纵向上有可能找到与地质事件相吻合的物质变化记录（如推演与物质成分改变相关的测井信息变化依据），本书根据地质事件的成因及演化特征推演了地层演化的测井密码构成。因形成机制存在差异，碎屑岩和碳酸盐岩地层的地质事件研究差别明显，采用与油气田开发单元相关的重要地质界面为切入点，探讨了测井信息与两种地质事件的记录差别及分析方法差异。

## 一、应用测井技术识别地质事件的研究依据

结合测井响应原理探讨地质事件的形成背景，可得到两个基本认识：一是重要地质事件虽形式多样，但测井信息都有忠实记录。如不整合事件在构造、沉积及成岩等多方面的特征响应，使地层的宏观与微观地质方面出现差别，这种差别构成不整合面上下地层的测井信息密码结构，为不整合面识别提供推理依据；二是测井曲线记录的纵向变化与地质演化具有成因吻合性，其横向变化与地质事件具有成因可追踪性。也就是说，测井信息忠实记录了各种地质界面上下地层的差异组合关系，如"沉积相差异组合"、"岩性差异组合"、"残存旋回（剥蚀）与完整旋回组合"及"物性差异组合"等，这些差异组合是地质演化特征的反映，也是利用测井信息研究地质事件的切入点。另外，这些差异性组合的横向上变化特点，就是时空上测井信息对地质事件变化的一种成因记录，形成测井信息研究地质问题的另一切入点。以往这些差异常被看作简单的岩性变化，并未深究其与地质事件间的内在关系。

比较碎屑岩和碳酸盐岩，二者形成机制既有共性也有差异，其差异致使测井信息的响应特征明显不同。首先是成岩方式不同造成测井信息响应特征的差异；其次是岩石骨架不同造成测井信息响应特征的差异；第三是岩性及其组合的堆积方式不完全相同造成测井信息响应特征的差异；第四是沉积环境导致岩性的横向展布规律不同造成测井信息响应特征的差异；第五是储层孔隙特征和纵横向分布规律不同造成测井信息响应特征的差异等。以上原因造成与两大类岩性组合在相关地质事件的测井识别和研究方法不同。

## 二、运用测井信息识别碎屑岩地层的地质事件

测井识别碎屑岩地层的地质界面常可通过5方面信息变化加以识别。一是沉积事件的转变。由于沉积环境变化，地质界面的上覆和下伏地层岩性发生突然改变，表现为沉积韵律不同甚至反向、测井相及测井岩性组合特征突变等。二是地层压实和成岩作用的差异性变化。如长期的沉积间断使不整合面上覆地层和下伏地层之间出现地层压实和成岩作用差异，这种差异反映声波时差测井曲线上，可见较纯泥岩的声波时差值连线在不整合面处明显断开。三是孔隙度突变特征。有些不整合面经风化剥蚀，其表面的残积物常表现出孔隙度增大（声波时差增高），尤其是泥岩孔隙度增大现象更明显。四是剥蚀现象。剥蚀常导致不整合面下伏地层出现残余沉积旋回（如不完整的半旋回），它与上覆地层的完整沉积旋回构成了一组可识别的不整合组合关系。五是地质-测井的突变关系。某些地质界面上会出

现物质组成突变、沉积韵律突变和地层水矿化度突变等特征，这些突变特征在测井资料上常有记录。

图 6-1 为澳大利亚 Bonaparte 盆地某井测井曲线图，根据测井曲线变化，测井解释人员通常只要正确地解释在 2586m 深度附近岩石性质的变化即可。但以地质事件的观点，在 2586m 深度附近可见到沉积相和物质突变现象：依据自然伽马和声波时差曲线可推测，在 2586m 以下为反旋回的三角洲沉积，砂岩和泥岩中几乎不含钙质，且声波时差曲线变化稳定；2586m 以上为正旋回的深水海底扇沉积，在砂岩和泥岩地层中夹有较多的钙质薄层，与之相对，声波时差曲线上见多个薄层尖峰，表明沉积相发生突变。结合区域地质分析，该测井信息上表现为信号的强烈波动，特别是声波时差和微球电阻率波动得十分明显，表明海底扇分选差，说明沉积速率很快，来不及分选就堆积下来，属于事件性沉积，物源供给是瞬时的。

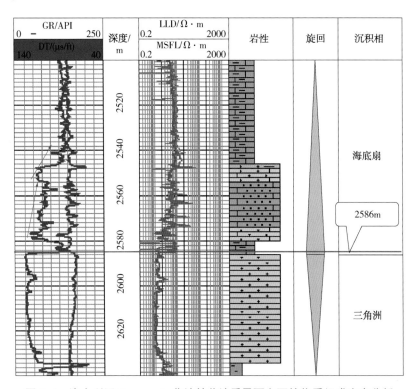

图 6-1 澳大利亚 Bonaparte 盆地某井地质界面上下的物质组成突变分析

图 6-2 为大港油田南大港构造带上某井中生界与下地三系不整合面的识别分析图。该不整合发育时间长，声波时差测井曲线有明显记录：其中不整合面处的泥岩声波时差异常增高以及较纯泥岩的声波时差值连线在不整合面处明显断开，均指示不整合事件的存在。

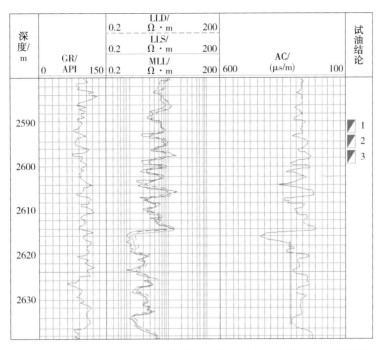

图 6-2　大港油田南大港构造带某井不整合面上下的差异压实分析图

### 三、运用测井信息识别碳酸盐岩地层的地质事件

碳酸盐岩的地层对比及地质界面研究面临两个难点。一是碳酸盐岩既具有与碎屑岩相近的沉积方式，也具有与生物、化学关系密切的成因特点。横向上沉积物质变化复杂，除了石膏岩等少数岩性外，碳酸盐岩地层普遍缺乏可用于横向追踪的标志层。二是碳酸盐岩地层面临"同期异相"的地层对比难题，这一问题至今缺乏合理解决方案。由于横向上碳酸盐岩生物、化学环境的不断变化，同一时期的地层沉积相变化复杂，地层对比难以把握。因此，其地质界面的识别与横向追踪必须另寻依据，对同成因地质界面的研究与横向追踪无疑是其中最重要的分析线索。现以普光气田两个地质界面的研究实例加以分析。

#### （一）普光气田飞仙关组底界面的识别

地质研究表明，普光气田飞仙关组底界面是一个重要地质界面，其演化具有特殊性：下伏长兴组台地生物礁沉积地层顶部曾短暂暴露，普光气田在飞仙关组一段早期钻井已揭示的地层岩性均与较深水沉积有关，说明当时为快速海侵，地层全部被淹没。这一特殊演化过程表明，该界面上下地层岩性构成的组合具有不同沉积环境的解释关系，即下伏地层整体具有较浅水沉积环境的岩性特征，界面之上的飞仙关组一段底部地层则整体具有较深水沉积环境的岩性特征。

受"同期异相"因素的影响，该界面上下见到多种岩性组合类型（图6-3）。其中长兴组顶部生物礁发育处，界面上下可见白云岩与泥灰岩组合，白云岩的测井特征为低自然伽马、低电阻率，泥灰岩的测井特征为高自然伽马、低电阻率；在礁间处，可见云质灰岩与泥灰岩组合，云质灰岩的测井特征为低自然伽马、高电阻率，泥灰岩的测井特征为高自然伽马、低电阻率；在台地斜坡及台地内部，可见含泥灰岩与泥灰岩组合，含泥灰岩的测井特征为低自然伽马、高电阻率，泥灰岩的测井特征为高自然伽马、低电阻率。由此可见，以飞仙关组底为界，下伏地层整体具有海退时相对浅水沉积的岩性特征，上覆地层整体具有海侵时沉积水体变深的岩性特征。

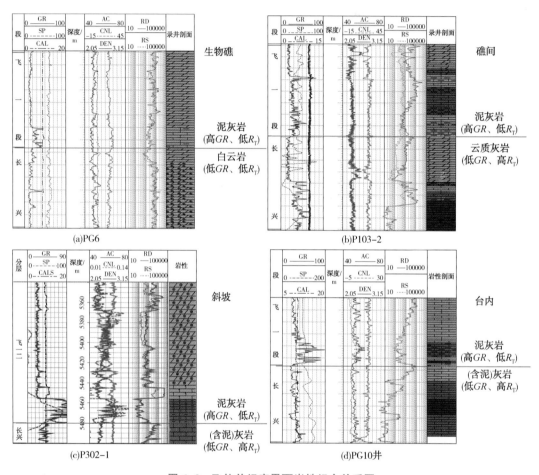

图 6-3 飞仙关组底界面岩性组合关系图

根据飞仙关组底界面物性变化关系图(图6-4)可知，由于长兴组与飞仙关组沉积环境的变化，孔渗结构的组合关系差别很大。其中，具有暴露标志的地层(见蓝色实线之下的孔渗关系)，因风化、淋滤作用，其孔渗结构具有正相关的关系；而不具暴露标志的地层，则孔渗关系相对复杂，如飞仙关组一段、二段内部潜流层与浅滩之间的界面(蓝色实线和粉红色断线之间的孔渗关系)，该界面因高孔隙、低密度，常被错误地识别为飞仙关组底界面，但该界面之下的孔渗关系明显不匹配，虽然其孔隙度比长兴组顶部不整合面的孔隙度还高，但孔隙之间连通性差、缺乏改造，因此渗透率不高，这与孔渗关系匹配较好的长兴组生物礁储层具有明显差别。

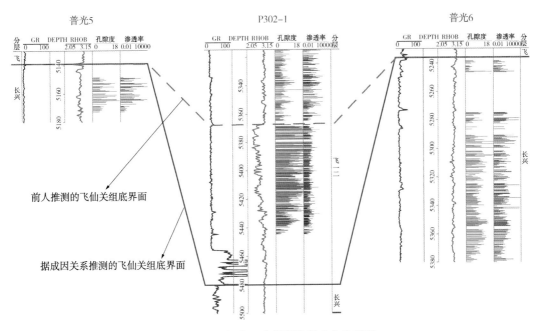

图 6-4　飞仙关组底界面物性变化关系图

通过以上对同成因地层解释关系的追踪及不同成因界面孔渗关系的研究，所确定的普光气田飞仙关组与长兴组之间的地质界面，经地震解释检验，横向追踪良好，且能完全闭合，证明研究精度高。

**（二）普光气田飞仙关组三段底界面的识别**

飞仙关组三段底界面与飞仙关组一段、二段之间的界面同样具有特殊的演化关系：飞仙关组一段、二段顶部在碳酸盐岩台地高部位表现为浅滩沉积，其岩性以具有暴露与淹没间互成因的白云岩为主，在台地斜坡处，岩性以含泥灰岩为主；飞仙关组三段底界面为快速海侵的沉积背景，工区内地层全部被淹没，岩性为致密纯灰岩或泥灰岩。该界面上下地层岩性构成的组合，同样符合同沉积环境的解释关系，即下伏地层整体具有浅水沉积环境的岩性特征，界面之上的地层则整体具有深水沉积环境的岩性特征。

图 5-32 为飞仙关组三段底界面的测井识别图，追踪这个具有同沉积环境关系的地质界面，可以找到 3 个清晰的专属于上述演化关系的测井特征。其一为台地高部位的测井曲线数值发生变化。在此处，下伏白云岩因暴露常发育孔隙，其密度测井值一般低于灰岩、白云岩骨架值，电阻率为中、高值，而其上覆地层为快速海侵成因的纯灰岩，因此密度测井值为灰岩骨架($2.71g/cm^3$)，高于下伏地层，电阻率也全部为高值，与纯灰岩的测井响应吻合。其二为台地高部位的测井曲线形态的变化。其中，下伏浅滩沉积因地层暴露与淹没间互的成因特点，补偿密度测井曲线可见明显齿化，而上覆地层为较深水沉积环境的纯灰岩，沉积环境的一致性，使补偿密度测井曲线相对光滑、稳定。其三为台地斜坡区的测井响应变化特征。界面的上覆地层具有自然伽马增高的测井响应，与含泥灰岩向泥灰岩转

化相对应，与前二者相结合，同样指示相对深水沉积。根据上述飞仙关组三段底界面识别的 3 个测井特征研究，其界面的横向追踪，经地震解释检验，同样效果好且能完全闭合。

普光气田 2 个地质界面的识别研究表明，根据沉积环境变化关系的识别、同成因界面的追踪以及地质界面上下不同沉积环境地层物性变化的测井差异分析，完全可以做到对碳酸盐岩地质界面的准确识别，也初步解决了"同期异相"问题对碳酸盐岩地层对比的困扰，并能提高碳酸盐岩地层对比的精度。

### 四、碎屑岩地层与碳酸盐岩地质界面测井响应的差异分析

比较碎屑岩和碳酸盐岩的形成机制可知，碳酸盐成分一经沉淀成为特定的结构组分后，它们在沉积环境中的沉积和分布主要受沉积环境的水动力条件控制，即主要是机械作用，在这一点上碳酸盐岩与碎屑岩具有相同或相似的成因；但是碳酸盐岩的生成机理又同时具有化学作用、生物作用以及生物化学作用，这些与碎屑岩的某些不同之处，又导致测井响应关系的一些明显不同，因此，二者地质界面的研究手段也存在明显差异。上述研究表明，利用测井技术分别识别这二种岩性质界面的方法有多种，但目前可明确推知二者的分析差异主要有三个：一是地质界面的追踪依据不同。在沉积环境关系相同或明确的沉积微相区，碎屑岩地层地质界面常具有测井响应共性，可横向追踪或可借助标志层追踪；碳酸盐岩地层却更多面临"同期异相"的地层对比难题，尤其在碳酸盐岩台地区，地质界面难以借助标志层追踪。二是地质界面的测井响应特征不同。如碎屑岩的成岩作用随埋深呈现有序性变化，其不整合面上下常可识别出"差异压实"；碳酸盐岩地层的早期成岩作用，使其埋深与成岩作用之间的关系复杂，"差异压实"现象不明显，但一些重要地质界面之下次生孔隙发育的特殊性，常对界面的识别具有指示作用。三是岩性的成因不同，使测井信息与地质界面识别的对应关系不同。以自然伽马和补偿密度曲线为例，碎屑岩由于重力分异作用，使其岩性沉积和分布具有有序性，自然伽马曲线能反映出的这种有序性有：沉积旋回、频率及沉积物质的变化（如石英砂岩为低伽马特征，长石和岩屑砂岩为较高伽马特征），而碳酸盐岩因沉积环境不同，其岩性具有块状沉积的特点，自然伽马难以反映这种块状体内部的沉积旋回、频率及沉积物质的变化；相对于补偿密度曲线，碎屑岩的密度骨架值变化范围小，如石英砂岩、长石和岩屑砂岩具有相似的密度骨架值，补偿密度难以区分三者的纯岩性，但是不同的碳酸盐岩却拥有完全不同的密度骨架值，利用纯岩性的骨架变化，识别沉积界面，是碳酸盐岩地层对比不同于碎屑岩的一大特点。

测井信息内含对地质事件的特征响应。根据上述研究，可得出利用测井信息研究地质事件的三个重要结论：

（1）岩石成因决定了测井技术识别碎屑岩地质事件方法的特殊性。重力分异和成岩作用等在时空上的有序性特征对测井响应影响显著，它们决定了碎屑岩地质事件在界面处的

测井响应具有多样性。沉积相和沉积水动力、成岩与地层压实、沉积物质和流体等突变关系的多样表现，均能在纵、横向上找到测井响应中可识别的对应关系和成因追踪关系。

（2）岩石成因同样决定了测井技术识别碳酸盐岩地质事件的方法特殊性。碳酸盐岩生成机理中，化学作用、生物作用以及生物化学作用对测井响应的显著影响，增加了碳酸盐岩地质事件研究的复杂性。研究证明，对同成因地质界面的识别与追踪，是解决碳酸盐岩"同期异相"地层对比问题的有效方法。

（3）碎屑岩与碳酸盐岩地质事件的测井识别存在三方面明显差别。即地质界面的追踪依据不同、地质界面的测井响应特征不同以及测井信息与地质界面识别的对应关系不同。这一认识为利用测井技术分别研究碎屑岩和碳酸盐岩地质事件提供了分析依据。

## 第二节　测井约束地震解释研究

地震和测井资料具有互补性，充分利用二者特长是油气勘探开发中常用的技术手段，目前常见测井-地震综合应用技术主要是测井约束地震反演技术。

测井约束地震反演实质上是地震-测井联合反演，以测井资料丰富的高频信息和完整的低频成分补充地震有限带宽的不足，用已知地质信息和测井资料作为约束条件反演得到高分辨率的地层波阻抗资料。其技术特点是突出测井资料在提高地层波阻抗资料分辨率方面的作用和能力，但在追踪研究目标时，对于测井和地震资料所具有的可相互辨识的地质共性（共同地质属性）研究方面似乎还存有不足，有必要尝试一些新的探索。

### 一、测井约束地震反演技术的原理及应用的局限性分析

测井约束地震反演技术是一种基于模型的反演技术，一般要求求解一个最优化问题。测井约束地震反演充分利用测井的低频-高频成分和丰富的地震中频信息，以地震剖面所过井位的声波测井资料和地震层位解释结果作为约束条件，通过迭代反演对地质模型进行反复修改，使合成地震记录资料与实际地震资料尽可能逼近，最终模型就是反演结果。

测井约束地震反演技术的研究精度主要与两大因素有关。一是与反演的精度和分辨率与初始模型给定有很大的关系，也与正演合成方法、钻井数量、井位分布以及模型修改量确定的方法有关，同时也取决于地震测井资料处理和解释。二是尽管这种方法以测井资料和地质资料为约束，但由于地震子波处于通频带外，波阻抗具有多解性，仍然无法避免反演的多解性。

### 二、测井-地震资料可相互辨识地质属性分析思路的提出

分析认为，测井数据和地震数据在记录由发射、传输到接收形成的地球物理响应的同

时，也记录了地质背景演化结果的某些特征性因素。也就是说，测井与地震数据对地质体的信息响应具有成因一致性，只是形成了不同的地球物理记录方式而已。这些特征性因素因具有隐蔽性而不易识别，运用成因一致性的分析思路研究测井、地震资料可相互辨识地质属性，对于复杂油气区研究目标的追踪具有重要应用意义。

成因一致性的分析手段可以从两个方面加以推敲。一是测井、地震信息在地质界面上下地质成因相同。二者的信息响应结构理应内含对这同一地质成因的记录，深入研究这种在某种程度上可相互辨识的信息结构，可用于对地质界面的识别与追踪。二是对于一个具体的地质事件或地质体，也理应找到具有同一成因基础的可相互辨识的信息响应依据。只要找到二者可相互辨识的地质属性，就有可能利用测井信息指导地震解释追踪各类研究目标。下面以普光气田生物礁为例，分析其地震与测井响应地质属性的可相互辨识特征。

礁的地震相模式主要表现为两个特征(图6-5)，其地震与测井响应的一致性也表现在两方面。一是礁盖反射特征。由于与礁核之间存在岩性差异，礁盖的地震反射表现为弱-中振幅反射，其内部储层非均质性呈弱反射特征，与礁核响应相比较，地震波表现为相对高频特征；在测井曲线上，礁盖内部可见明显的物质变化，自然伽马测井曲线上见明显的岩性变化，电阻率曲线齿化明显，与地震波的成因具有一致性。

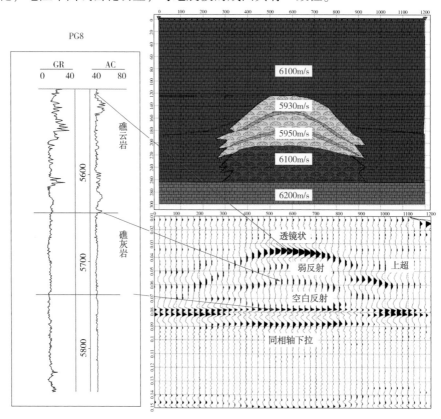

图6-5 普光气田生物礁地震与测井响应成因一致性分析

二是礁核反射特征。由于礁核岩性单一，地震反射主要为空白反射，与礁盖响应相比较，地震波表现为相对低频特征；在测井曲线上表现为曲线平直、较光滑，与地震波的低频特征吻合，具有成因一致性。

### 三、测井–地震成因一致性研究对有利目标的追踪应用：以羊二庄某区为例

大港油田羊二庄某区位于歧南凹陷南部，埕北断阶带的斜坡部位，面积 $126km^2$。其地层产状整体向北、西倾斜，自北向南发育赵北、羊二庄等一系列北倾断层，将该区分为低斜坡和高斜坡区(图6-6)。截至2004年初，区内共钻探井位47口，其中工业油气流井14口，探井成功率为30%。纵向上发育明化镇组、馆陶组、东营组、沙一段和沙三段等多套含油目的层，经勘探发现了刘官庄含油气构造和 Z5、Z40、Z62 井等出油点。勘探历程表明，油气地质关系复杂。其中，馆陶组在钻井过程中，见到很多含油气显示，但是，测井解释符合率很低，测井解释为油层但是试油出水的现象很普遍，弄清楚油气在馆陶组纵向上和横向上的分布规律，对于含油气预测具有指导作用。

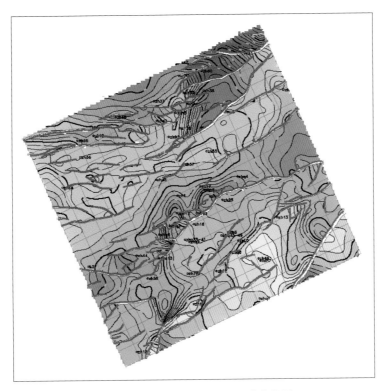

图 6-6　羊二庄某区馆陶组构造井位图

### （一）利用测井地质属性识别油气组合关系

研究区馆陶组以辫状河沉积为主，地层厚度 $140\sim375m$，岩性为厚层块状砾岩、含砾砂岩及砂岩夹灰绿、紫红色泥岩，自上而下分为馆 I 段、馆 II 段和馆 III 段，剖面呈现为粗–细–粗近相对称型旋回层序的特点。馆 I 段为粗段，岩性以大套绿灰色砂砾岩和棕黄色

粉砂岩为主，夹棕黄色、灰绿色薄层泥质粉砂岩、泥岩和深灰色泥岩；馆Ⅱ段地层一般岩性较细，以深灰色、棕红色泥岩为主，局部含砂岩、砂砾岩薄层，电阻率曲线基值较低，为区域性盖层。馆Ⅲ段为粗段，以浅灰色砂砾岩、含砾粗砂岩、中细砂岩与灰绿、紫红色泥岩不等厚互层。地层工区南部斜坡高部位馆三段地层遭受不同程度的剥蚀，地层残留厚度不一。

利用测井信息的地质属性结合试油特点可以发现，储层结构与试油结果具有很大的内在关联。研究区馆陶组的储层结构主要分三类：其一是"砂包泥"型。这类储层结构主要发育于馆Ⅰ段和馆Ⅲ段的辫状河道，图6-7（a）表明该储层结构的特点为厚砂层间夹薄层泥岩，自然电位测井曲线正向偏转幅度较大，反映地层水矿化度比较淡，其录井常见大量含油气显示，测井解释了一些油层但试油却以出水为主，难以获得具有工业价值的油气。其二是"泥包砂"型。这类储层结构主要发育于馆Ⅱ段或馆陶组的泛滥平原沉积背景中，图6-7（b）表明该储层结构的特点为厚泥岩间夹薄层砂层，其中泛滥平原沉积背景中的砂岩层比较薄且物性差，多为干层。馆Ⅱ段地层中发育的少量砂岩具有一定的产能，它与上覆泥岩也构成储盖组合，因此，在几口井的试油中见到工业油流。其三是"水动力转换"型。这类储层结构主要发育于辫状河道向河漫滩转变的地层中，表现为沉积水动力由强向弱的迁移。图6-7（c）表明该储层结构的特点为强水动力沉积的厚层砂岩向上泥质含量逐渐增加，最终变为泥岩，其自然电位测井曲线的底部正向偏转幅度较大，向上偏转幅度逐渐变小或变负，录井见到油气显示时，砂岩的顶部往往试油见到工业油流，砂层底部试油为水层（突出结构）。

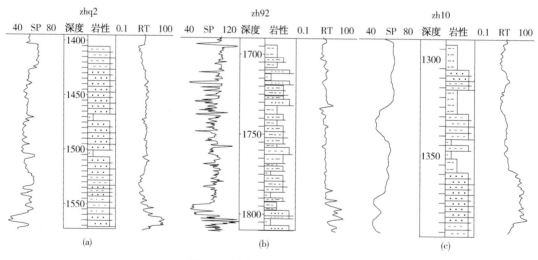

图6-7 馆陶组储层结构分析图

沉积水动力转换带的实质，是馆陶组由连续河道砂沉积向以泥岩为主的河漫滩沉积转换。河道砂岩运移油气，最终成藏于储盖组合较好的河漫滩底部。馆陶组的绝大部分油藏均分布于此（图6-8）。

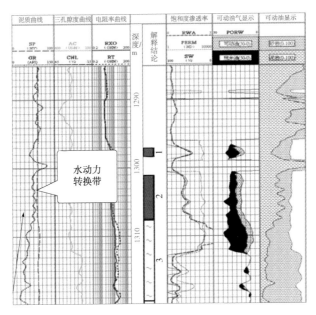

图 6-8　水动力转换带与油气纵向分布关系图

通过测井信息的地质属性研究，提出利用测井相、地震相及地质相研究共同追踪馆Ⅲ段顶部"水动力转换"型储层结构的馆陶组找油思路，建议地震解释在地震剖面上对"水动力转换"型储层结构进行识别并横向追踪。

**（二）利用地震相分析预测含油气有利区**

上述分析表明，测井纵向组合关系与储层及含油气性有密切的关系，利用测井信息可以有效识别含油气储层。但由于钻井资料相对稀少，横向分布局限，难以很好刻画含油气储层的平面分布特征。而地震资料具有高横向分辨率的特点，同时特定的地层测井组合特征在地震上常表现为特定的反射结构特征，两者在表现方式上具有很好的一致性和对应性，因此利用地震反射结构特征能够有效刻画本区含油气储层的平面分布。

波形地震相分析技术是利用地震反射结构特征识别目标储层的一项有效手段，其原理是利用地震道波形特征对某一层间内地震数据道进行逐道对比，细致刻画地震信号的横向变化，从而得到地震异常体平面分布规律，最后与测井曲线对比，对地震资料作出综合性的地质解释，进行储层预测和含油性判别。测井分析表明本区主要地层结构特征大致可以分为三类，主要与辫状河道、泛滥平原、辫状河道-河漫滩过渡型三类地层沉积结构对应；根据井旁地震道反射波形统计结果，将目的层段地震反射所对应的波形分为3类，依次进行储层砂体的波形标定和分类。从波形地震相图（图6-9）来看，研究区大致可分为三类，一类以蓝色色调为主，与图6-7（a）测井纵向组合结构对应，反映辫状河沉积环境特征；第二类主要由浅黄绿和淡蓝色调组成，分布范围较广，与图6-7（b）测井纵向组合结构对应，反映泛滥平原"泥包砂"沉积环境；三类以暗红色调为主，测井标定为辫状河道向河漫滩过渡型沉积环境。测井与地震在解决地质问题方面具有很好的一致性和互补性。

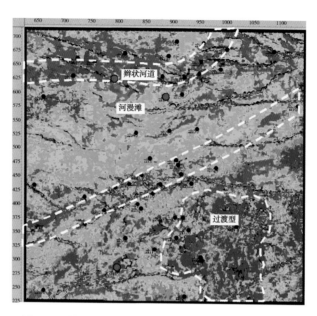

图 6-9　羊二庄-赵家堡地区馆陶组地震相平面分布图

**（三）利用测井相分析及地层水分布特点预测含油气有利区**

统计试油资料，研究区馆陶组的油气在平面上主要分布于工区南部。进一步分析地层水试验数据可以发现，该区馆陶组地层水分布具有"南北分带"的特点，其东南部分布着氯化钙型、氯化镁型地层水，向西北至羊二庄主断层附近主要分布着碳酸氢钠型地层水。同一地层中，地层水的多变性对测井解释带来的影响在以往的测井评价中没能给予重视，这是造成工区内测井解释符合率低的重要原因之一（图 6-10）。

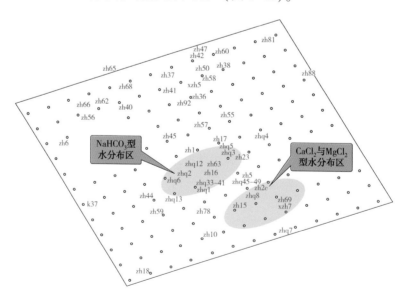

图 6-10　羊二庄—赵家堡地区馆陶组地层水分布规律图

　　据《中国石油志(卷四)》大港油田分册的认识成果，地层水矿化度的异常是大港浅层找油的重要指示标志。地层水矿化度异常和浅层油气发现的内在关系，可能与两方面因素有关，一是深部油气在向浅部储层运移过程中，地层水也同时发生运移并在浅部储层形成油水重新分异；二是异常地层水矿化度的存在，也指示着储层油气具有较好的保存条件。研究区南部的试水资料表明，这里的地层水矿化度大约在 5500~8000ppm 变化，属于地层水矿化度异常，与大港浅层主力油田的地层水矿化度一致。

　　地层水异常分布的多样性，不仅指明本区油气运移的路径及方式具有复杂性和多样性，而且表明，在工区南部寻找浅层油气仍有潜力，坚持勘探则有可能获得突破。

　　将测井相结合地质分析，绘制出研究区沉积相平面分布图(图 6-11)。该区可见两条明显的河道，南部河道的两侧在馆陶组钻遇少量油井。

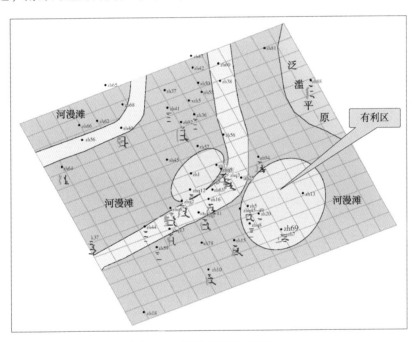

图 6-11　馆陶组沉积相平面图

　　沉积相分析可得出如下结论，即馆三段油气成藏主要有三个控制条件。其一，油气藏主要分布在羊二庄主断层及馆陶底不整合面附近的有利成藏位置。其二，油气层在纵向上，主要储集于河道微相向河漫滩微相迁移的沉积微相转换带上，测井曲线表现为自然伽马由低幅值变为较高的幅值，反映了水动力条件由强变弱的过程，沉积的砂体由颗粒混杂的砂砾岩变为细砂岩，物性明显变好，馆三段获工业油流的井均有此规律。其三，在横向上，油气主要储集于主河道边部与河漫滩，仍然与河道微相向河漫滩微相迁移有关。原因在于横向上主河道内砂、砾岩发育，水动力条件较强，油气保存条件相对较差，而在主河道边部水动力条件相对也变弱，储层较细，为砂岩、细砂岩沉积，侧向上相变为泥岩沉积，油气封堵条件较好，优于主河道中心部位。

### （四）馆陶组底砾岩剥蚀区的发现

根据上述研究，将"砂包泥"型的辫状河道、"泥包砂"型的泛滥平原沉积和"水动力转换"型的过渡沉积背景分类，建立可被地震资料识别的（测井分析模型接近30m）、能供地震解释追踪的测井分析模型，寻找有利的油气勘探目标。

地震解释追踪的结果表明，在研究区的东南部存在一个馆陶组底砾岩剥蚀区（图6-12），该剥蚀区与上述分析发现的地层水矿化度的异常区以及沉积水动力转换区完全重叠在一起，所有研究均指向该区的东南部是馆陶组进一步找油的最有利地区，得出该结论的同时，大港油田新钻探井Z69井试出工业油流，成为该地区馆陶组唯一出纯油的油井，证明测井地质研究的正确性。

图6-12　馆陶组底砾岩剥蚀区地震资料分析图

同成因分析方法可以有效整合两种测量方法各异的地球物理资料，运用统一性的分析手段可以充分利用测井信息指导对地震解释目标的追踪。

## 第三节　沉积微相与储层产能预测

致密砂岩储层的产能预测精度直接关系到整个致密砂岩储层的开发效果。从目前产能预测的文献来看，大多是从测井响应特征或者是从多元计算方面对产能预测研究做了大量的工作，但少有涉及储层沉积背景对产能的影响分析。众所周知，沉积环境是影响储层性质的重要因素之一。通常而言，强水动力沉积环境的储层，其物性一般较好，当有充足的油气运移至此，则含油气丰度相对较高。利用该原理，结合统计分析数据，分析了大牛地气田 D12-D66 井区沉积微相与产能的关系，发现水动力条件是构成储层质量的主要影响因素。在宏观地质背景研究基础上，从测井相分析入手，划分了研究区的沉积微相，并利用测井技术，结合试油与生产资料，建立了沉积微相与产能相关关系，在储层产能预测方面，精度较高。

## 一、大牛地气田 D12-D66 井区沉积背景

大牛地气田位于鄂尔多斯盆地的北东部(图 6-13)，其构造位于伊陕斜坡北部，区块内构造、断层不发育。构造总体为一北东高、西南低的平缓单斜，平均坡降 6~9m/km，地层倾角 0.3°~0.6°。局部发育近东西走向的鼻状隆起，未形成较大的构造圈闭。

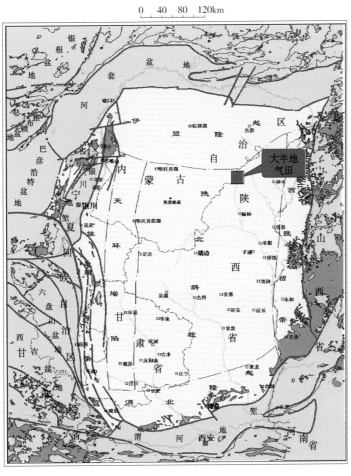

图 6-13 大牛地气田区域位置图

大牛地气田生产的目的层段自下而上分别是太原组、山西组与下石盒子组。按照前人沉积相研究成果，大牛地气田目前普遍接受并用于指导生产的沉积模式主要有三种，即具障壁海岸沉积、三角洲沉积与河流相沉积（郝蜀民等，2007）。这三种沉积模式分别与构造不断隆升背景下，沉积由海相-海陆过渡相-陆相演化相对应。其中太原组为具障壁海岸沉积，山西组为三角洲沉积，下石盒子组为河流相沉积。

太原组储层岩性主要为石英砂岩，少量岩屑石英砂岩，平均孔隙度5.1%，平均渗透率为0.39mD；山西组储层岩性主要为中粗岩屑砂岩，少量中-粗粒岩屑石英砂岩，平均孔隙度为5.6%，平均渗透率为0.54mD；下石盒子组储层岩性主要为中、粗粒岩屑砂岩，少量岩屑石英砂岩和长石岩屑砂岩，平均孔隙度为9.5%，平均渗透率为0.81mD。岩石为颗粒支撑，孔隙式胶结，颗粒之间点-线接触至线接触。孔隙类型有粒间孔、次生溶孔、晶间微孔和微裂缝，其中粒间孔和次生溶孔为主要的孔隙类型。

## 二、沉积微相划分

在前人沉积相研究成果基础上，利用岩心、测试与测井资料划分了研究区太原组、山西组与下石盒子组的沉积微相。其中太原组划分为障壁砂坝、混合坪、潟湖和泥炭沼泽微相；山西组划分为分流河道、决口扇、分流间沼泽（河间沼泽）以及分流间湾沉积微相；下石盒子组划分为河道、心滩、决口扇和泛滥平原沉积微相。根据划分结果分析，太原组划分为太1与太2两套地层；山西组划分为山1与山2两套地层，其中山1段煤层发育，而山2段煤层不发育；下石盒子组划分为盒1、盒2与盒3三套地层，其中，盒1段心滩较多且河道宽、浅，具有明显的辫状河特征；至盒2、盒3段可见明显河道沉积，决口扇发育，具有曲流化的特征，表明下石盒子组具自身的沉积演化规律。

研究区的主要沉积微相形成的砂体与主力生产层位相对应，分别是山2段、盒3段及太2段、盒2段少量储层。

## 三、沉积微相与储层产能关系研究

### （一）主沉积微相的水动力条件决定了储层的组成结构

纵向上，以下石盒子组的心滩微相为例，心滩储层结构的差异与水动力条件的差异密切相关。图5-31是研究区内3种典型心滩与水动力条件的关系，其中图5-31（a）D66-34井为强水动力条件下，物质供给充分且稳定条件形成的心滩，从测井曲线响应特征看，其自然伽马曲线具有连续、相对光滑的箱形特征，这类心滩多为中高产储层，该段测试获日产气12.2×10⁴m³；图5-31（b）D66-59井为不稳定水动力条件下，物质供给相对充分形成的心滩，自然伽马曲线具有连续、齿化的箱形特征，这类心滩多为中、低产储层，该段两层测试，获日产气 $3×10^4\text{m}^3$；图 5-31（c）D66-25 井为间歇水流水动力条件下，物质供给相对不充分形成的心滩，自然伽马曲线具有不连续的箱形特征，这类心滩的产能与间歇水流的水动力强度关系密切，该段测试获日产气 $0.9×10^4\text{m}^3$。

横向上，以山 2 的分流河道微相为例，沉积水动力的稳定性是影响储层产能的关键因素。图 6-14 可以看出，分流河道微相的中心位置上，测试产能相对稳定，总体上中高产气层分布比较多；分流河道微相的边部位置上，测试产能具有不稳定的特点，这类产层的生产测试应谨慎对待；D66 井附近位于 2 个强水动力沉积的河道交汇处，该井附近为中、高产气层的密集发育区，为山西组最重要、最有意义的沉积微相研究区。

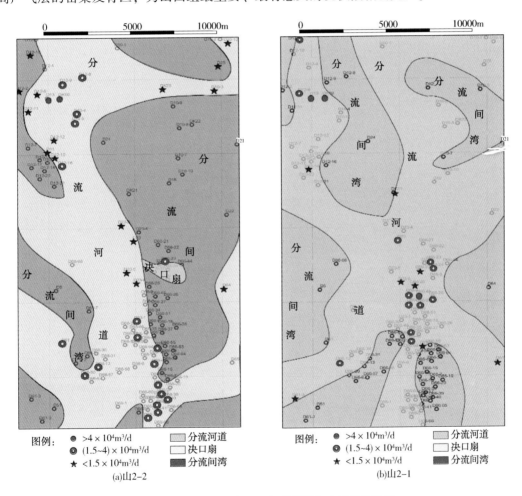

图例：
● $>4×10^4\text{m}^3/\text{d}$　▨ 分流河道
◎ $(1.5~4)×10^4\text{m}^3/\text{d}$　□ 决口扇
★ $<1.5×10^4\text{m}^3/\text{d}$　▩ 分流间湾
(a)山2-2

图例：
● $>4×10^4\text{m}^3/\text{d}$　▨ 分流河道
◎ $(1.5~4)×10^4\text{m}^3/\text{d}$　□ 决口扇
★ $<1.5×10^4\text{m}^3/\text{d}$　▩ 分流间湾
(b)山2-1

图 6-14　山 2-2、山 2-1 沉积微相与产能的关系图

**（二）次要沉积微相主要发育中、低产储层**

研究区的次要沉积微相主要发育在太 2 段、山 1 段、盒 1 段和盒 2 段，生产测试的层段比山 2 段和盒 3 段少，多为中、低产储层。

造成这些层段高产气层少的原因各有不同。钻井已基本证实，山 1 段和盒 2 段的沉积水动力弱，砂体总体变薄，储层物性不如山 2 段和盒 3 段；太 2 段是地层老、埋藏深、成岩作用强和颗粒变细等因素作用的结果；盒 1 段虽然在研究区纵向上沉积水动力最强，但其河道宽、浅且不固定，砂体在纵横向上沉积不稳定，导致高产气层相对少（图 6-15）。

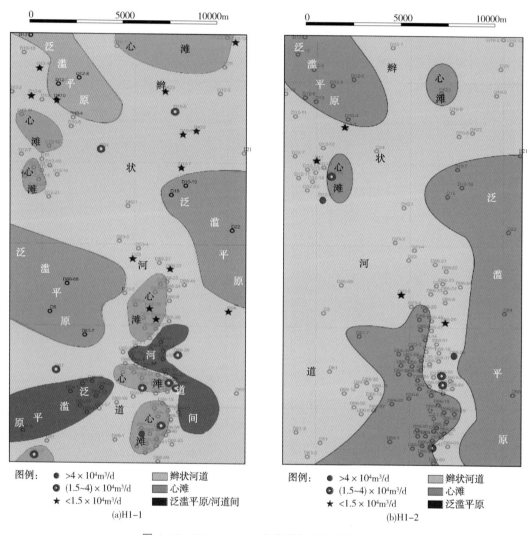

图例：　● >4×10⁴m³/d　　▨ 辫状河道
　　　　◉ (1.5~4)×10⁴m³/d　▩ 心滩
　　　　★ <1.5×10⁴m³/d　　■ 泛滥平原/河道间
(a)H1-1

图例：　● >4×10⁴m³/d　　▨ 辫状河道
　　　　◉ (1.5~4)×10⁴m³/d　▩ 心滩
　　　　★ <1.5×10⁴m³/d　　■ 泛滥平原
(b)H1-2

**图 6-15　H1-1、H1-2 沉积微相与产能的关系图**

### （三）沉积微相与储层产能关系分析

为了证实上述推测，特别选取了一条 D66-13 井组与 D66 井组的测井连井剖面图加以分析、证明。图 6-16 为该连井剖面在沉积微相分布图上的位置，从图 6-17 可以看出，位于三角洲分流河道边部的 D66-50 井、D66-13 井、D66-2 井及 D66-19 井砂体相对薄，一般小于 10m，产能相对较低；而 D66 井处于河道中心，砂体较厚，一般大于 15m，产能相对较高。由此分析可见，在水动力强、砂体较发育的区域，产能相对较高。

主沉积微相的水动力条件决定了储层的组成结构。沉积水动力的稳定性是影响储层产能的关键因素。在物质供给充分、稳定的强水动力条件下，主要为中高产气层。次要沉积微相主要发育中、低产储层。次要沉积微相的沉积水动力条件弱，具物性差、砂体薄、砂体纵横向分布不稳定特点，储层主要为中低产。

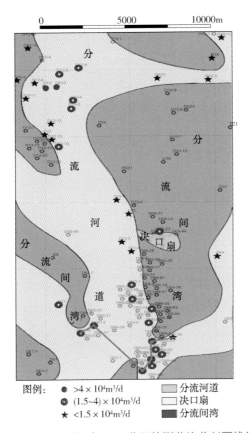

图例：
- ● >4×10⁴m³/d
- ◎ (1.5~4)×10⁴m³/d
- ★ <1.5×10⁴m³/d

▨ 分流河道
☐ 决口扇
▦ 分流间湾

图 6-16　D66-13 井组与 D66 井组的测井连井剖面线位置图

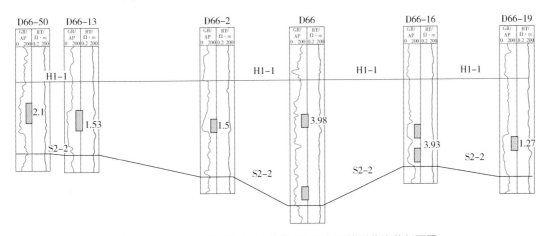

图 6-17　D66-13 井组与 D66 井组 S2-2 小层的测井连井剖面图

不同河道高产气层的有利分布区各不相同。其中，三角洲水下分流河道及河道交汇处是其有利储层挖潜区；曲流化的固定河道，因复杂化而形状变化大、难钻遇，但潜力大；不稳定河道，储层整体产能低，但强水动力沉积区是潜在的挖潜区。

## 第四节　测井资料的地质预测研究

当前，测井资料在油气水评价及储层识别等方面得到了广泛的应用。但是，如何利用测井资料对地下地质情况进行有效的预测研究，还存在着大量的不足。下面通过对两个研究区域的研究，开展了利用测井资料预测砂岩裂缝的存在与低阻油层发育区的尝试，为勘探开发提供了挖潜方向。

### 一、开展测井预测技术研究的意义

测井技术长期面临仪器的发展速度快于解释评价的发展速度，从而使大量有用信息被长期掩盖，如何解放有用信息事关测井技术的应用效果。现今测井评价方法强于微观解释而弱于宏观分析的现状，明显限制了测井技术的发展和受重视程度。随着油气勘探开发目标的日益复杂化，对测井技术提出了更高要求。因此对测井预测技术的探索，在某种程度上可弥补储层测井解释技术的不足。

开展测井预测技术研究有其理论依据：其一，测井资料是连接宏观地质作用与微观岩石信息的重要纽带。准确沟通二者关系，找全、找准各类地质证据，是提升测井资料地质预测能力的关键所在。其二，测井信息的每一个局部响应所表现的地质内涵，都是对某一宏观地质作用结果的具体反映。深刻地认识这一点，可弥补测井评价认识的有限性。

### 二、测井预测技术研究方法讨论

长期以来，测井专业人员在研究过程中，通常都是从测井技术的微观角度进行研究，忽略了测井资料对地质宏观与微观的综合反应。因此，利用测井资料进行预测研究，应有不同的方法。本书着重从两个方面对测井预测技术研究方法进行探讨：一是将测井资料作为宏观地质作用与微观岩石信息统一关系论证的一个关键点，寻找测井信息能准确描述二者具有统一成因关系的证据；二是将构造-沉积演化作为研究切入点，预测特殊储层在时、空的分布关系。

### 三、测井资料预测应用实例分析

#### （一）印尼 B 油区裂缝型砂岩的预测研究

1. 印尼 B 油区地质背景

印尼 B 油区地处欧亚、印度洋–澳大利亚、太平洋三大板块交汇处，为弧后盆地。构造演化大致经历了 5 个阶段：被动大陆边缘阶段、同裂谷期的断陷发育阶段、裂谷期的沉降坳陷发育阶段、构造挤压反转阶段与隆升阶段。

（1）碰撞前被动大陆边缘阶段，在前第三纪，本区为被动大陆边缘盆地背景。白垩纪晚期，板块俯冲导致的挤压作用使基底褶皱，火山岩侵入导致地层变质。古新世时期，Jabung 区块一直处于隆起状态，无沉积记录。

（2）始新世中期到渐新世早期为裂谷发育期，经历了强烈的断陷，走滑拉张形成向北延伸的地堑群，开始了盆地的裂谷发育，为弧后转换拉张裂谷盆地发育期。

（3）渐新世晚期到中新世初期为裂谷–坳陷过渡期，盆地开始整体沉降，伴随着区域构造沉降，本区开始普遍遭受海侵，主要发育海相页岩、泥岩、泥灰岩和细砂岩沉积。

（4）中新世早期至今为盆地反转与隆升期，板块进一步俯冲，不仅造成挤压和构造反转，同时引起大规模海退，形成区域性海退序列。其反转构造在地震剖面上如图 6–18 所示。Air Benakat 地层主要由前三角洲前缘泥岩、三角洲砂坝砂岩、分支河道砂岩和分支河道间页岩组成。在晚中新世时，挤压构造运动进一步加剧，加速了从沉积高地的沉积物搬运，形成了 Muara Enim 组海退的下三角洲平原—上三角洲平原的三角洲相沉积，主要由厚层的河道砂岩与分支河道间页岩和煤层间互沉积组成。

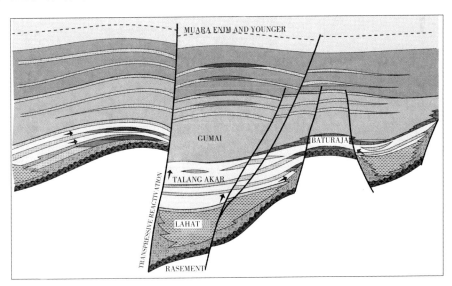

图 6–18　反转构造图

上新世-更新世,印度板块的斜向俯冲造成苏门答腊盆地西南侧 Barisan 山脉隆起以及强烈的火山活动和盆地反转,褶皱断层发育,形成 NW—SE 向走向的挤压构造。在山谷和向斜中接受了来源于山上的 Kasai 组曲流河——三角洲相沉积,是 Muara Enim 海退曲流河-三角洲沉积序列持续发展的沉积结果。

2. 裂缝性砂岩油气藏的预测依据及识别证据

1)裂缝性砂岩油气藏的预测依据

研究区对于储层的认识,历年来以孔隙型储层为主,孔隙中的微裂缝被长期忽视。新认识预测研究区具备裂缝型砂岩储层主要有两个依据。一是根据其新生代构造演化规律。研究区在新生代经历了裂谷、构造挤压反转至隆升的演化过程,表明它曾经历很强的应力作用,其东侧 Barisan 山脉的形成与隆升即是最充分的佐证。二是根据测井技术对于泥岩地层的地应力分析(图 6-19)。挤压作用产生强大的应力,反映在测井曲线上表现为泥岩电阻率高于正常地层电阻率。从图中可以看出,油气主要分布在低应力层段,测井信息记录的强应力改造作用说明,有必要深入分析研究区是否存在裂缝性砂岩储层。

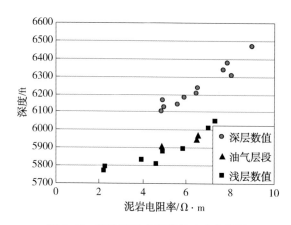

图 6-19 研究区某井泥岩地应力分析图

经过岩心照片分析、试井分析及测井信息的响应研究,在研究区已找到多种直接或间接的证据,证明裂缝性砂岩储层的存在。

2)裂缝性砂岩油气藏的识别证据

研究中将岩心薄片分析结果结合测井、试井数据分析后发现研究区存在大量的微裂缝。有关裂缝性孔隙存在的实验依据主要表现在以下四个方面。

(1)岩心铸体薄片照片。

图 6-20~图 6-23 岩心铸体照片显示,岩样中砂岩存在大量的微细裂缝。裂缝穿切于颗粒或填隙物,缝宽约 0.01mm 左右,呈网状分布。微细裂缝的存在,对孔隙度的影响不大,但对储层渗透率的影响则很大。

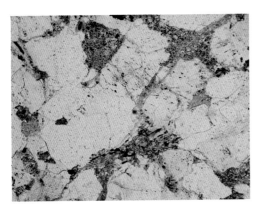

图 6-20 微裂缝特征[NEB45 井，
对角线长 1.6mm，铸体照片(+)]

图 6-21 微裂缝特征[NEB45 井，
对角线长 1.6mm，铸体照片(−)]

图 6-22 微裂缝特征[NEB45 井，
对角线长 8mm，铸体照片(+)]

图 6-23 微裂缝特征[NEB45 井，
对角线长 8mm，铸体照片(−)]

（2）岩心分析孔隙度与渗透率异常关系。

从岩心分析孔隙度与渗透率的相关关系上可以看出，孔隙型砂岩储层，孔隙度与渗透率的分布应该呈直线关系，但在该关系图中被圈出的部分存在异常现象，即一些中低孔隙储层存在较高的渗透率（图 6-24）。异常关系说明，由于微裂缝的存在引起储层渗透性变好。

（3）试井分析渗透率与岩心分析渗透率关系异常。

试井分析渗透率的原理是根据渗流力学原理，通过油气井的压力与产量的测试分析认识储层，求得储层参数。一般认为试井分析的渗透率比较符合生产现状。而岩心分析渗透率是通过对目的层进行取心，并对岩性进行清洗，然后以空气为介质测量岩心的绝对渗透率。

虽然二者在分析手段上不同，但按照正常规律，它们的关系应为线性关系。在研究中通过对二者的比较发现，在有些层段，试井分析的渗透率远大于岩心分析渗透率（图6-25）。图中圈出部分二者相关关系差，试井分析渗透率大，通过分析异常点分布井段及岩心铸体薄片，发现出现异常的原因是由于裂缝的存在导致储层渗透率增加。以上现象与岩心铸体薄片特征均说明研究区块有微裂缝存在，且裂缝已成为孔隙连通的桥梁。

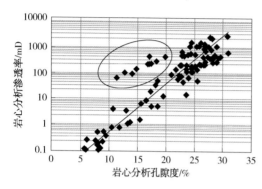

图6-24　NEB岩心分析孔隙度与渗透率关系图　　　图6-25　试井渗透率与岩心分析渗透率关系图

（4）测井手段对裂缝储层的识别。

根据研究认识到研究区存在大量的微裂缝，由于裂缝的存在对储层的性质及储层流体的识别均有很大的影响，因此，首要任务是要识别裂缝储层。目前对裂缝储层的识别方式有限，经研究发现适合本研究区裂缝储层的识别技术主要有以下三个方面。

①气层测井响应特征异常。

根据测井原理，由于天然气的含氢指数与体积密度都比油或水小得多，表现为低孔隙度。因此在测井曲线上表现为低中子、低密度，也即测井上常说的气层"挖掘效应"。但在本研究区，许多试油为气层的层段并没有出现这种"挖掘效应"（图6-26）。经分析认为，此类层段存在砂岩裂缝。由于裂缝的存在，钻井液侵入占据了储层的孔隙空间，使得测井时测得的含氢指数变高，体积密度增加，因而没出现"挖掘效应"，影响气层的识别。

②双侧向测井曲线存在差异。

侧向测井电阻率响应方程为：

$$R_{\text{lld}} = \left( \frac{K_{\text{d}}}{2\pi h} \ln \frac{D_{\text{i}}}{d_{\text{c}}} \right) R_{\text{xo}} + \left( 1 - \frac{K_{\text{d}}}{2\pi h} \ln \frac{D_{\text{i}}}{d_{\text{c}}} \right) R_{\text{t}} \tag{6-1}$$

$$R_{\text{lls}} = \left( \frac{K_{\text{s}}}{2\pi h} \ln \frac{D_{\text{i}}}{d_{\text{c}}} \right) R_{\text{xo}} + \left( 1 - \frac{K_{\text{s}}}{2\pi h} \ln \frac{D_{\text{i}}}{d_{\text{c}}} \right) R_{\text{t}} \tag{6-2}$$

式中　$R_{\text{lld}}$——深侧向电阻率，$\Omega \cdot \text{m}$；

　　　$R_{\text{lls}}$——浅侧向电阻率，$\Omega \cdot \text{m}$；

　　　$R_{\text{t}}$——地层真电阻率，$\Omega \cdot \text{m}$；

　　　$R_{\text{xo}}$——冲洗带地层电阻率，$\Omega \cdot \text{m}$；

$K_d$——深侧向测井电极系，ft；

$K_s$——浅侧向测井电极系，ft；

$D_i$——侵入带直径，ft；

$d_c$——井眼直径，ft；

$h$——主电流层厚度，ft。

从上面两式中可以看出，$R_{lld}$ 与 $R_{lls}$ 是 $D_i$ 的函数，当地层存在裂缝时，泥浆滤液可顺着裂缝更深入地侵入地层，即 $D_i$ 越大，$R_{lld}$ 大于 $R_{lls}$，双侧向电阻率出现差异。因此可依据双侧向测井曲线的差异性识别裂缝层系。

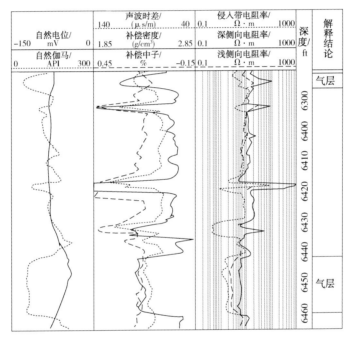

图 6-26　气层中子-密度曲线无挖掘效应图

图 6-26 显示 6 号层（6442~6458ft），试油与生产均表明该层为气层，双侧向电阻率存在较大差异，且电阻率较低，在 10Ω·m 左右，结合中子-密度曲线的测井响应，可判定该层存在裂缝。

③ 成像测井显示有裂缝存在。

成像测井识别裂缝主要是依据裂缝发育处的电阻率与围岩的差异。钻井时，钻井液侵入处于开启状态的有效缝。除泥岩外，其他岩类的电阻率（尤其是碳酸盐岩和花岗岩等结晶岩）都比钻井液的电阻率大得多，因此有效缝（张开缝）发育处的电阻率相对较低，表现为黑色，可以清晰地在电阻率井壁图像（图 6-27）上反映出来。井壁岩石和钻井液电阻率的差异越大，裂缝就越容易识别。利用成像测井技术可以直观地反映地层裂缝情况。

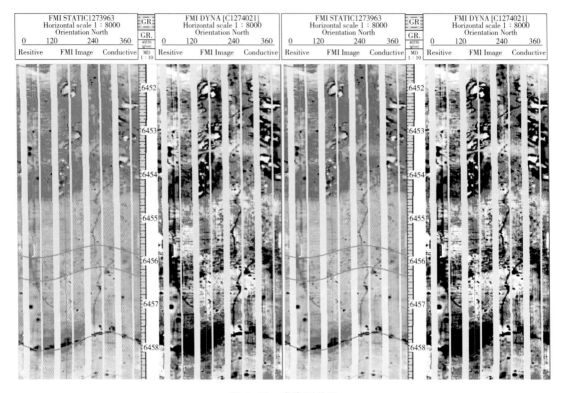

图 6-27　成像测井图

3）裂缝型砂岩储层预测和发现的意义

（1）从根本上改变了该区长期以来对储层孔隙度的认识，为裂缝型储层的勘探提供了证据和依据。

（2）为裂缝成因的低阻油气层研究和寻找提供依据，有助于该区的油气复查和潜力层挖潜。

（3）为深层和基岩潜山找油提供了理论基础。

（4）合理地解决了该区油气认识上的一些难解现象：如测井与试井在渗透率解释上的矛盾、岩心分析的特殊问题等。

**（二）Q50 断块低阻油层的预测研究**

1. Q50 断块地质背景

Q50 断块位于大港油田南大港构造带的东段（图 6-28），是南大港主断层上升盘的一个单斜构造。该构造上倾方向受南大港主断层封堵，两侧受近南北向断层的控制，高点埋深 2475m，构造幅度 200m，圈闭面积 1km²，地层倾角 12.5°，倾向北东向。

Q50 断块自上而下保存的地层序列有：第四系平原组、上第三系明化镇组、馆陶组、下第三系东营组、沙河街组沙一中段、沙一下段、沙三段、中生界（未穿）。其中共发现沙一下段及沙三段两套含油层系，沙三段为主要含油层系。

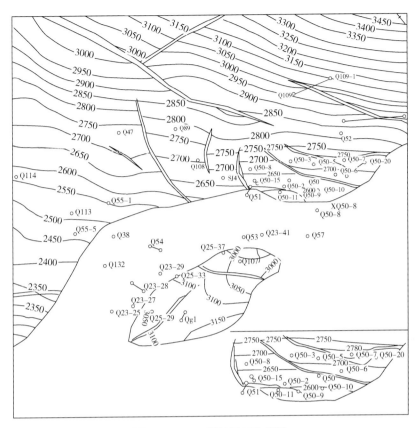

图 6-28 Q50 断块区域位置图

**2. Q50 断块沙三段沉积演化规律的测井相分析**

测井曲线对 Q50 断块沙三段五套砂体(图 6-29)的沉积演化规律有清晰的记录特征,可综合为:第一,沙三底的五砂体储层薄且岩性均匀,测井曲线的齿中线平行,岩屑录井的颜色为棕红色,为较典型的滩相沉积。第二,四砂体自然伽马曲线为正旋回,岩屑录井的颜色变为灰黑色,表明发生水进,沉积环境开始由滩相变为坝相。第三,三砂体的自然伽马曲线表明,该地区先发生一期小的水进,接着是一期大型水进,形成坝主体。第四,二砂体是一期小型的水进,由于持续水进,水体加深,在二砂体与一砂体之间发育一套油页岩(自然伽马曲线为泥岩显示,电阻率数值高于一般泥岩)成为地区对比标志。第五,一砂体为水退期,至顶部则出露地表接受剥蚀。上述特征和规律表明,对测井曲线进行沉积演化的研究,可有效地预测各砂体的性质及低阻油层的分布。

**3. 沉积演化与油层纵向分布的规律性**

根据本区纵向上的沉积规律结合成岩作用,可得出如下结论:第一,本区五砂体岩性细且层薄,由于渗流不畅,层内钙质析出多,故多发育干层和低产层,基本没有具备工业价值的油气层。第二,四砂体为坝体形成的初期,规模较小,油层主要分布于坝主体,坝体边部的砂体往往因为水动力变弱且不稳定,使大量的泥质及粉砂岩堆积于此,测井曲线齿化明显,表明储层多以薄互层结构为主,当油气运移较充分且细砂岩达到一定厚度时,极可能形成低阻油气层,否则砂层多为高含束缚水的干层。第三,三砂体和二砂体为较强水动力条件成因砂体,自然伽马曲线指示其岩性变粗、变纯,声波时差较四砂体增大,指示孔隙度变大,岩性结构相对简单,电阻率数值高指示储层含油饱满,产能高,因而是本区的主力产层。第四,一砂体顶部为不整合面,故其油井的储层受构造条件制约。

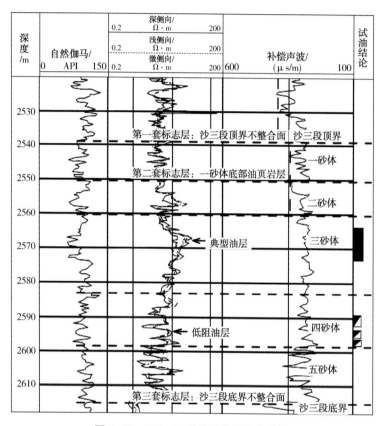

图 6-29 Q50-10 井沙三段测井曲线图

油层纵向分布的规律性说明,位于主沉积相区的坝主体的测井曲线形态较光滑,其岩性结构较简单,孔隙结构也相对简单,油层电阻高,产量高;位于坝体边部的砂体,其薄互层的岩性结构导致孔隙结构复杂化,当孔隙结构中束缚水与可动油气并存时,具备低阻油层的赋存条件。因而,准确地区分四砂体沉积微相的平面分布规律,有助于低阻油层的成功预测。

4. 低阻油层的预测分析

为进一步预测低阻油层,利用测井相分析方法制作了本区四砂体沉积微相图(图6-30)。由图可知,构成坝主体的 Q50 井、Q50-1 井、Q50-2 井及 Q50-8 井等的测井曲线较光滑,沉积水动力较稳定,岩性相对均匀,油层电阻率高;坝体侧翼的 Q50-10 井、Q50-15 井等则曲线齿化明显,表明该部位沉积水动力变化不稳定,其齿化现象往往是"细砂、粉砂、泥质与钙质"互为薄互层的结构表现，这种互为薄互层的储层结构，在粉砂及泥质为主的薄层中多以低孔、低渗为主，构成"双组孔隙系统"中复杂低孔隙部分，形成束缚水，导致储层电阻降低，而在以细砂岩为主的薄层中多以中孔、中渗为主，构成"双组孔隙系统"中相对高孔隙部分，储集了可动流体，这种特殊储层结构造就的储层微观"双组孔隙结构"，使部分坝体侧翼的储层具备了赋存低阻油气层的地质条件。故对本井区的研究认为，Q50-10井的22号、23号、24号层虽然泥质含量高且电阻率较低被解释为干层，但仍具备低阻油层的特征。大港油田作业三区对上述三层试油验证后，三层每日自喷原油30余吨，仅两月时间就生产原油两千余吨，证明了上述低阻油层预测的正确性。

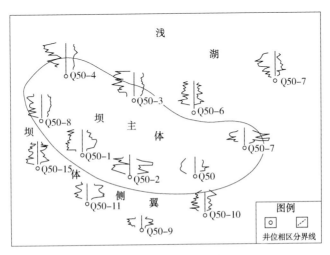

图6-30　四砂体沉积微相图

由以上两个实例研究表明，利用测井资料所包含的各种测井信息，将宏观与微观的有机结合，开展多学科的结合与应用，能有效地开展储层预测研究。

（1）宏观与微观地质认识的统一性论证，是测井储层预测技术研究的核心方法。

（2）在充分理解研究区构造-沉积演化背景基础上，开展的印尼B区裂缝性储层的预测研究，为该区的油气挖潜提供了依据，为该区基岩油藏的勘探开发提供了理论基础。

（3）在大港油田Q50断块低阻油层的分布预测中利用测井信息开展低阻油层与其沉积背景的关系研究，为该区增储上产提供了有力支持。

研究表明，开展宏观与微观的综合研究可提高储层预测功能。在测井评价与储层预测研究中可做到变被动为主动，真正发挥测井技术在石油勘探与开发中的重要作用。

## 参 考 文 献

[1] 司马立强. 测井地质应用技术[M]. 北京：石油工业出版社，2002.

[2] 郭荣坤，王贵文. 测井地质学[M]. 东营：石油大学出版社，1999.

[3] 王贵文，郭荣坤. 测井地质学[M]. 北京：石油工业出版社，2000.

[4] 张志松. 我国陆相找油的两个难点[J]. 石油科技论坛, 2001, (6): 35-40.

[5] 谢寅符, 李洪奇, 孙中春, 等. 井资料高分辨率层序地层学[J]. 地球科学——中国地质大学学报, 2006, 31(2): 237-244.

[6] 李浩, 刘双莲. 浅论海外测井技术评价方法[J]. 地球物理学进展, 2008, 23(1): 206-209.

[7] 符翔, 高振中. FMI测井的地质应用[J]. 测井技术, 1998, 22(6): 435-438.

[8] 李庆谋. 杨峰. 郝天珧, 等. 测井地质学新进展[J]. 地球物理学进展, 1996, 11(2): 66-80.

[9] 周红, 杨永利, 鲁国甫. 储层沉积微相研究——以下二门油田核三段砂体为例[J]. 地质科技情报, 2002, 21(2): 80-82.

[10] 李军, 张超谟. 利用测井资料分析不同成因砂体[J]. 测井技术, 1998, 22(1): 20-23.

[11] 许方伟, 陆次平, 王荷萍. 用测井信息综合评价钻遇地层[J]. 上海地质, 2004, 6(2): 48-53.

[12] 王化爱. 东营凹陷古近系岩性地层油气藏层序地层学特征[J]. 石油与天然气地质, 2010, 31(2): 158-164.

[13] 李军, 宋新民, 薛培华, 等. 扶余油田杨大城子组曲流河相油藏单砂体层次细分及成因[J]. 石油与天然气地质, 2010, 31(1): 119-125.

[14] 王起琼. 旋回层序地层的控制因素[J]. 石油与天然气地质, 2009, 30(5): 648-656.

[15] 石世革. 黄骅坳陷板桥凹陷古近系沙一段中部层序地层学研究与岩性油气藏勘探[J]. 石油与天然气地质, 2008, 29(3): 320-325.

[16] 樊政军, 柳建华, 张卫峰. 塔河油田奥陶系碳酸盐岩储层测井识别与评价[J]. 石油与天然气地质, 2008, 29(1): 61-65.

[17] 李浩, 刘双莲. 测井信息的地质属性研究[J]. 地球物理学进展, 2009, 24(3): 994-999.

[18] 操应长, 姜在兴, 夏斌, 等. 利用测井资料识别层序地层界面的几种方法[J]. 石油大学学报, 2003, 27(2): 23-26.

[19] 李浩, 刘双莲, 郑宽兵, 等. 分析测井相预测歧50断块沙三段低电阻率油层[J]. 石油勘探与开发, 2004, 31(5): 57-59.

[20] 李浩, 王骏, 殷进垠. 测井资料识别不整合面的方法[J]. 石油物探, 2007, 46(4): 421-424.

[21] 马永生, 储昭宏. 普光气田台地建造过程及其礁滩储层高精度层序地层学研究[J]. 石油与天然气地质, 2008, 29(5): 548-556.

[22] 马永生. 碳酸盐岩储层沉积学[M]. 北京: 地质出版社, 1999.

[23] 冯增昭. 沉积岩石学[M]. 北京: 石油工业出版社, 1993.

[24] 张广权, 陈舒薇, 郭书元. 鄂尔多斯地区东北部大牛地气田山西组沉积相[J]. 石油与天然气地质, 2011, 31(3): 338-396, 403.

[25] 胡艳飞, 于平, 孔庆莹, 等. 松辽盆地北安地区断陷期构造特征的地震学证据及其油气意义[J]. 地球物理学进展, 2007, 22(5): 1455-1459.

[26] 管英柱, 李军, 张超谟, 等. 致密砂岩裂缝测井评价方法及其在迪那2气田的应用[J]. 石油天然气学报, 2007, 29(2): 70-74.

[27] 李闽, 肖文联, 郭肖, 等. 塔巴庙低渗致密砂岩渗透率有效应力定律实验研究[J]. 地球物理学报,

2009，52(12)：3166-3174.

[28] 吴满路，马寅生，张春山．等．兰州至玛曲地区地应力测量与现今构造应力场特征研究[J]．地球物理学报，2008，51(5)：1468-1474.

[29] 卢德唐，郭冀义．试井分析理论及方法[M]．北京：石油工业出版社，1998.

[30] C. C. Mattax，R. M. Mckinley，著．杨普华，倪方天，译．岩心分析译文集[M]．北京：石油工业出版社，1998.

[31] 洪有密．测井原理与综合解释[M]．东营：石油大学出版社，1993.

[32] 顾家裕，等．沉积相与油气[M]．北京：石油工业出版社，1994.

[33] 马正．油气测井地质学[M]．武汉，中国地质大学出版社，1994.

[34] Sujanto F. X. Hydrocarbon geology of producing basin in Indonesia and future exploration for stratigraphic traps[M]. Proceedings of the Joint ASCOPE/CCOP Workshop I，Jakarta，Indonesia，1986.

[35] Dewey J. F. Plate tectonics[M]. Scientific American Inc，1972.